典型化工设备
识图与零件测绘实训教程

张瑞琳　岳景春　编著

中国石化出版社

HTTP://WWW.SINOPEC-PRESS.COM

内 容 提 要

　　本书以培养识图能力为主线，介绍了典型的化工设备图样的识读方法，如石化行业常见的旋塞阀、齿轮油泵、换热器等部件的成套图纸，以及离心泵轴、机械密封轴套、端盖和壳体等典型零件的零件图。结合近几年石油石化系统各类竞赛以及各工科高校的测绘实训环节，介绍零、部件测绘的方法与步骤，通过三维实体模型实例，围绕安全阀部件、离心泵泵轴和法兰盘等常见典型零、部件测绘全过程展开，内容详实细致。以利用 AutoCAD 绘制符合国标的机械图样为主线，从绘制零件图实例出发，介绍机械图样 CAD 样板文件的建立及其应用。

　　本书每一章均配有习题，方便读者对每章主要知识的掌握。书中列出了部分国家标准，方便读者在识图与测绘过程中查阅。

　　本书可作为普通高等院校相关专业本科教材，也可作为工程技术人员学习和培训的参考书。

图书在版编目（CIP）数据

　　典型化工设备识图与零件测绘实训教程／张瑞琳，岳景春编著．—北京：中国石化出版社，2020.5
　　普通高等教育"十三五"规划教材
　　ISBN 978-7-5114-5608-3

　　Ⅰ．①典… Ⅱ．①张… ②岳… Ⅲ．①化工设备-识图-高等学校-教材②机械元件-测绘-高等学校-教材
Ⅳ．①TQ050.2 ②TH13

　　中国版本图书馆 CIP 数据核字（2020）第 049682 号

中国石化出版社出版发行
地址:北京市东城区安定门外大街 58 号
邮编:100011　电话:(010)57512500
发行部电话:(010)57512575
http://www.sinopec-press.com
E-mail:press@sinopec.com
北京富泰印刷有限责任公司印刷
全国各地新华书店经销
＊
787×1092 毫米 16 开本 17.5 印张 406 千字
2020 年 7 月第 1 版　2020 年 7 月第 1 次印刷
定价:48.00 元

前　言

在现代石油化工行业中，设计、制造、检修和安装各种化工设备，离不开相关工程图样识读，识读化工设备图样成为相关专业的学生及工程技术人员的基础能力之一。在生产一线设备的改造、检修、仿制及技术改造等实际工作中，离不开零部件的测绘这一重要环节，零件测绘也是机械工程师必备的能力。

本书分为四大部分。第一部分：提炼识图及零件测绘所需知识点进行讲解，够用为度；第二部分：以培养识图能力为主线，讲述了典型的化工设备图样的识读方法，列举石化行业常见的旋塞阀、齿轮油泵、换热器等部件的成套图纸，以及离心泵轴、机械密封轴套、端盖和壳体等典型零件的零件图，开展识图方法的讲解与训练；第三部分：结合近几年石油、石化系统各类竞赛以及各工科高校的测绘实训环节，进行零、部件测绘的方法与步骤的解析，通过三维实体模型实例，围绕安全阀部件、离心泵泵轴和法兰盘等常用典型零、部件测绘全过程展开讲授，内容详实细致。第四部分：以利用 AutoCAD 绘制符合国标的机械图样为主线，从绘制零件图实例出发，讲解机械图样的 CAD 样板文件的建立及其应用。

本书由沈阳工业大学张瑞琳和中国石油天然气集团有限公司钳工技能专家、全国技术能手岳景春编著，参加编写的还有东北大学李小号，沈阳工业大学张国宏、白军胜。其中张瑞琳编写第四章、第七章、第八章，岳景春编写第三章、第五章和第六章，李小号编写第一章、第二章，张国宏编写习题，白军胜负责部分三维模型建模及徒手草图，全书由张瑞琳统稿，中国石油辽阳石化公司高级工程师赵来国主审。

本书每一章均配有习题。书中列出了部分国家标准，方便读者在识图与测绘过程中查阅。本书实例均配有三维模型，便于读者更好的理解。

本书可作为高等工科院校的教材，也可作为相关科研、设计和企业的工程技术人员学习和培训的参考书。

编写历时近三年，在编写过程中反复推敲、修改，力求为读者提供一本具有实用价值的教材和参考书，但由于水平有限，不妥之处敬请读者批评指正。

前　言

目　　录

第一章　机械图样基础知识

第一节　机械图样简介

在现代工业中，设计、制造、安装和维修各种机械、电气仪表等方面设备，都离不开机械图样，在使用这些机器、设备和仪表时，也常常需要通过阅读机械图样来了解它们的结构和功能。因此，每个相关工程技术人员都应具备较强的阅读机械图样的能力。

机械图样包括零件图和装配图。

一、机械部件与装配图

在产品设计过程中，一般先绘制出装配图，再根据装配图绘制出零件图。在装配时，根据装配图将零件装配成部件或者机器。

1. 机械部件

机械部件是由许多零件按照一定的装配关系装配而成，实现某种特定的功能。由机械部件和其他零件一起，还可以组成更加复杂的机器。

图 1-1 所示为旋塞阀。旋塞阀是安装在管路中控制流体流量开关的部件，主要由阀体、填料、填料压紧盖、螺栓和旋塞组装而成的。在阀体和旋塞之间装有填料，拧紧螺栓可以通过填料压盖将填料压紧，起到密封作用。旋转旋塞，实现调节流量的功能，图 1-1 所示为旋塞阀的开通状态。

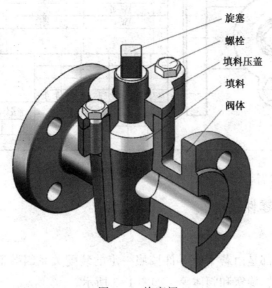

旋塞
螺栓
填料压盖
填料
阀体

图 1-1　旋塞阀

1

2. 装配图

装配图是用来表达机器或者部件的图样。表达一台完整机器的图样，称为总装配图；表达一个部件的图样，称为部件装配图。装配图用于指导人员对机器或者部件进行装配、检验、安装、调试和维修等。

装配图用来表达机器或者部件的工作原理、装配关系、主要零件的结构形状以及技术要求。包括视图、尺寸标注、技术要求、序号和明细栏，以及标题栏等内容。图 1-2 所示为旋塞阀的装配图。

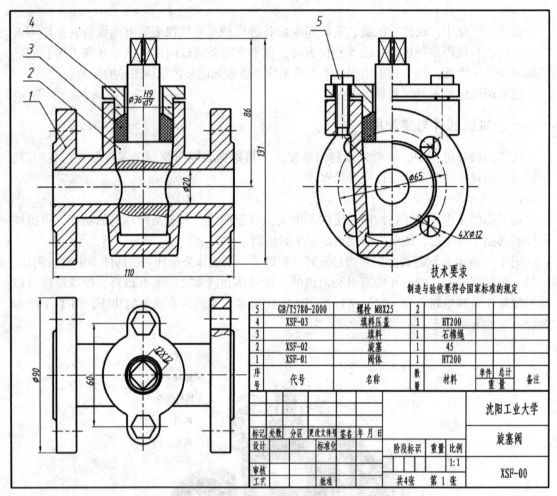

图 1-2　旋塞阀装配图

二、机械零件与零件图

1. 机械零件

任何机器或者部件都是由若干个零件按照一定的装配关系组装而成的。例如：旋塞阀的主要零件有填料压盖、旋塞和阀体等，如图 1-3 所示。

如图 1-3(a)所示的旋塞阀的填料压盖，作用是压紧填料，其形状取决于它在旋塞阀中的作用，以及与相邻零件的连接关系，对填料压盖的所有要求都是通过零件图给定的。

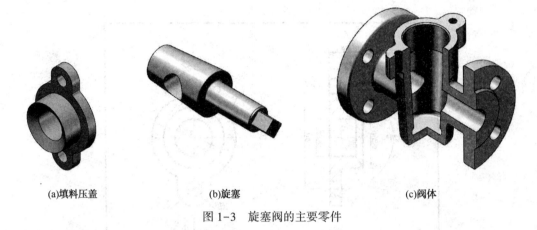

(a)填料压盖　　　　　　　(b)旋塞　　　　　　　(c)阀体

图 1-3　旋塞阀的主要零件

2. 零件图

表达单个零件的图样称为零件图。零件图是制造和检验零件的依据。

零件图是由表达零件形状和结构的视图、描述零件实际大小和相互位置的尺寸、零件在制造和检验时应达到的技术要求和标题栏，共四部分组成。

图 1-4(a)为旋塞阀的填料压盖的零件图；(b)为旋塞的零件图；(c)为阀体的零件图。

特别注意：标准件及用于密封的填料不需要提供零件图，标准件只需要给出其标记，例如图 1-2 中的件 3 填料和件 5 螺栓。

三、怎样学会识读机械图样

正确识读机械图样，要做到以下几点。

1. 需要掌握的基础知识

(1) 有关制图的国家标准；

(2) 正投影的概念和基本原理；

(3) 零、部件常用的表达方法；

(4) 零、部件常用加工制造及装配的相关知识。

2. 注重正确的读图方法的培养

在学习识读机械图样的过程中，要深刻理解正投影理论的原理，掌握机件常用的表达方法。然后通过大量的看图实践，掌握识图的基本方法和步骤。

零、部件虽然多种多样，但是同一类型的零、部件其主体结构和形状相对不变，制造和装配方法也基本类似。因此，在识图过程中应注意读图方法的掌握，举一反三，不断总结，对快速提高识图能力是非常有益的。

3. 充分理解装配图与零件图的关系

在识读零件图时，要充分考虑零件在部件或者机器中的位置、作用以及与其他零件之间的装配关系，从而理解各零件的结构、尺寸及加工方法。

在识读装配图时，必须了解机器或者部件中主要零件的结构和作用，以及各零件之间的装配关系，从而进一步了解机器或者部件的工作原理。

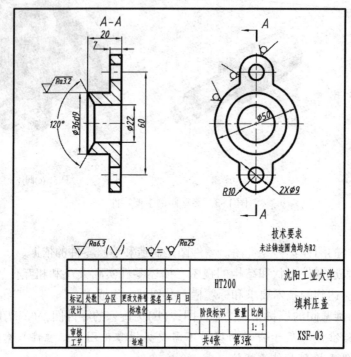

(a)填料压盖零件图

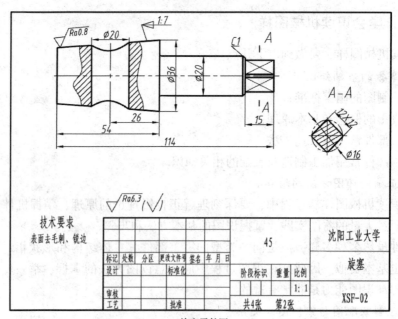

(b)旋塞零件图

图1-4 旋塞阀零件图

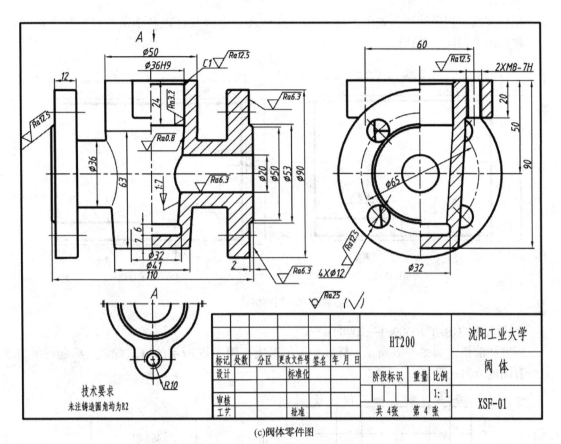

(c)阀体零件图

图 1-4　旋塞阀零件图(续)

第二节　国家标准关于制图的基本规定

一、图纸幅面

1. 基本图幅及图框(GB/T 14689—2008)

国家标准规定，基本图幅分 A0 到 A4 五种大小，尺寸如表 1-1 所示。

表 1-1　图纸基本幅面及图框尺寸　　　　　　　　　　　　　　　　　　　　mm

幅面代号	A0	A1	A2	A3	A4
B×L	841×1189	594×841	420×594	297×420	210×297
e	20			10	
c	10			5	
a	25				

用粗实线绘制图框线，如图1-5所示，其格式分为留装订边和不留装订边两种格式，同一种产品采用同一种格式。

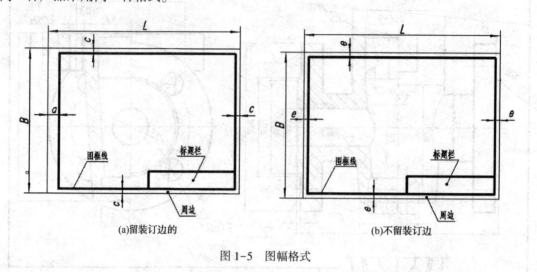

(a)留装订的   (b)不留装订边

图1-5　图幅格式

2. 标题栏(GB/T 10609.1—2008)

标题栏的格式如图1-6所示，标题栏的位置应按图1-5所示的方式配置，标题栏的方向与看图的方向一致。

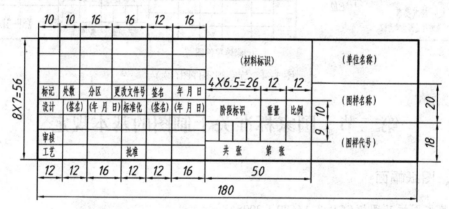

图1-6　标题栏

3. 零部件的图样代号的编号方法(JB/T 5054.4—2000)

零部件的图样代号和文件编号有分类编号和隶属编号两种方法。

分类编号是按照产品、零部件功能、形状的相似性，采用十进位分类法进行编号；隶属编号是按照产品、部件、零件的隶属关系编号。机械图样代号一般采用隶属编号，如图1-7所示。

4. 图纸的折叠(GB/T 10609.3—2009)

打印或者手工绘制完的图纸，一般都需要进行折叠，折叠后的图纸幅面一般应有A4(210mm×297mm)或A3(297mm×420mm)的规格。折叠后的图纸，标题栏均应露在外面。

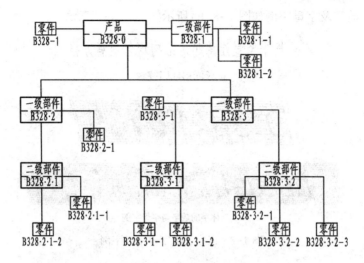

图1-7 隶属关系的图样代号编写码位表

二、比例

国标规定：比例是指图中图形与其实物相应要素的线性尺寸之比。绘制图样时，优先采用1：1的比例，以便从图中直接得出物体的真实大小，对较大或较小的物体可采用缩小或放大的比例画出，应采用表1-2规定的比例。

无论采用放大或缩小比例绘制图样，图上所注尺寸都是机件实际尺寸。

表1-2 绘图比例

种 类	比 例					
原值比例	1：1					
放大比例	5：1	2：1	5×10^n：1	2×10^n：1	1×10^n：1	
缩小比例	1：2	1：5	1：10	$1：2 \times 10^n$	$1：5 \times 10^n$	$1：1 \times 10^n$

注：n 为正整数。

比例一般标注在标题栏的比例一栏内，必要时可标注在视图名称的下方，如图2-18所示的 Ⅰ、Ⅱ 处的局部放大图的比例标注。

三、字体

国标规定：在图样中书写的字体必须做到：字体工整、笔画清楚、间隔均匀、排列整齐。

字体的号数，即字体高度 h，其公称尺寸系列为：1.8、2.5、3.5、5、7、10、14 和 20（单位均为 mm）。如3.5mm 高的字称为3.5号字，一般图纸幅面小于A1时，尺寸标注的尺寸字高为3.5号，A1和A0的可以为5号字。

汉字应写长仿宋体，高度不应小于3.5mm，其宽度一般为高度的 $h/\sqrt{2}$。汉字字例如图1-8(a)所示。数字及字母可写成斜体或直体。工程中常用斜体，斜体字字头向右倾斜，与水平线成 75°。数字及字母字例如图 1-8(b)所示。

横平竖直注意起落结构均匀填满方格

(a)长仿宋体汉字字例

(b)斜体字的数字与字母字例

图 1-8 汉字、数字及字母字例

四、图线

国标规定图线分为粗、细两种。粗线的宽度为 d，细线的宽度约为 $0.5d$。绘图时一般粗线的宽度可选 $0.6 \sim 0.8$mm。

绘制图样时，应采用表 1-3 规定的图线。

表 1-3 图线的形式、宽度和主要用途

代码	图线名称	图 线 型 式	图线宽度	一 般 应 用
01.1	细实线		约 $d/2$	尺寸线、尺寸界线、剖面线、引出线等
01.1	波浪线		约 $d/2$	断裂线、视图和剖视图分界线
01.1	双折线		约 $d/2$	断裂线
01.2	粗实线		约 d	可见轮廓线
02.1	细虚线	≈4 ≈1	约 $d/2$	不可见轮廓线
04.1	细点画线	≈20 ≈3	约 $d/2$	轴线、对称中心线
05.1	细双点画线	≈20 ≈5	约 $d/2$	假想投影轮廓线、中折线

第三节 组合体的三视图

一、三视图的形成

（一）正投影法及其性质

工程制图中，视图的投影采用正投影法，即投射线相互平行且垂直于与投影面。正投影具有实形性、积聚性和类似性。如图 1-9 所示。

当直线或平面平行于投影面时，其投影反映实长或实形的性质称为实形性，如图 1-9（a）所示；当直线或平面垂直于投影面时，其投影积聚为一个点或一条线的性质称为积聚性，如图 1-9（b）所示；当直线或平面倾斜于投影面时，其投影缩短或缩小，但仍然与原形状相类似的性质称为类似性，如图 1-9（c）所示。

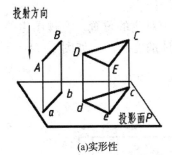 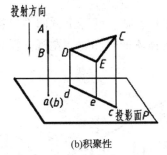 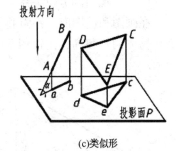

(a)实形性　　　　　　　　(b)积聚性　　　　　　　　(c)类似形

图 1-9　正投影的性质

（二）三视图的形成及投影规律

相互垂直的三个平面将空间分隔为八个分角，如图 1-10 所示。

在绘制机械图样时，国际标准（ISO）规定可以采用第一分角和第三分角画法。第一分角画法是将物体置于第一分角内进行投影；第三分角画法是将物体置于第三分角内进行投影。中国和德国等国家采用第一分角画法，美国、日本等国家采用第三角分画法。

1. 三视图的形成

如图 1-11（a）所示，第一分角的三个相互垂直相交的投影面组成一个三面投影体系，正面投影面 V、水平投影 H 和侧立投影面 W。

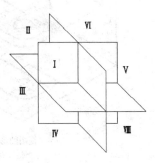

图 1-10　八个分角图

把物体放在投影面体系里，如图 1-11（a）所示，分别向 V、H 和 W 面进行投影。

主视图：从前往后投影，在 V 面上获得正面投影。

俯视图：从上往下投影，在 H 面上获得水平投影。

左视图：从左往右投影，在 W 面上获得侧面投影。

V 面保持不动，将 H 面和 W 面顺视向展开，与 V 面在同一平面，得到物体的三视图，如图 1-11（b）所示。由于三视图与物体到投影面的距离无关，投影面可认为无限大，所以省略投影面的边界线。

特别注意：正确理解 H 面和 W 面的展开过程对识图来讲是非常重要的。

2. 三视图的投影规律

（1）三视图的位置配置

将反映物体形状特点最充分的方向作为主视图的投射方向。主视图确定后，俯视图在主视图正下方，左视图画在主视图正右方，按此位置配置的三视图，不需要注写其视图名称。

（2）三视图之间的投影关系

三视图之间的投影规律概括为：主、俯视图长对正；俯、左视图宽相等；主、左视图高平齐，如图 1-11(b)所示。

　　长对正：物体在主视图和俯视图上的投影，在长度方向上分别对正；

　　宽相等：物体在俯视图和左视图上的投影，在宽度方向上分别相等；

　　高平齐：物体在主视图和左视图上的投影，在高度方向上分别对齐。

　　(3) 三视图的方位关系

　　在画图和读图时，注意物体长、宽、高三个方向在三视图中对应的位置。主视图主要反映物体的长和高，俯视图反映物体的长和宽，左视图反映物体的宽和高，如图 1-11(b)所示。

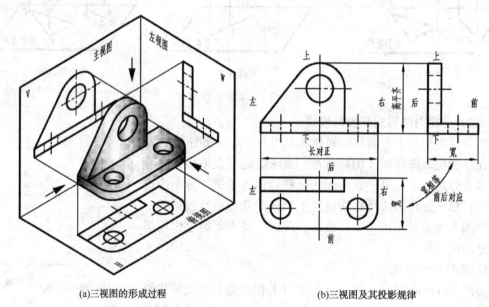

(a)三视图的形成过程　　　　　(b)三视图及其投影规律

图 1-11　三视图

　　特别注意：俯视图和左视图反映物体的前、后的对应关系；俯视图的下方和左视图的右方表示物体的前面；俯视图的上方和左视图的左方表示物体的后面，如图 1-11(b)所示，正确理解这一点对画图和读图来说是非常重要的。

二、组合体的组合形式与表面连接关系

　　基本立体(棱柱、棱锥、圆柱、圆锥、球等)经过切割，或由若干个基本体组成的复杂形体，称为组合体。组合体可以理解为机械零件简化了工艺结构后的几何模型，掌握正确的绘制和阅读组合体的方法，为阅读零件和测绘后绘制零件图奠定基础。

　　组合体有切割式和叠加式两种基本组合形式，常见的是这两种基本形式的综合，如图 1-12所示。

　　组合体中，相邻表面的连接方式有以下几种，如图 1-13 所示。

　　(1) 平齐：两个面对齐，两面合为一面，中间无线，如图 1-13(a)所示。

　　(2) 相切：两面相切，不画切线，如图 1-13(b)所示。

　　(3) 相交：两面相交，必有交线，如图 1-13(c)所示。

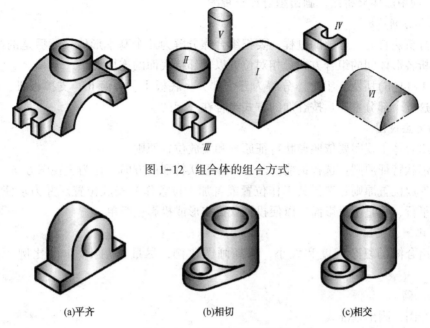

图 1-12 组合体的组合方式

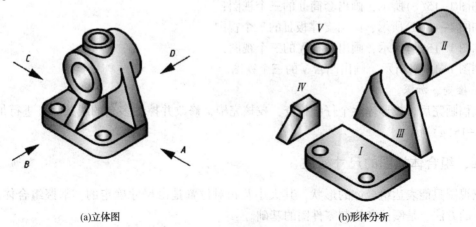

(a)平齐   (b)相切   (c)相交

图 1-13 三种表面连接关系

三、形体分析法画组合体三视图

(一)形体分析法

形体分析法是绘制和阅读三视图的主要方法。

在绘制和识读组合体三视图时,分析组合体由哪些基本形体组成,然后剖析它们之间的相互位置、组合形式以及表面连接关系,并在视图中通过图线正确地予以表达,称为形体分析法。

图 1-14 所示为工程实际中轴承座抽象以后的模型。以此为例,介绍画组合体三视图的方法。

(a)立体图   (b)形体分析

图 1-14 组合体的形体分析

(二) 利用形体分析法, 画出组合体三视图

1. 形体分析

形体分析法首先是分解的过程, 要把组合体分解为几个基本形体。然后是剖析的过程, 就是要剖析各形体间的组合方式、相对位置以及邻接表面的连接关系。

如图 1-14(b) 所示, 组合体分解为五个部分: 底板Ⅰ、套筒Ⅱ、支撑板Ⅲ、肋板Ⅳ及凸台Ⅴ。这五个部分主要是按叠加的方式组合在一起的。

2. 确定主视图

确定组合体主视图要依照形状特征原则和安放位置原则。

(1) 形状特征原则: 选择最能反映组合体形状特征的方向, 作为主视图方向。

(2) 安放位置原则: 选择其工作位置或者加工位置作为安放位置。并力求使主要平面或者轴线平行、垂直于投影面, 以便投影获得实形或投影更简单。

3. 选比例, 定图幅

根据组合体的复杂程度和大小, 选择画图比例, 尽量选用 1∶1 的比例, 然后选择图幅。

4. 画底稿

(1) 布图, 画出基准线。

一般选取对称中心线、轴线、较长的轮廓线等为基准线, 如图 1-15(a) 所示, 画出三个视图的基准线。

(2) 按照形体分析, 逐个画出各形体的三视图。

画三视图应注意的问题:

① 画图顺序一般为: 先主(主要形体)后次(次要形体); 先实(实形体)后空(挖去的形体); 先画外部轮廓, 后画局部细节。

② 对每部分形体, 要从反映其形状特征的视图入手, 按照投影规律, 三个视图一起画。

③ 各形体间邻接表面的相对位置关系要表示正确。

如图 1-15(b) 所示, 画出底板Ⅰ的三个视图;

如图 1-15(c) 所示, 画出套筒Ⅱ的三个视图;

如图 1-15(d) 所示, 画出支撑板Ⅲ的三个视图;

如图 1-15(e) 所示, 画出肋板Ⅳ的三个视图;

如图 1-15(f) 所示, 画出凸台Ⅴ的三个视图。

5. 检查、加深

底稿画完后, 按形体逐个仔细检查, 校核完毕, 修改并擦去多余的线条后, 进行加深。如图 1-15(g) 所示。

四、组合体视图的尺寸标注

三视图只能表达组合体的形状, 其大小及相对位置是由尺寸确定的, 掌握组合体的尺寸标注的方法, 是阅读和绘制零件图的基础。

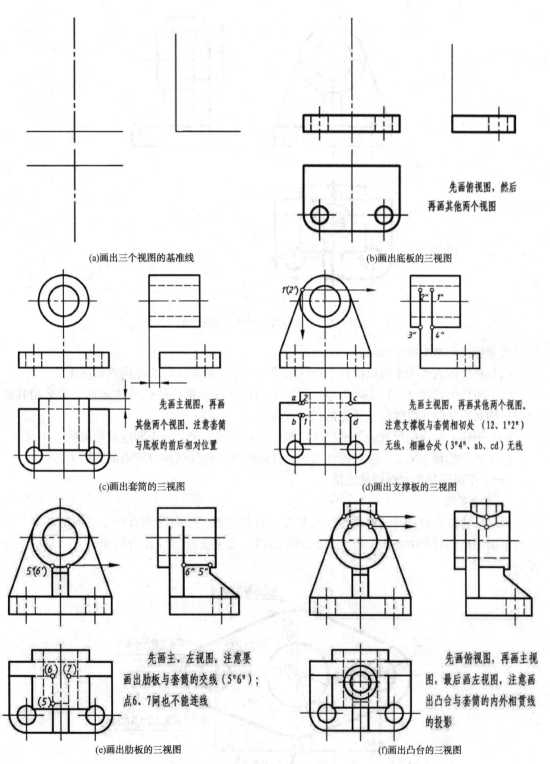

(a)画出三个视图的基准线

(b)画出底板的三视图

先画俯视图，然后再画其他两个视图

(c)画出套筒的三视图

先画主视图，再画其他两个视图。注意套筒与底板的前后相对位置

(d)画出支撑板的三视图

先画主视图，再画其他两个视图。注意支撑板与套筒相切处（12、1"2"）无线，相融合处（3"4"、ab、cd）无线

(e)画出肋板的三视图

先画主、左图。注意要画出肋板与套筒的交线（5"6"）；点6、7间也不能连线

(f)画出凸台的三视图

先画俯视图，再画主视图，最后画左视图，注意画出凸台与套筒的内外相贯线的投影

图 1-15 形体分析法绘制三视图

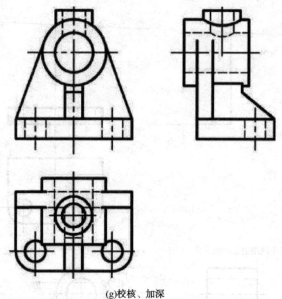

(g)校核、加深

图 1-15　形体分析法绘制三视图(续)

尺寸标注的基本规则如下：

（1）机件的真实大小应以图样上所注的尺寸数值为依据，与绘图的准确度无关。

（2）图样中的尺寸，以 mm 为单位时，不需标注计量单位的代号或名称。若采用其他单位，则必须注明相应的计量单位的代号或名称。

（3）图样上标注的尺寸为该图样所示机件的最后完工尺寸，否则应另加说明。

（4）机件的每一尺寸一般只标注一次，并标注在反映该结构最清晰的图形上。

（一）平面图形尺寸标注的方法

1. 尺寸基准

确定尺寸位置的几何元素称为尺寸基准，简称基准，平面图形有两个方向的基准。通常将平面图形的对称中心线、较大的圆的中心线，及主要轮廓的长直线作为尺寸基准，如图1-16所示。

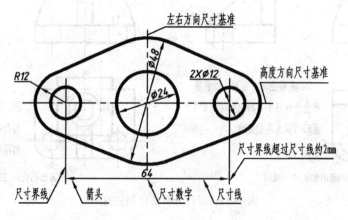

图 1-16　尺寸组成

14

2. 定形尺寸与定位尺寸

平面图形的尺寸按照其作用分为两类：定形尺寸和定位尺寸。

用来确定组成平面图形各部分形状大小的尺寸为定形尺寸。如图1-16(a)中所示的 $\phi24$、$\phi48$、$R12$ 及 $2\times\phi12$ 等尺寸。

用来确定组成平面图形的各部分之间相互位置的尺寸为定位尺寸。如图1-16(a)所示的尺寸64是为 $2\times\phi12$ 的两个孔左、右方向定位的。

尺寸标注中常见的尺寸符号见表1-4。

表1-4　常见的尺寸符号

名　称	符　号	名　称	符　号	名　称	符　号
直径	ϕ	弧长	⌒	沉孔或锪平孔	⊔
半径	R	45°倒角	C	埋头孔	∨
球直径	$S\phi$	厚度	t	正方形	□
球半径	SR	深度	↓	均布	EQS

3. 常见尺寸注法示例

常见尺寸注法示例见表1-5。

表1-5　尺寸标注示例

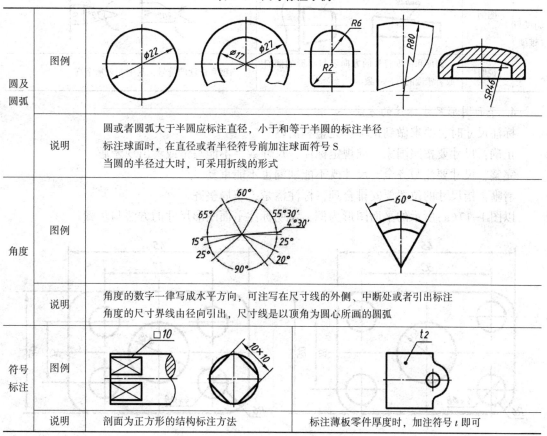

圆及圆弧	图例	
	说明	圆或者圆弧大于半圆应标注直径，小于和等于半圆的标注半径 标注球面时，在直径或者半径符号前加注球面符号 S 当圆的半径过大时，可采用折线的形式
角度	图例	
	说明	角度的数字一律写成水平方向，可注写在尺寸线的外侧、中断处或者引出标注 角度的尺寸界线由径向引出，尺寸线是以顶角为圆心所画的圆弧
符号标注	图例	
	说明	剖面为正方形的结构标注方法 ／ 标注薄板零件厚度时，加注符号 t 即可

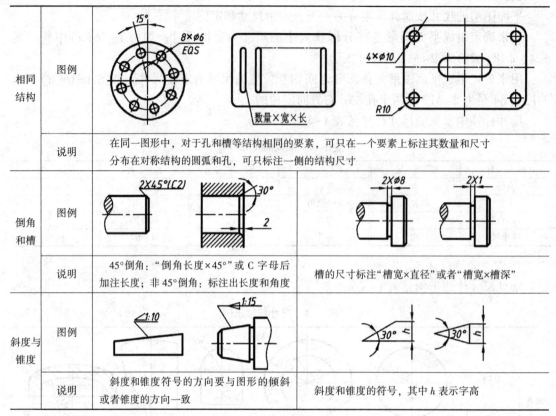

相同结构	图例	15° 8×φ6 EQS 数量×宽×长 4×φ10 R10
	说明	在同一图形中,对于孔和槽等结构相同的要素,可只在一个要素上标注其数量和尺寸 分布在对称结构的圆弧和孔,可只标注一侧的结构尺寸
倒角和槽	图例	2×45°(C2) 30° 2 2×φ8 2×1
	说明	45°倒角:"倒角长度×45°"或 C 字母后加注长度;非 45°倒角:标注出长度和角度	槽的尺寸标注"槽宽×直径"或者"槽宽×槽深"
斜度与锥度	图例	1:10 1:15 30° h 30° h
	说明	斜度和锥度符号的方向要与图形的倾斜或者锥度的方向一致	斜度和锥度的符号,其中 h 表示字高

4. 平面图形尺寸标注的方法

标注尺寸时,要求做到正确、完整和清晰。

正确:尺寸要按照国家标准规定标注,尺寸数字不能写错或者出现矛盾。

完整:尺寸要注写齐全,尺寸既不能缺漏也不能重复。

清晰:指尺寸的位置要安排合理,标注清楚,布局整齐。

以图 1-17(a)所示的平面图形为例,说明标注平面图形尺寸的方法与步骤。

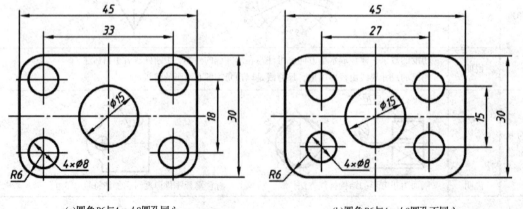

(a)圆角R6与4×φ8圆孔同心　　　　　　　　(b)圆角R6与4×φ8圆孔不同心

图 1-17　平面图形标注示例

16

（1）分析平面图形，确定尺寸基准

如图 1-17（a）所示，该平面图形左右和上下均对称，左右对称的轴线作为左右方向的基准，上下对称的轴线作为上下方向的基准。

图形主要分为三部分：带圆角的矩形（即图形的外轮廓）、四个直径相同的小圆和图形中心的大圆。

（2）标注各部分的定形尺寸

按照分析的三个部分，逐一标出每一部分的定形尺寸。

带圆角的矩形：其定形尺寸为 45、30 和 R6；

四个直径相同的小圆：其定形尺寸为 4×ϕ8；

图形中央的圆：其定形尺寸为 ϕ15。

（3）标注各部分的定位尺寸

带圆角的矩形和图形中央的圆都不需要标注定位尺寸；4×ϕ8 四个圆的定位尺寸分别为 33 和 18。

图 1-17（b）所示的平面图形，4×ϕ8 四个圆的定位尺寸分别为 27 和 15。

（4）按照"正确、完整、清晰"的要求，校核所有尺寸。

5. 尺寸标注时需注意的问题

（1）尺寸不要标注成封闭尺寸链，如图 1-18 所示。

（2）尺寸标注正误对比示例，如图 1-19 所示。

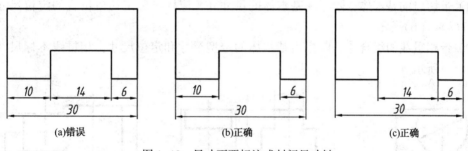

图 1-18　尺寸不要标注成封闭尺寸链

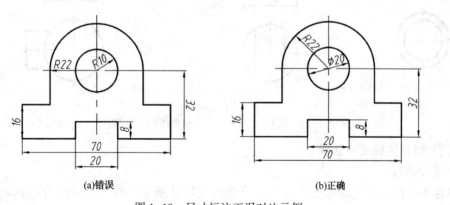

图 1-19　尺寸标注正误对比示例

（二）常见基本体的尺寸标注

基本体要从长、宽和高三个方向标注定形尺寸，如图 1-20 所示。

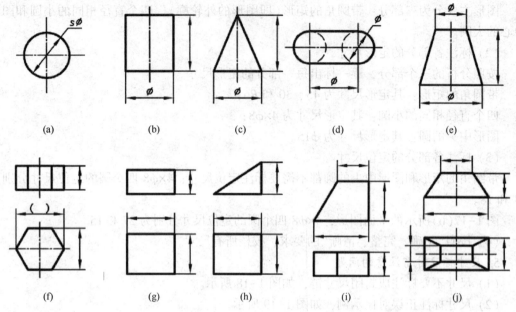

图 1-20　基本体的尺寸标注

（1）带切口的基本体，除标注基本体的尺寸外，应标出确定切口位置的定位尺寸，如图 1-21(a)、(b) 所示。

（2）带相贯线的组合体，应标出基本体的定型尺寸和定位尺寸，相贯线不标尺寸，如图 1-21(c) 所示。

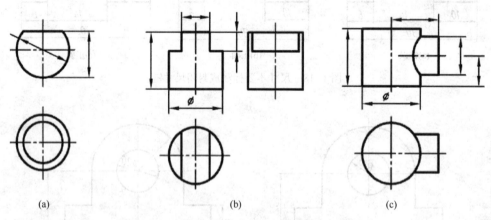

图 1-21　带切口的基本体及相贯体的尺寸标注

（三）组合体的尺寸分析

1. 尺寸基准

组合体的长、宽和高度三个方向要分别选定尺寸基准。通常选择组合体的对称平面、端面、底面，以及主要回转体的轴线作为主要尺寸基准。组合体尺寸基准如图 1-22 所示。

2. 尺寸的种类

定形尺寸：确定组合体中各个部分的形状和大小的尺寸。如图 1-22 中所示凸台的 $\phi32$、$\phi20$，半圆柱筒的尺寸 $R38$、$R22$ 及 64，底板的尺寸 $R20$、$2\times\phi20$、16。

定位尺寸：确定组合体中各个部分的相对位置的尺寸。如图 1-22 所示的尺寸 116。

总体尺寸：确定组合体的总长、总宽和总高的尺寸。如图 1-22 所示的总宽 64、总高 48。

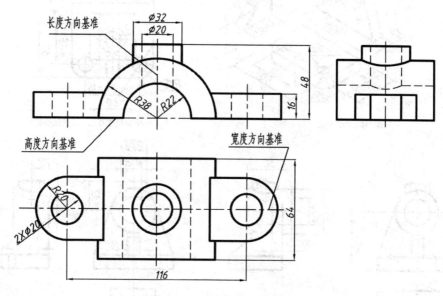

图 1-22　组合体的尺寸分析

特别注意：当组合体某方向是以回转体结束的，该方向不标注总体尺寸，如图 1-22 所示，组合体长度方向均是半圆弧结束的，因此该方向即长度方向不再标注总体尺寸。

（四）组合体的尺寸标注的方法与步骤

组合体尺寸标注的方法仍然是形体分析法。

标注组合体尺寸时，首先要对组合体的形状特点进行形体分析，选定三个方向的尺寸基准。然后逐个标注出各形体的定形和定位尺寸，最后调整并标注总体尺寸。

以图 1-23（a）所示轴承座为例，具体说明标注组合体尺寸的方法和步骤。

1. 形体分析

首先对组合体进行形体分析，将轴承座分解为五个部分，如图 1-23（a）所示。

2. 选择尺寸基准

根据其结构形状特征、各形体的组合情况，选择尺寸基准。轴承座的长、宽和高的尺寸基准，如图 1-23（b）所示。

3. 逐个标注各形体的定形及定位尺寸

按照"先主后次"的顺序，逐一在视图中标注各形体的定形及定位尺寸。尺寸标注情况如图 1-23（b）、（c）和（d）所示，其中带"＊"的尺寸均为定位尺寸。

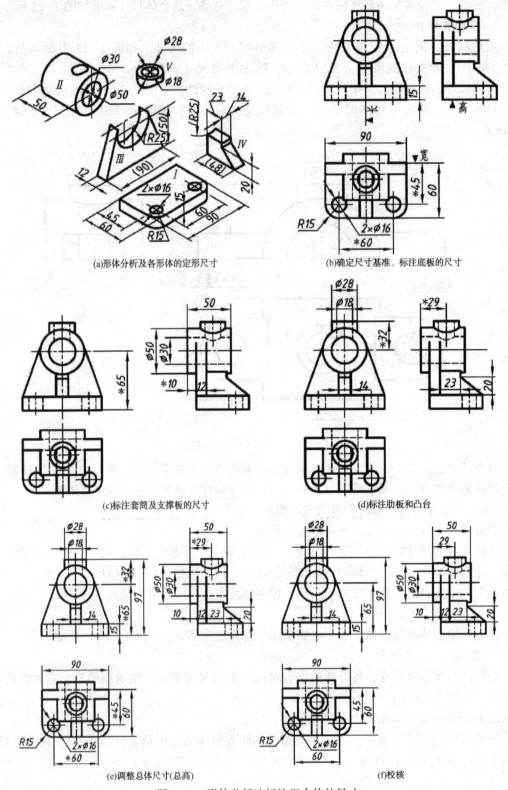

(a)形体分析及各形体的定形尺寸

(b)确定尺寸基准、标注底板的尺寸

(c)标注套筒及支撑板的尺寸

(d)标注肋板和凸台

(e)调整总体尺寸(总高)

(f)校核

图1-23　形体分析法标注组合体的尺寸

4. 调整总体尺寸

标注完各基本形体的尺寸后，整个组合体还要考虑总体尺寸的调整。如图 1-23(e)所示，总高 97 时，将凸台的高度尺寸 32 调整后去掉不注，避免形成封闭尺寸链。

5. 校核

按照"正确、完整、清晰"的要求，完成尺寸校核，如图 1-23(f)所示。

五、形体分析法识读组合体视图

识读组合体三视图，就是根据组合体的三视图，想象出组合体的结构形状、理解尺寸标注。读图与画图类似，都是利用形体分析法。

（一）读图的基本要领

要想正确、迅速地读懂视图，必须掌握识图的基本要领和方法。

1. 抓住特征视图，把几个视图结合起来看图

所谓的特征视图，就是物体的形状特征和位置特征反映得最充分的视图。从特征视图入手，再结合其他几个视图，能较快地识别出物体的形状。

如图 1-24 所示的两组视图，其中俯视图是反映其形状的特征视图，左视图是反映其位置最明显的位置特征视图。因此读图时先抓住这两个视图，再结合主视图，就能很快想象出物体的结构和形状。

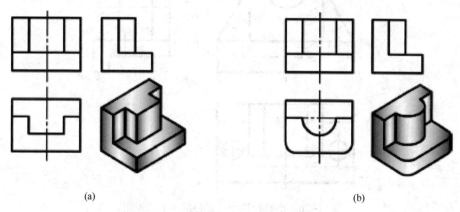

(a)　　　　　　　　　　　　　　(b)

图 1-24　形状特征和位置特征明显的视图

2. 搞清楚图中图线和封闭图框的含义

（1）视图中的每条粗实线或者虚线可代表物体的面的积聚性投影、表面交线或者转向轮廓线。如图 1-25(b)中线 1 代表转向轮廓线的投影；线 2 代表两个平面的交线；线 3 代表平面的积聚型投影。

（2）视图中的由粗实线或者虚线组成的封闭线框，通常表示面或者孔，如图 1-25(b)中，a 线框表示一个平面，b 线框表示一个孔。

（二）用形体分析法读图的方法与步骤

从反映物体形状特征较多的视图入手，分析该物体由哪些基本形体所组成。然后运

用投影规律，逐个找出每个基本形体在其他视图中的投影。从而想象出各个基本体的形状、相对位置及组合形式，最后综合想象出物体的整体形状。这种方法称为读图的形体分析法。

利用形体分析法，以图 1-26 组合体为例，说明利用形体分析法识图的方法和步骤。

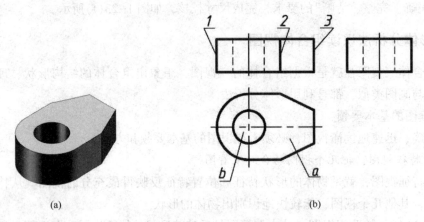

(a)   (b)

图 1-25　视图中图线和封闭线框的含义

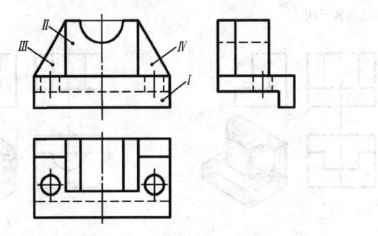

图 1-26　形状特征和位置特征明显的视图

1. 抓住特征，分线框

从视图中找出反映物体形状特征较多的视图，从特征视图（多数情况下为主视图）入手，结合其他视图，判断组成它的封闭线框数。每个封闭线框一般为组成物体的各基本立体的投影，这样初步把物体分为几个部分。

图 1-26 中反映组合体形状较多的视图为主视图。根据该视图，再对照其他视图，可把座体分为底板Ⅰ、形体Ⅱ、对称的肋板Ⅲ和Ⅳ。

2. 对投影，识形体

按照"长对正、宽相等、高平齐"的投影规律，分别找出各基本形体在其他视图中对应的投影，想象出各基本体的形状。看图的顺序与画图时类似，也是先看主要形体，后看次

22

要形体；先看外部轮廓，后看局部细节；先看容易懂的部分，后看较难的部分。

（1）形体 I

左视图反映了它的形状特征，结合俯视图和主视图可以看出，形体 I 为以左视图为特征视图的拉伸体，且在上方左右对称位置上钻了两个小圆孔，如图 1-27(a)所示。

（2）形体 II

按照投影关系，找出它在俯、左视图中对应的投影。可知形体 II 是一个以主视图为特征视图的拉伸体，如图 1-27(b)所示。

（3）形体 III、IV

同样方法，通过对照形体的其余投影，可知该形体是以主视图为特征视图的左右对称的两个三角块，如图 1-27(c)所示。

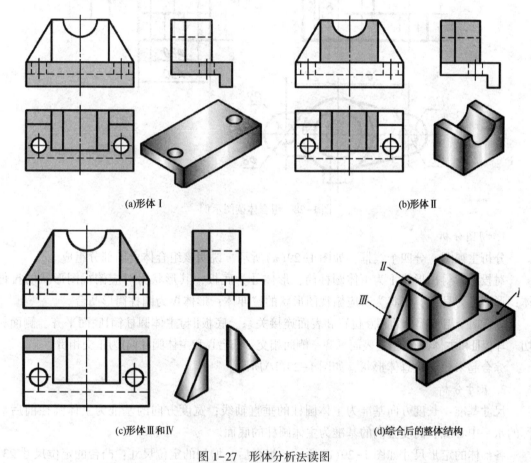

(a)形体 I   (b)形体 II

(c)形体 III 和 IV   (d)综合后的整体结构

图 1-27 形体分析法读图

3. 定位置，综合起来想整体

所有基本形体的形状都确定后，要判断各个形体的组合方式(叠加或挖切)和相对位置(上或下、左或右、前或后)，把各基本形体的形状、位置信息综合起来，整个组合体的形状就清楚了。

本例中，底板Ⅰ位于最下方，形体Ⅱ在其后上方、左右对称的位置，且其后表面与底板的后端面平齐。两个三角块Ⅲ和Ⅳ分别位于形体Ⅱ的左右两侧。从俯视图和左视图可看出所有形体的后表面都是平齐的。这样综合起来，就能想象出组合体的整体形状，如图1-27(d)所示。

（三）识读组合体三视图实例

识读图1-28所示组合体的三视图。

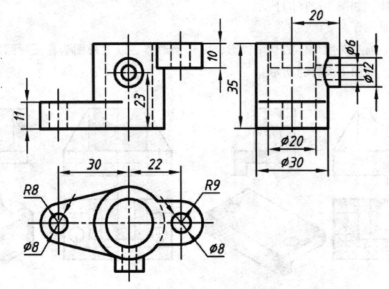

图1-28　组合体读图示例

1. 视图分析

分析主视图，分四个线框，如图1-29(a)所示，说明该组合体由四部分组成。

对投影后得出形体Ⅰ为主体圆柱筒；形体Ⅱ为底板，其形状为对应俯视图形状的拉伸体；形体Ⅲ为耳板，形状为对应俯视图形状的拉伸体；形体Ⅳ为圆柱筒形凸台。

分析四个组成部分的相互位置和表面连接关系。底板Ⅱ与主体圆柱筒Ⅰ底面平齐、侧面相切。耳板Ⅲ和主体圆柱筒Ⅰ上表面平齐、侧面相交；凸台Ⅳ和主体圆柱筒Ⅰ为正交相贯。

综合起来想象出总体形状，如图1-29(b)所示。

2. 尺寸分析

尺寸基准：长度方向基准为主体圆柱的垂直轴线；宽度方向的基准为主体圆柱前后对称的水平中心线；高度方向的基准为主体圆柱的底面。

各形体的定形尺寸如图1-29(c)所示。组合后，增加的定位尺寸：凸台的定位尺寸23、20；底板的定位尺寸30；耳板的定位尺寸22。

该组合体不注总长尺寸，总宽可以计算得出，总高为35。

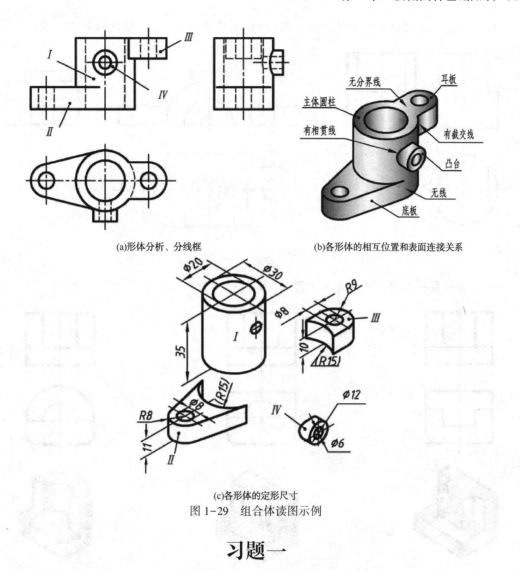

(a)形体分析、分线框

(b)各形体的相互位置和表面连接关系

(c)各形体的定形尺寸

图 1-29 组合体读图示例

习题一

1. 简述机械部件与装配图、机械零件与零件图的关系。
2. 机械制图采用什么投影法进行投影，该投影法有哪些投影性质？
3. 补画下图中缺漏的图线(题图 1-1)。

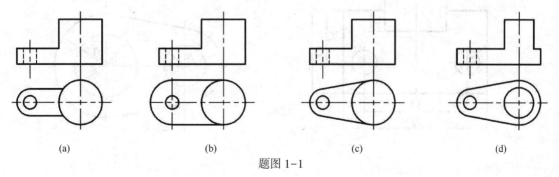

(a)   (b)   (c)   (d)

题图 1-1

4. 读图，想象组合体的形状，并为图(a)标注尺寸(1:1量取整数)(题图1-2)

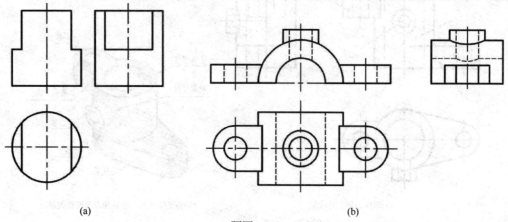

(a)   (b)

题图 1-2

5. 抓特征视图读图，并补画左视图(题图1-3)。

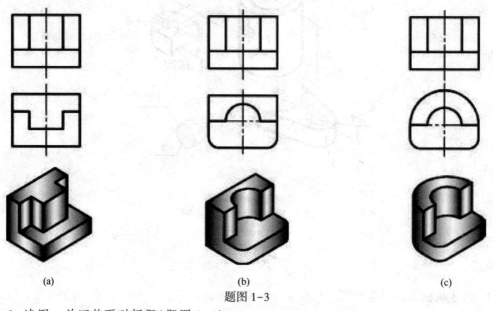

(a)   (b)   (c)

题图 1-3

6. 读图，并回答下列问题(题图1-4)。

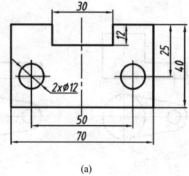
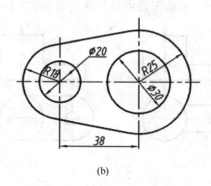

(a)   (b)

题图 1-4

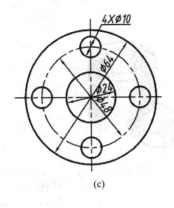

(c)

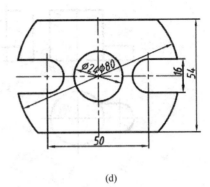

(d)

题图 1-4(续)

指出图(a)中平面图形的尺寸基准，图中定形尺寸有＿＿＿＿＿＿＿＿＿＿，2×φ12 的定位尺寸是＿＿＿＿＿＿＿。

指出图(b)中平面图形的尺寸基准，图中定形尺寸有＿＿＿＿＿＿＿＿＿＿，定位尺寸有＿＿＿＿＿＿＿。

指出图(c)中平面图形的尺寸基准，图中定形尺寸有＿＿＿＿＿＿＿＿＿＿，4×φ10 的定位尺寸是＿＿＿＿＿＿＿。

指出图(d)中平面图形的尺寸基准，图中定形尺寸有＿＿＿＿＿＿＿＿＿＿，定位尺寸有＿＿＿＿＿＿＿。

7. 判断平面图形标注尺寸的正误，针对错误的说明原因(题图 1-5)。

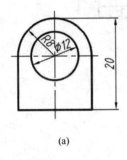
(a)

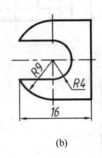
(b)

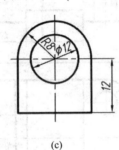
(c)

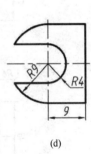
(d)

题图 1-5

8. 对照立体图，分析图中错误的原因(打叉的图线为错误之处)(题图 1-6)。

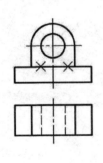
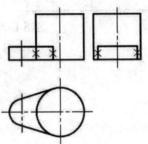
(a)

(b)

题图 1-6

27

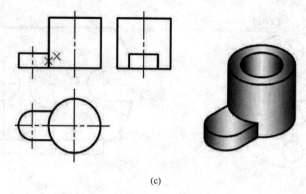

(c)

题图 1-6(续)

9. 识读组合体视图，想象出立体形状。并指出尺寸基准、定形尺寸、定位尺寸和总体尺寸(题图 1-7)。

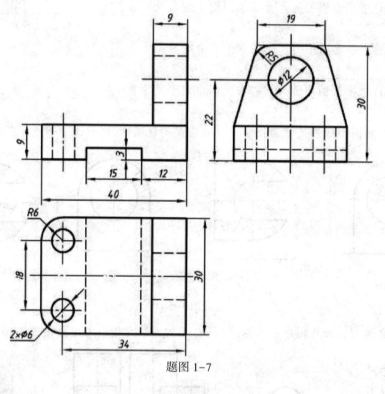

题图 1-7

第二章 机械零部件常用表达方法

国家标准规定了机件的各种表达方法，包括视图、剖视图、断面图、局部放大图、简化画法和规定画法。在画图时，根据机件的具体情况，正确、灵活地选择各种表达方法，将机件的内外部结构和形状完整地表达出来，力求作图简便，看图方便。

第一节 视 图

一、基本视图

如图 2-1(a)所示，将物体放置在由六个基本投影组成的投影面体系里，将物体向六个基本投影面，可以得到六个基本视图，分别为主视图、俯视图、左视图、右视图、仰视图和后视图。视图之间符合长对正、宽相等和高平齐的投影规律。

基本投影面的展开方法如图 2-1(b)所示，六个基本视图展开后的基本配置如图 2-2 所示，各视图位置按此配置时，一律不标注视图名称。

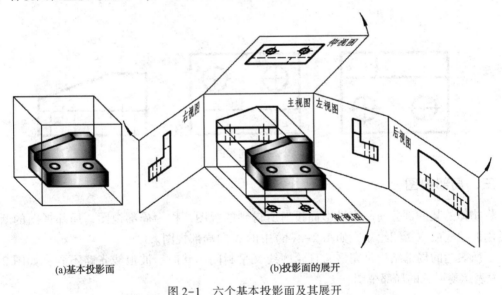

(a)基本投影面　　　　　　　　(b)投影面的展开

图 2-1　六个基本投影面及其展开

二、向视图

向视图是可以自由配置的基本视图，如图 2-3 所示。向视图要用大写字母标注视图名称及用字母和箭头表示投影方向。

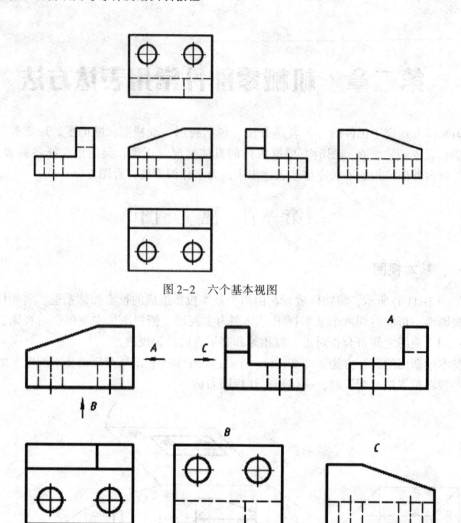

图 2-2　六个基本视图

图 2-3　向视图

三、局部视图

将物体的某一部分向基本投影面投射所得到的视图，称为局部视图。局部视图的断裂边界用波浪线或双折线绘制，如图 2-4(b)中的 A 向局部视图。

当所表达的局部结构是完整的且轮廓线又呈封闭形状时，波浪线省略不画，如图 2-4(b)中表达菱形板的局部视图。

四、斜视图

机件向不平行于基本投影面的平面投影所得到的视图称为斜视图，如图 2-5(a)所示。斜视图通常只表达倾斜部分的实形投影，其余部分可用波浪线或双折线断开。

斜视图要进行标注，表示投射方向的箭头一定要垂直于倾斜部分的轮廓。而斜视图的名称及箭头附近的字母应水平书写。斜视图最好按投影关系配置，也可平移到其他位置，但要在字母附近用箭头标注，说明旋转方向，如图 2-5(b)所示。

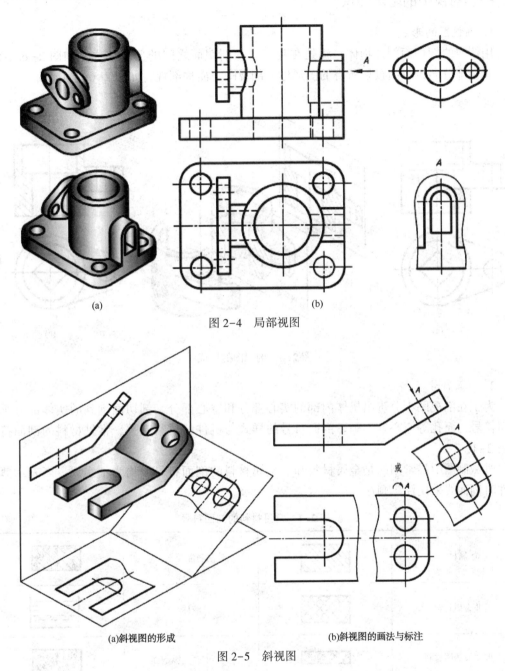

(a)   (b)

图 2-4 局部视图

(a)斜视图的形成   (b)斜视图的画法与标注

图 2-5 斜视图

第二节 剖 视 图

用视图表达机件时，机件的内部结构较复杂，视图中就会出现很多的细虚线，如图 2-6(a)所示。这样不利于看图和标注尺寸。此时，可用剖视图对机件进行表达。

一、剖视图的基本知识

1. 剖视图的形成

用假想的剖切面剖开物体，将处在观察者和剖切面之间的部分移去，如图 2-6(b)所示，其余部分向投影面投射所得的图形称为剖视图，简称剖视，如图 2-6(c)所示。

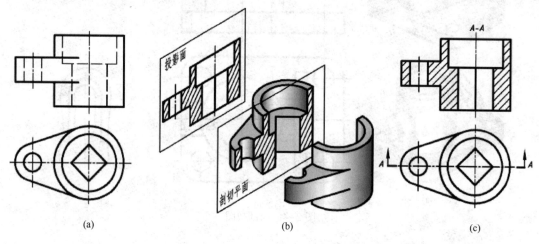

(a)	(b)	(c)

图 2-6　剖视图的形成

2. 剖面符号

为了在剖视图中分辨出机体内部的实心部分和空心部分，剖切面剖到的实体部分画出剖面符号，而孔等空心处不画。剖面符号的样式与机件的材料有关，常见材料的剖面符号见表 2-1。

机械制图中最常用的是金属材料和非金属材料的剖面符号，均为细实线。当表示薄壁零件时剖面线采用涂黑画法。

表 2-1　常见材料的剖面符号

金属材料		钢筋混凝土	
非金属材料		液体	
玻璃及透明材料		木材	纵剖面	
混凝土			横剖面	

3. 剖视图的标注

在剖视图上方的 X-X(X 为大写字母)字样为剖视图的名称；标有与剖视图名称相同字

母的短粗线称为剖切符号，表明剖切位置；箭头表示投影方向，如图 2-6(c)所示。

由于主视图是通过机件的前后对称面进行剖切的，视图按投影对应关系配置，中间又没有其他图形隔开，可完全省略标注。

二、剖视图的种类

剖视图按剖开机件范围的大小分为全剖视图、半剖视图和局部剖视图三种。了解每种剖视图的使用条件，以及每种剖视图的特点，对画图和读图有很大帮助。

1. 全剖视图

用剖切面完全地剖开物体所得的剖视图，称为全剖视图，简称全剖，如图 2-6 所示。全剖视图主要适用于内部形状比较复杂、外形相对简单的机件。

全剖视图的画法和步骤如图 2-7 所示。

特别注意：全剖视图中，只有在必要画出虚线的情况下，才绘制虚线，否则不予绘制。

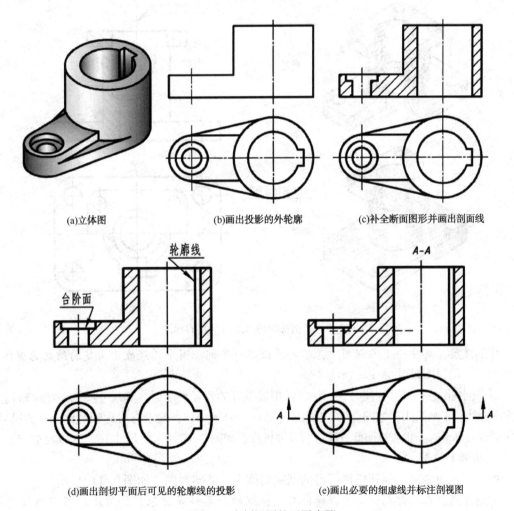

(a)立体图　　(b)画出投影的外轮廓　　(c)补全断面图形并画出剖面线

(d)画出剖切平面后可见的轮廓线的投影　　(e)画出必要的细虚线并标注剖视图

图 2-7　全剖视图的画图步骤

33

2. 半剖视图

（1）半剖视图及其画法

当物体具有对称平面时，向垂直于对称平面的投影面上投射所得的图形，以对称中心线（细点画线）为界，一半画成剖视图，另一半画成视图，称为半剖视图。

半剖视图适用于内、外形状均需表达，并且对称（基本对称）的机件。如图 2-8 所示机件，其形体左右和前后都具有对称性，适合用半剖视图表达。

识读半剖视图时，要利用对称关系，根据剖视图的一半想象出机件的内部结构，根据视图的一半想象出其外形。

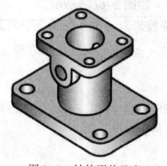

图 2-8　结构形状具有对称性的机件示例

半剖视图剖视的标注方法与全剖视图相同。如图 2-9 中的 A-A 剖视的标注。

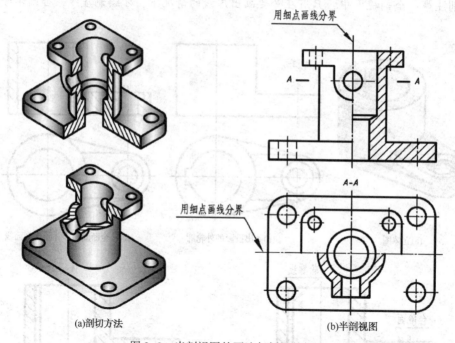

(a)剖切方法　　(b)半剖视图

图 2-9　半剖视图的画法与剖视的标注

特别注意：其中一半的视图中，不再画出另一半剖视图中已经表达清楚的结构的虚线。

（2）半剖视图尺寸标注

对半剖视图进行尺寸标注时，标注机件中被剖开的直径尺寸时，其尺寸线的一端应略超过对称中心线，不画箭头，如图 2-10 中的尺寸 $\phi13$、$\phi9$ 及 $\phi18$；关于有对称轴对称分布的尺寸，有一端没有画全时，也应按照此方法进行尺寸标注，如图 2-10 所示的尺寸 16、23 以及 120°。

3. 局部剖视图

用剖切平面局部地剖开机件所得的剖视图称为局部剖视图，如图 2-11 所示。

特别注意：在局部剖视图中，视图与剖视图的分界线是波浪线。波浪线可以想象为机件断裂边界的投影，因此波浪线不能超出视图的轮廓线或穿过孔和槽等空心结构。

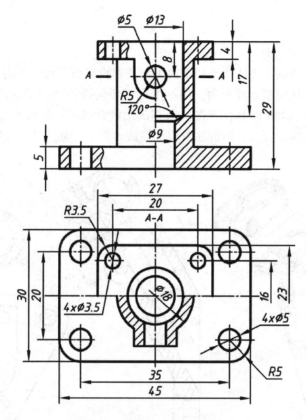

图 2-10　半剖视图的尺寸标注

局部剖视不受机件是否对称的限制，剖切位置与剖视范围灵活。一般用于内外结构均需表达的不对称机件，也可用于机件的局部有较小的孔、槽等结构，如图 2-11 所示的底板的小孔。

局部剖视图的剖视的标注方法与全剖视图相同，但当剖切位置明显时，可以省略标注。

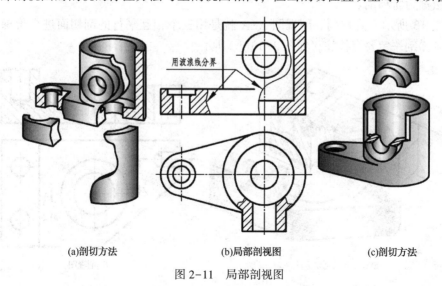

(a)剖切方法　　　　　　　(b)局部剖视图　　　　　　　(c)剖切方法

图 2-11　局部剖视图

三、剖切方法

1. 单一剖切面剖开机件

这是最常见的一种剖切方法。剖切平面可与基本投影面平行，如前所述。

也可以不平行于任何基本投影面。用不平行于任何投影面的平面剖切机件的方法，称为斜剖。如图 2-12 所示的 B-B 剖视图。斜剖画出的剖视图一般按照投影关系配置，也可根据需要将图形旋转摆正方式，但标注时应加注旋转符号，如图 2-12(b) 所示。

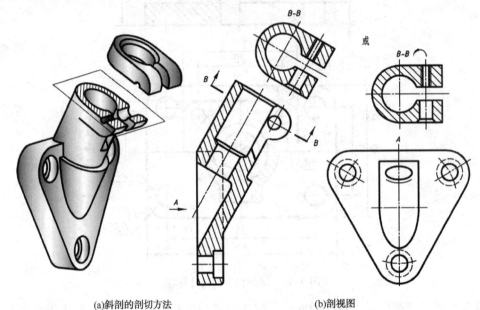

(a)斜剖的剖切方法　　　　　　　　(b)剖视图

图 2-12　斜剖的剖切方法及剖视图

2. 用几个平行的剖切面剖开机件

对内部结构较多，轴线又不位于同一平面的机件，可用几个平行的剖面剖开机件，这种剖切方法称为阶梯剖。

如图 2-13 所示为阶梯剖。剖视图 A-A 就是用三个相互平行的剖切面进行阶梯剖后画出来的，阶梯剖一定要有标注，如图 2-13(b) 所示。

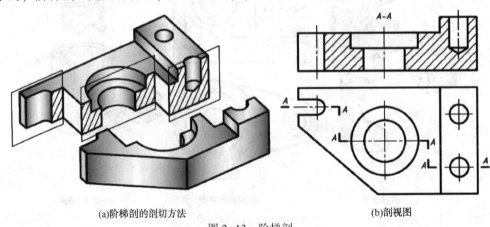

(a)阶梯剖的剖切方法　　　　　　　　(b)剖视图

图 2-13　阶梯剖

3. 两个相交的剖切面剖开机件

对整体或者局部有回转轴的机件，可用相交的剖切平面剖开机件。把剖到的有关结构旋转到与基本投影面平行的位置后，再进行投射。即先剖切，后旋转，再投射，这种剖切方法称为旋转剖。

图 2-14 所示，A-A 剖视图就是用旋转剖的剖切方法获得的。旋转剖也一定要有剖视的标注，如图 2-14(b)所示。

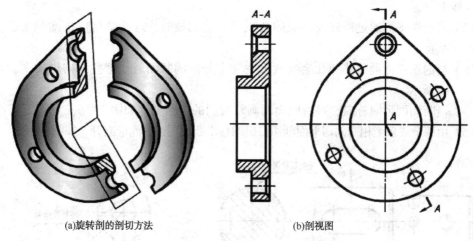

(a)旋转剖的剖切方法   (b)剖视图

图 2-14 旋转剖的剖切方法与全剖视图

第三节 断 面 图

一、断面图的概念

断面图常用来表达轴上的键槽、销孔以及其他机件上的肋、筋和轮辐等结构。假想用剖切面将物体的某处切断，仅画出该剖切面与物体接触部分的图形，称为断面图。

如图 2-15 所示的轴，假想用两个垂直于轴线的剖切平面分别在键槽和孔处将轴剖开，然后只画出剖切处断面的图形，可清楚地表达出键槽的深度及轴右端的通孔的情况。

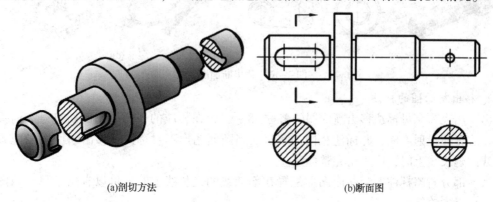

(a)剖切方法   (b)断面图

图 2-15 断面图的形成

二、移出断面图

断面图分为移出断面图和重合断面图。

1. 移出断面图的画法

画在视图轮廓之外的断面图称为移出断面图。

（1）移出断面图，其轮廓线用粗实线绘制，如图 2-15(b)所示，并尽量配置在剖切线的延长线上。

（2）当剖切平面通过回转面形成的孔或凹坑的轴线时，这些结构应按剖视绘制，如图 2-16(a)所示。

（3）当剖切平面通过非圆孔会导致出现完全分离的断面时，这些结构也按剖视画，如图 2-16(b)所示。

（4）当断面图形对称时，可将断面图画在视图的中断处，如图 2-16(c)所示。

（5）由两个或多个相交剖切平面剖切得出的移出断面图，中间应断开，如图 2-16(d)所示。

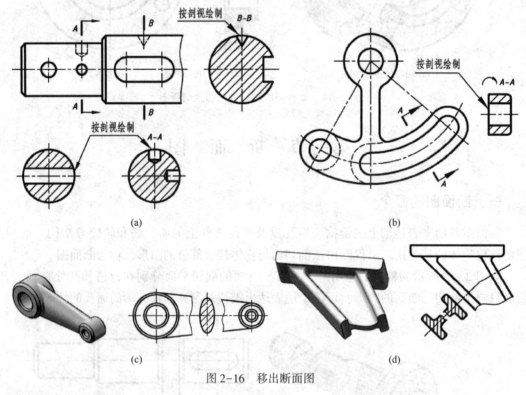

(a)　　　　(b)

(c)　　　　(d)

图 2-16　移出断面图

2. 移出断面图的标注

（1）用大写字母标注移出断面图的名称"X-X"，在相应的视图上用剖切符号和箭头表示剖切位置和投射方向，并标注相同的字母。当断面图形不对称，且移出断面图没配置在剖切线的延长线上时，应采用完整标注。

（2）部分省略标注：当断面图形配置在剖切线的延长线上时，可以省略字母；当图形对称，可以省略箭头。

（3）全部省略标注：配置在剖切线延长线上对称的移出断面图，可全部省略标注，如图 2-16(a) 中表示通孔的断面图。

三、重合断面图

画在视图轮廓线内的断面图称为重合断面图，如图 2-17 所示。当视图中的轮廓线与重合断面图的图形轮廓线重叠时，视图中的轮廓线仍应连续画出，不可间断。

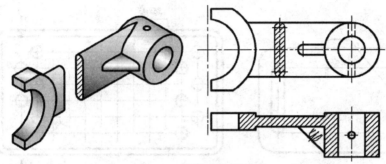

图 2-17　筋的重合断面图

第四节　局部放大图、简化画法与规定画法

一、局部放大图

在机械图样中，机件上有些细小结构，用原图的比例无法表达清楚其结构，或者无法正常标注尺寸，可以采用局部放大图。对机件上的细小结构，用大于原图形的比例画出的图形，称为局部放大图。

局部放大图可以画成视图、剖视图和断面图。与被放大部分的原来的表达方法无关。局部放大图应尽量配置在被放大部位的附近，如图 2-18 所示。

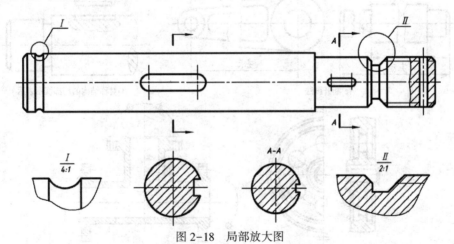

图 2-18　局部放大图

当图样中有几处需要放大时，必须用罗马数字顺序地标明，并在局部放大图上方标出相应的罗马数字和比例，如图 2-18 所示。当机件上仅有一个需要放大的部位时，则在该局

部放大图的上方只需注明比例即可。

特别注意：若放大部分为剖视图和断面图时，其剖面符号的方向和间距应与未放大部分相同。

二、简化画法

（1）重复要素和按照一定规律分布的孔的简化画法，如图2-19（a）、（b）所示。

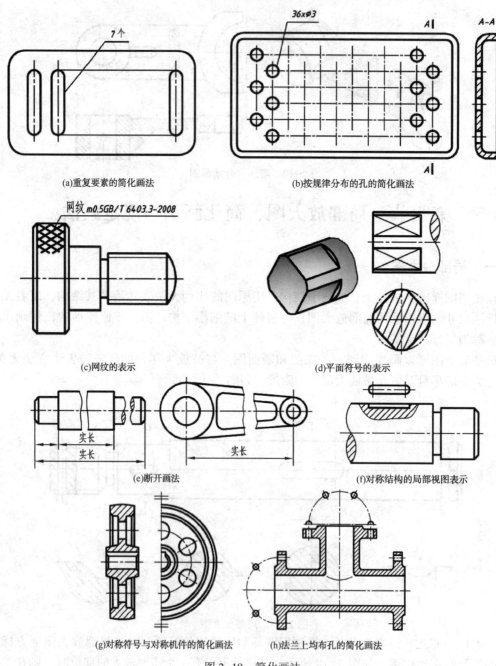

图2-19 简化画法

（2）滚花、沟槽等网状结构应用粗实线完全或部分地表示出来，如图 2-19（c）所示。

（3）平面符号（相交的两条细实线）的表示法，如图 2-19（d）所示。

（4）长度较长的或按一定规律变化的机件，可采用断开画法，要标注实际尺寸，如图 2-19（e）所示。

（5）机件上对称结构的局部视图，如键槽、方孔等可按图 2-19（f）所示方法表示。

（6）对于对称机件的视图可只画一半或四分之一，并在对称中心线上加注对称符号，如图 2-19（g）所示。

（7）机件上圆柱形法兰，其上有均匀分布的孔时，可按图 2-19（h）的形式表示。

三、规定画法

（1）当剖切平面通过肋板的对称面（即纵向剖切肋时），国家标准规定，这些结构都不画剖面线，并且用粗实线将它与其邻接部分分开，如图 2-20 所示。

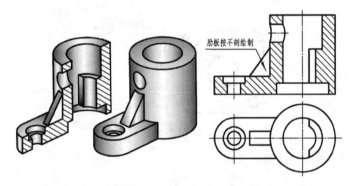

图 2-20　肋的规定画法

（2）当机件回转体上均匀分布的肋、轮辐和孔等结构不处于剖切平面上时，可将其旋转到剖切平面上画出，如图 2-21 所示。

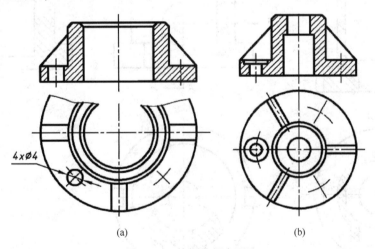

图 2-21　轮辐的规定画法

习题二

1. 识读下图, 指出每个视图的名称, 想象出机件的形状(题图 2-1)。

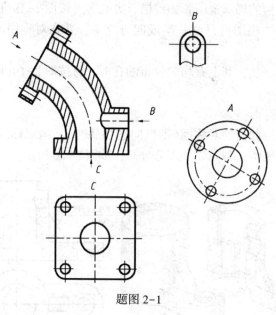

题图 2-1

2. 读下图, 并回答问题(题图 2-2)。

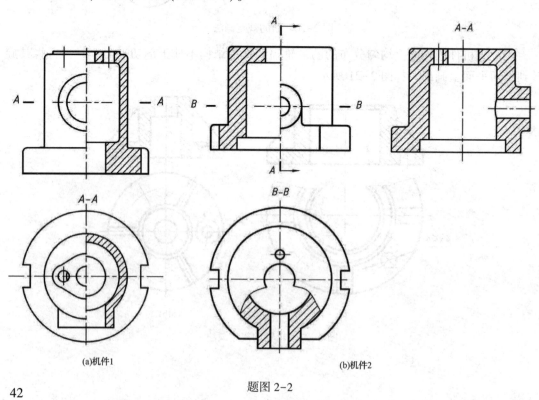

(a)机件1

(b)机件2

题图 2-2

(1) 分别说明图(a)、图(b)表达的两个机件的各个剖视图的名称。

(2) 主视图是从哪里剖切得到的？标出剖切位置及剖切符号，标注剖视名称。

(3) 机件1和机件2分为几个部分？各部分形状如何？想象出机件的整体形状。

(4) 补画图(a)机件1的左视图(全剖视图)。

(5) 1∶1量取图(b)机件2的尺寸，并完成尺寸标注。

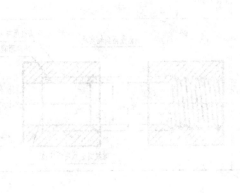

第三章 标准件与常用件的识读

在工程实际中常见的标准件有螺栓、螺柱、螺母、垫圈、键、销、轴承及挡圈等，这些零件在机器中使用广泛，国家标准中对标准件的画法、标记和标注作了相应的规定。一般不要单独画出它们的零件图，标准件属于特殊类型的零件，一般都是根据其标记直接采购即可。

还有些零件，它们的部分参数和画法也有统一的标准和规定，这部分零件称为常用件，如齿轮、弹簧。

重点要掌握国家标准关于标准件和常用件的规定画法和标记、标注等内容，以便在机械图样中正确识读这些零件的结构、相关标注和标记。

第一节 螺纹及其螺纹紧固件

一、螺纹的规定画法与标记

1. 螺纹的规定画法

螺纹的真实投影很难详细画出，因此，国家标准规定了螺纹的画法，称为螺纹的规定画法，见表3-1。

表3-1 螺纹的规定画法

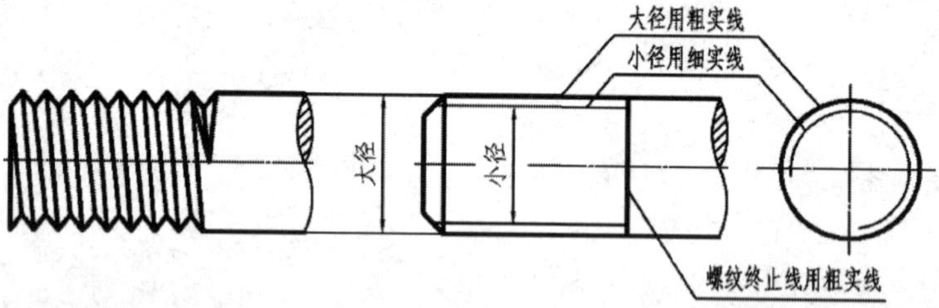

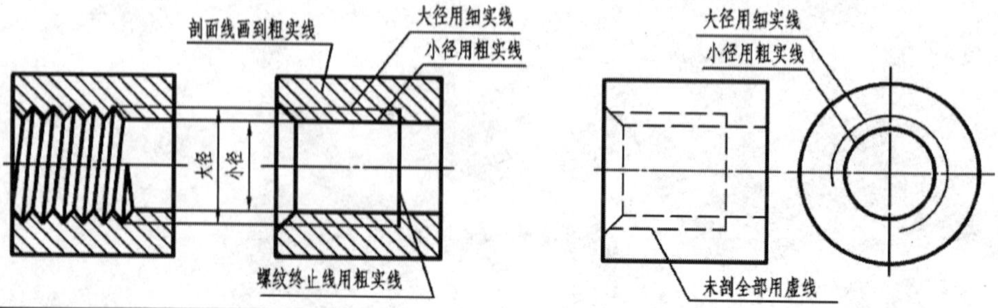

续表

类 型	图例及画法
盲孔内螺纹	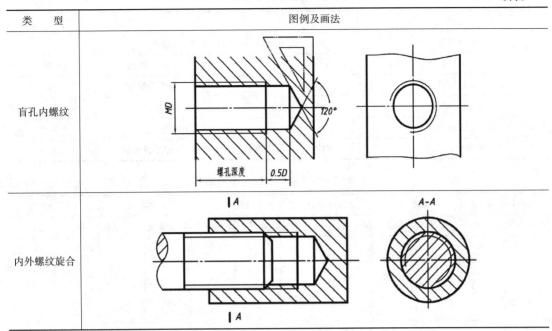
内外螺纹旋合	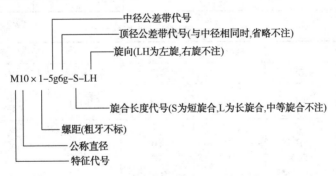

注：螺纹的小径按照大径的 0.85 倍画出。

2. 螺纹的标记与标注

螺纹有五个基本要素：牙型、公称直径、线数、螺距(导程)和旋向。

在工程实际中，基本要素不同的螺纹，按照规定画法画出后，从图形上无法了解到牙型、螺距、线数及旋向等信息。因此，在规定画法的螺纹图上，再配合标注出螺纹的标记，就能全面的表达螺纹的相关信息。

普通螺纹的完整标记由螺纹代号(螺纹的特征代号)、公称直径、螺纹公差带代号、旋合长度及螺纹旋向组成，如图 3-1 所示。

图 3-1 普通螺纹的标记

常见的标准螺纹的规定代号见表 3-2，普通螺纹的直径与螺距系列见表 3-3。

普通螺纹的公差带代号由数字和字母组成，如 6H、5g，数字表示公差等级，字母为基本偏差代号，其中大写字母表示的是内螺纹，小写字母表示的是外螺纹。GB/T 197—2003 规定了普通螺纹常用的公差带，如表 3-4 所示。

表 3-2　标准螺纹的规定代号

螺纹类别	代号	螺纹类别		代号
普通螺纹	M	55°非密封管螺纹		G
小螺纹	S	55°密封管螺纹	圆锥外螺纹	$R_1 R_2$
梯形螺纹	Tr		圆锥内螺纹	Rc
锯齿形螺纹	B		圆柱内螺纹	Rp
米制密封螺纹	ZM	自攻钉用螺纹		ST
60°密封管螺纹	NTP	自攻锁紧螺钉用螺纹(粗牙普通螺纹)		M

表 3-3　普通螺纹直径与螺距系列　　　　　　　　　　mm

公称直径 D、d		螺距 P		公称直径 D、d		螺距 P		公称直径 D、d		螺距 P	
第一系列	第二系列	粗牙	细牙	第一系列	第二系列	粗牙	细牙	第一系列	第二系列	粗牙	细牙
3		0.5		12		1.75	1.5, 1.25, 1		33	3.5	(3), 2, 1, 5
	3.5	0.6	0.35		14	2	1.5, 1.25, 1	36		4	3.2, 1.5
4		0.7		16			1.5, 1		39		
	4.5	0.75	0.5		18			42		4.5	
5		0.8		20		2.5	2, 1.5, 1		45		
6		1	0.75		22			48		5	
				24					52		4, 3, 2, 1.5
8		1.25	1, 0.75		27	3	3, 2, 1.5, 1	56		5.5	
				30					60		
10		1.5	1.25, 1, 0.75			3.5	(3), 2, 1.5, 1				

表 3-4　普通螺纹的推荐公差带

公差精度	内螺纹公差带			外螺纹公差带		
	S	N	L	S	N	L
精密	4H	5H	GH	(3h4h) (4g)	4h	(5h4h) (5g4g)
中等	5H (5G)	6H 6G	7H 7G	(5g6g) (5h6h)	6e 6f 6g 6h	(7e6e) (7g6g) (7h6h)
粗糙	—	7H (7G)	8H (8G)	—	(8e) 8g	(9e8e) (9g8g)

注：选择顺序依次为：粗字体公差带、一般字体公差带、括弧内的公差带。

　　表 3-5 为标准螺纹的标注示例，普通螺纹、梯形螺纹和锯齿形螺纹的标记直接注写在大径的尺寸线上，管螺纹标记注写在大径处的引出线上。

表 3-5 标准螺纹的标注示例及标注说明

螺纹种类		标注示例	标记说明
普通螺纹	细牙	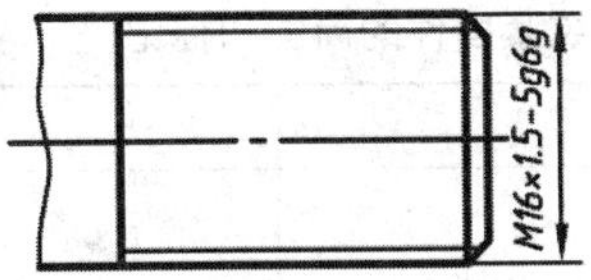 *M16x1.5-5g6g*	普通细牙外螺纹，公称直径 16mm，螺距 1.5mm，单线右旋，中径和顶径公差带代号分别为 5g 和 6g，中等旋合长度
梯形螺纹		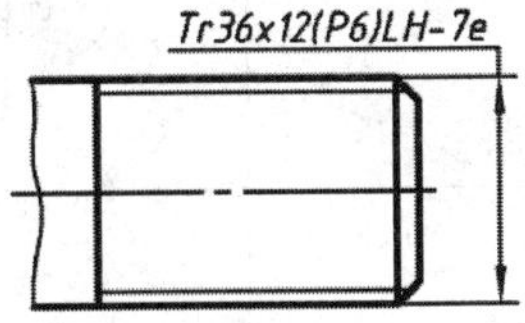 *Tr36x12(P6)LH-7e*	梯形外螺纹，公称直径 36mm，螺距 6mm，双线，导程 12mm，左旋，中径公差带代号为 7e，中等旋合长度
锯齿型螺纹		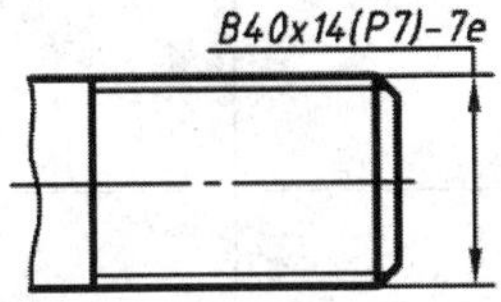 *B40x14(P7)-7e*	锯齿形外螺纹，公称直径 40mm，螺距 7mm，双线，导程 14mm，右旋，中径公差带代号为 7e，中等旋合长度
管螺纹	55° 非密封 管螺纹	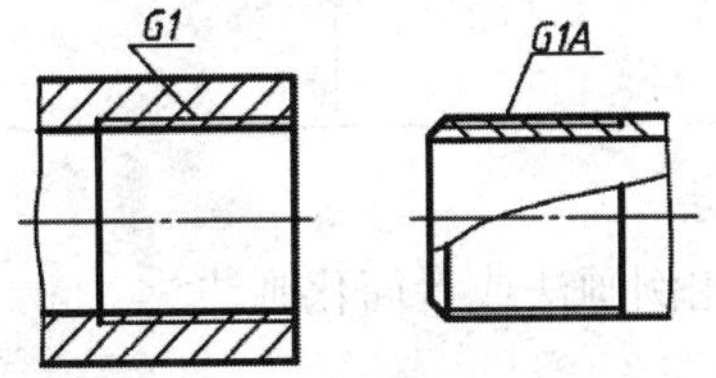 *G1* *G1A*	55°非密封管螺纹： G1A：外螺纹公差等级为 A，尺寸代号为 1，右旋 G1：内螺纹尺寸代号为 1，右旋
	55° 密封管 螺纹	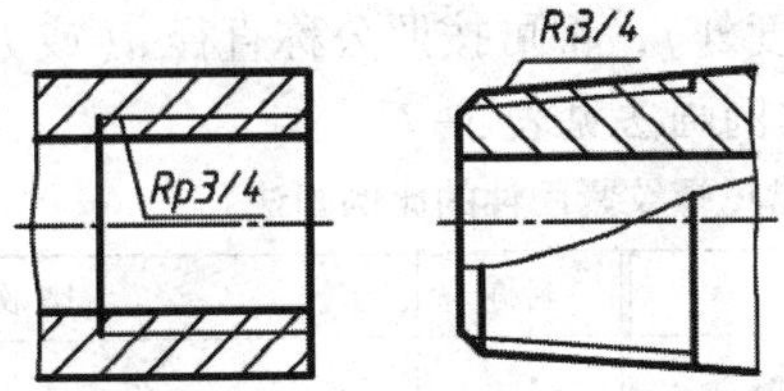 *Rp3/4* *R₁3/4*	55°密封圆柱内螺纹和 55°密封圆锥外螺纹，尺寸代号均为 3/4，均为右旋
		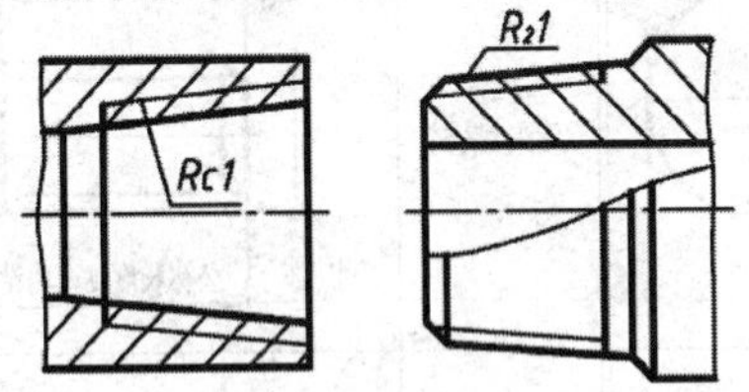 *Rc1* *R₂1*	55°密封圆锥内螺纹和 55°密封圆锥外螺纹，尺寸代号均为 1，均为右旋

二、螺纹紧固件的比例画法与简化画法

在工程实际中，许多场合都需要采用螺纹连接。螺纹紧固件用于两个(多个)零件的可拆连接。常见的螺纹紧固件有螺栓、螺柱、螺钉、螺母和垫圈等。

1. 螺纹紧固件的标记

螺纹紧固件属于标准件，其结构和尺寸可根据其标记在相关标准中查出，常用螺纹紧固件的标准见附录一。常见的螺纹紧固件的标记见表 3-6。

螺纹紧固件的标记包括：名称、标准编号、螺纹规格(螺纹规格×公称长度)及性能等

级或硬度。

例如：螺栓 GB/T 5782　M12×50。

表 3-6　常见螺纹紧固件的简图和标记

简　　图	标 记 示 例
M12 50	螺栓 GB/T 5782　M12×50
B型 M10 b_m　50	螺柱　GB/T 899　M10×50
M10 50	螺钉　GB/T 65　M10×50

2. 螺纹紧固件的比例画法与简化画法

螺纹紧固件均采用国家标准规定的比例画法或者简化画法

（1）比例画法

螺纹紧固件各部分尺寸(除公称长度外)，都可按照公称直径 d (或 D)的一定比例画出，称为比例画法。常见的螺纹紧固件的比例画法见表 3-7。

表 3-7　常见螺纹紧固件的比例画法

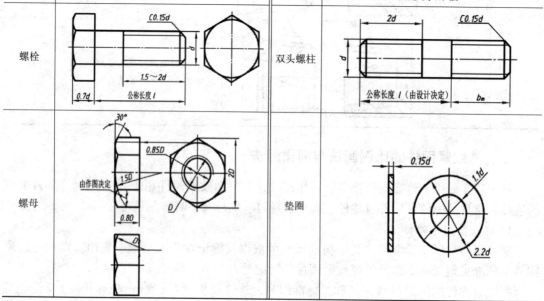

名称	比 例 画 法	名称	比 例 画 法
螺栓	C0.15d　d　1.5～2d　0.7d　公称长度 l	双头螺柱	2d　C0.15d　d　公称长度 l (由设计决定)　b_m
螺母	30°　0.85D　1.5D　由作图决定　0.8D　D　2D　D	垫圈	0.15d　1.1d　2.2d

（2）简化画法

简化画法就是在比例画法的基础上，进一步简化螺栓或者螺母的头部曲线和倒角，将头部曲线和倒角省去不画，如图3-2所示。

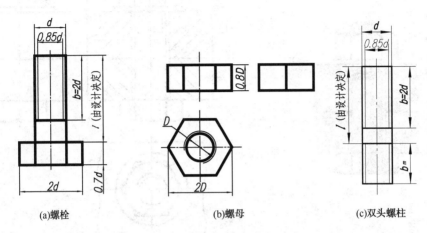

(a)螺栓　　　　　　　　　　(b)螺母　　　　　　　　　(c)双头螺柱

图3-2　螺纹紧固件的简化画法

特别注意：比例画法和简化画法的图形尺寸与紧固件的实际尺寸是有出入的，如需获取螺纹紧固件的实际尺寸，必须从相关标准中查表获得。

三、螺纹紧固件装配图

螺纹紧固件的连接形式有螺栓连接、双头螺柱连接和螺钉连接。

1. 螺栓连接

螺栓连接是将螺栓穿入两个被连接零件的光孔中，套上垫圈后旋紧螺母，如图3-3所示。这种连接方式适合连接两个厚度不大且适合开通孔的零件的连接。

公称长度 L，$L=\delta_1+\delta_2+h+m+(0.2\sim0.3)d$，计算得出结果后，查表将 L 进一步标准化。

2. 双头螺柱连接画法

螺柱连接是通过双头螺柱、垫圈和螺母紧固件来连接被连接零件的，如图3-4所示。

双头螺柱连接主要应用于一个被连接零件较厚不易钻通孔，或结构限制不允许钻通孔的场合。被连接零件中，较厚的零件要加工螺孔，较薄的零件加工通孔，且通孔孔径为 $1.1d$，b_m 为旋入端长度，由下端被连接零件的材料决定，有四种长度：

$b_m=d$　（GB/T 897—1988）（钢或者青铜）

$b_m=1.25d$　（GB/T 898—1988）或 $b_m=1.5d$　（GB/T 899—1988）（铸铁）

$b_m=2d$　（GB/T 900—1988）（铝）

3. 螺钉连接画法

螺钉连接用于受力不大而又不需经常拆装的场合。被连接零件中较厚的零件加工成螺孔，较薄的零件加工成通孔，如图3-5所示。

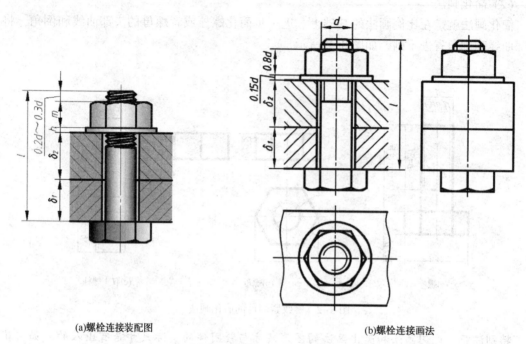

(a)螺栓连接装配图　　　　　　　　　　　(b)螺栓连接画法

图 3-3　螺栓连接及其画法

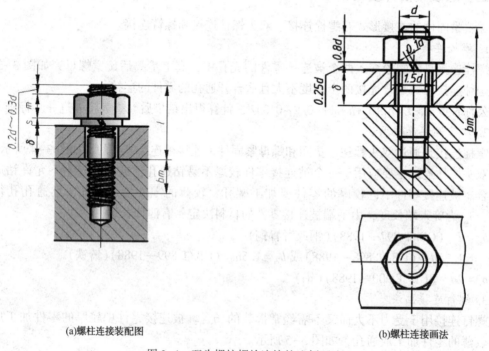

(a)螺柱连接装配图　　　　　　　　　　　(b)螺柱连接画法

图 3-4　双头螺柱螺栓连接的比例画法

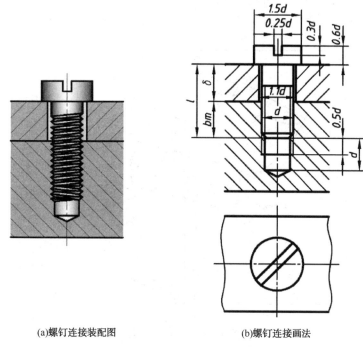

(a)螺钉连接装配图   (b)螺钉连接画法

图 3-5　螺钉连接及其画法

第二节 齿 轮

　　齿轮传动是机械传动中最常见的传动方式，在工程实际中应用非常广泛。齿轮传动用于两轴间传递动力和改变运动方向。齿轮属于常用件，齿轮的参数中模数和齿形角已经标准化。

　　齿轮有三种常见的传动方式，如图 3-6 所示。正确绘制和识读机械图样中的齿轮及齿轮啮合图是非常重要的。

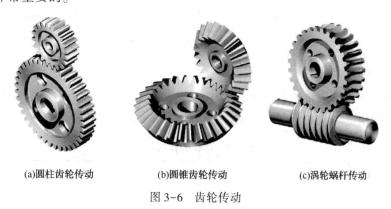

(a)圆柱齿轮传动   (b)圆锥齿轮传动   (c)涡轮蜗杆传动

图 3-6　齿轮传动

一、直齿圆柱齿轮的结构与主要参数

圆柱齿轮的外形为圆柱，有直齿、斜齿和人字齿三种；齿廓曲线有渐开线、摆线和圆弧三种。一般为渐开线，以下介绍直齿圆柱齿轮。

直齿圆柱齿轮的主要参数见图3-7。主要参数说明见表3-8。

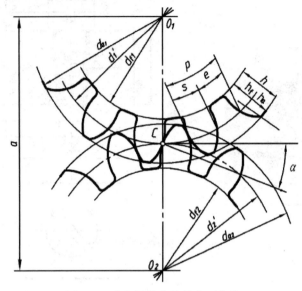

图3-7 直齿圆柱齿轮的主要参数

表3-8 直齿圆柱齿轮的主要参数说明

名　称	符　号	名　称	符　号
分度圆直径	d_1、d_2	齿高	h
节圆直径	d_1'、d_2'	齿顶高	h_a
齿顶圆直径	d_{a1}、d_{a2}	齿根高	h_f
齿根圆直径	d_{f1}、d_{f2}	模数	m
齿距	p	齿形角	α
齿厚	s	齿数	Z

注：①对于标准齿轮来讲，分度圆和节圆是一致的，即$d_1=d_1'$、$d_2=d_2'$。
　　②我国采用的齿形角为20°。

模数是设计和制造齿轮的重要参数。模数大表明齿轮的承载能力大。为了便于设计和加工，模数的数值已经系列化（GB/T 1357—2008），如表3-9所示。

表3-9 齿轮的模数系列

第一系列	1　1.25　1.5　2　2.5　3　4　5　6　8　10　12　16　20　25　32　40　50
第二系列	1.75　2.25　2.75　（3.25）　3.5　（3.75）　4.5　5.5　（6.5）　7　9　（11）　14　18　22　28　36　45

注：选用模数时应优先选用第一系列，其次第二系列，括号内的尽量不选用。

设计齿轮时，先要确定模数和齿数，其他部分尺寸可以计算出来，直齿圆柱齿轮各几何要素的计算公式见表3-10。

表 3-10 标准齿轮各基本尺寸的计算公式

基本参数：模数 m 和齿数 z

名　称	代　号	计　算　公　式
齿距	p	$p = \pi m$ [①]
齿顶高	h_a	$h_a = m$
齿根高	h_f	$h_f = 1.25m$
齿高	h	$h = h_a + h_f = 2.25m$
分度圆	d	$d = mz$ [②]
齿顶圆直径	d_a	$d_a = d + 2h_a = m(z+2)$
齿根圆直径	d_f	$d_f = d - 2h_f = m(z-2)$
中心距	a	$a = (d_1 + d_2)/2 = m(z_1 + z_2)/2$

注：①m 系指模数。

②z 系指齿数。

二、齿轮的规定画法

机械图样中，齿轮也是采用规定画法绘制的。

1. 单个圆柱齿轮的规定画法

单个齿轮的画法如图3-8所示。其中图3-8(a)左视图采用视图的画法；图3-8(b)~(d)左视图均采用剖视的画法。

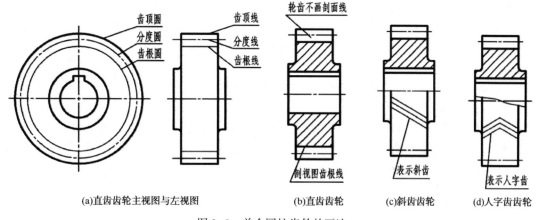

(a)直齿齿轮主视图与左视图　　(b)直齿齿轮　　(c)斜齿齿轮　　(d)人字齿齿轮

图 3-8 单个圆柱齿轮的画法

2. 两个圆柱齿轮啮合的规定画法

一对标准圆柱齿轮啮合时，两个齿轮的模数和压力角都对应相等，才能相互啮合。一对啮合齿轮的画法如图3-9所示。

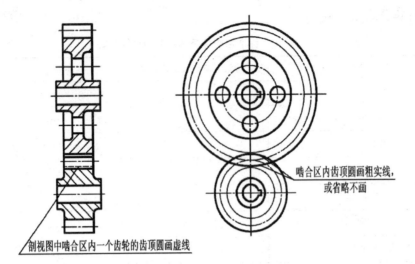

啮合区内齿顶圆画粗实线，
或省略不画

剖视图中啮合区内一个齿轮的齿顶圆画虚线

(a)主视图采用剖视的直齿齿轮啮合的画法

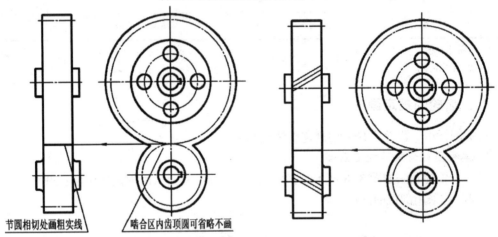

节圆相切处画粗实线   啮合区内齿顶圆可省略不画

(b)直齿齿轮啮合的视图画法   (c)斜齿齿轮啮合的视图画法

图 3-9   一对啮合齿轮的画法

第三节　键

　　如图 3-10 所示，为了使齿轮、带轮等零件与轴一起转动，通常在轮毂和轴上分别加工出键槽，用键块将轮和轴连接起来，使它们和轴一起旋转，起传递扭矩的作用。

　　键属于标准件，结构和尺寸都已经标准化。

一、键的种类与标记

　　常见的键有普通型平键、普通型半圆键、钩头型楔键和花键等，见图 3-11，其简图和标记见表 3-11。

　　最常用的是普通型平键。国标规定了普通型平键的尺寸，及轴上和轮毂上键槽的尺寸等，具体见附录二中的附表 2-1。

54

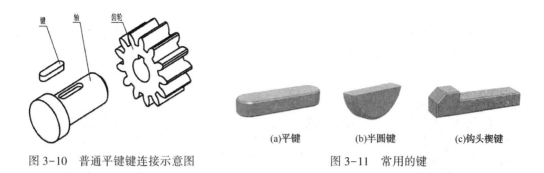

图 3-10 普通平键键连接示意图

(a)平键　　　　　(b)半圆键　　　　　(c)钩头楔键

图 3-11　常用的键

表 3-11　常用键的简图及标记

名　称	简　图	标记示例
普通型　平键 GB/T 1096—2003	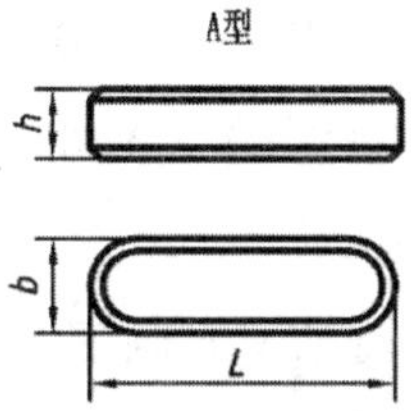 A型	GB/T 1096—2003　键 16×10×100 说明：圆头普通平键（A 型） $b=16\text{mm}$，$h=10\text{mm}$，$L=100\text{mm}$
普通型　半圆键 GB/T 1099.1—2003	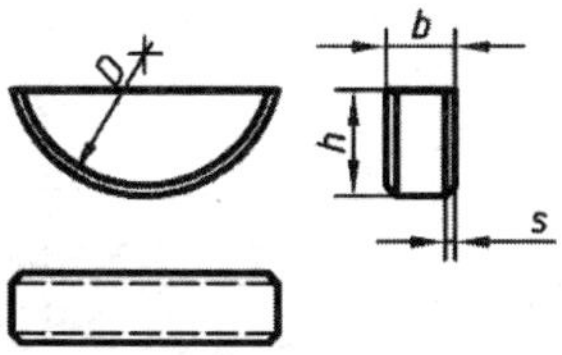	GB/T 1099.1—2003　键 6×10×25 说明：半圆键 $b=6\text{mm}$，$h=10\text{mm}$，$D=25\text{mm}$
钩头型　楔键 GB/T 1565—2003	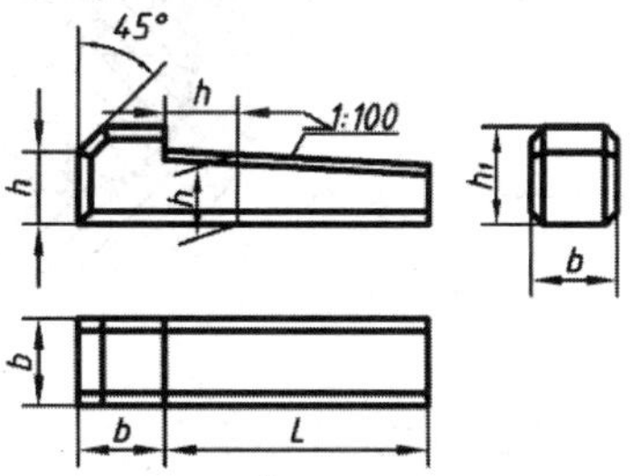 45° 1:100	GB/T 1565—2003　键 16×100 说明：钩头楔键 $b=6\text{mm}$，$h=10\text{mm}$，$L=100\text{mm}$
矩形　花键 GB/T 1144—2001	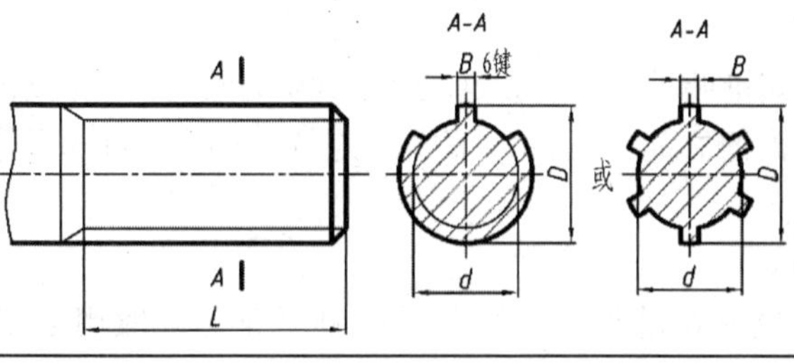 A-A　或　A-A	花键副：6×23H7/f7×26H10/ a11×6H11/d10GB/T 1144—2001 说明：矩形花键　$N=6$，$d=23$， $D=26$，$B=6$，在 d、D、B 的数字 后面均加注了公差带代号

二、键连续装配图

　　画键连续的装配图时，首先要知道轴的直径和键的类型，然后根据轴的尺寸查出相关标准值，确定键的公称尺寸，以及轴和轮上的键槽尺寸。

1. 普通平键连续装配图

普通平键有 A 型(圆头)、B 型(方头)和 C 型(单圆头)三种。连续时键的顶面与轮毂间应有间隙，要画两条线；侧面与轮毂槽和轴槽的侧面接触，只画一条线，如图 3–12 所示。

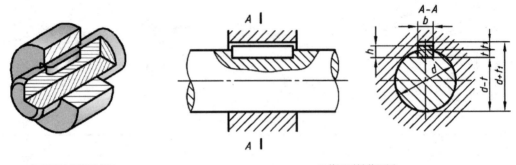

(a)普通平键联结示意图   (b)普通平键装配图

图 3–12　普通平键连续及装配图画法

2. 半圆键连续装配图

半圆键常用在载荷不大的传动轴上，连续情况和画图要求与普通平键类似，如图 3–13 所示。

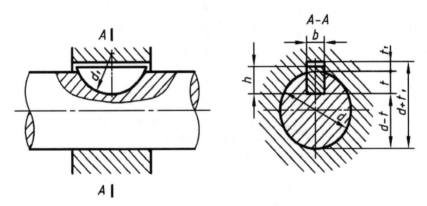

图 3–13　半圆键连续装配图画法

3. 钩头楔键连续装配图

楔键有普通楔键和钩头楔键两种：楔键顶面是 1∶100 的斜度，装配时打入键槽，依靠键的顶面和底面与轮毂槽和轴槽之间挤压的摩擦力而连续。画图时上、下两接触面应各画一条线，如图 3–14 所示。

4. 矩形花键连续装配图

花键按齿形不同，分为矩形花键和渐开线花键两种。花键一般用于定心精度要求高、载荷大或经常滑移的连接。

矩形花键连续应用广泛。矩形外花键的画法如图 3–15 所示，花键代号为：$N×d×D×B$（N 为键数），代号中的 d、D、B 数字后面均应加注公差带代号。例如：$6×23f7×26a11×6d10$。矩形花键的公称尺寸见附录二中的附表 2–2。

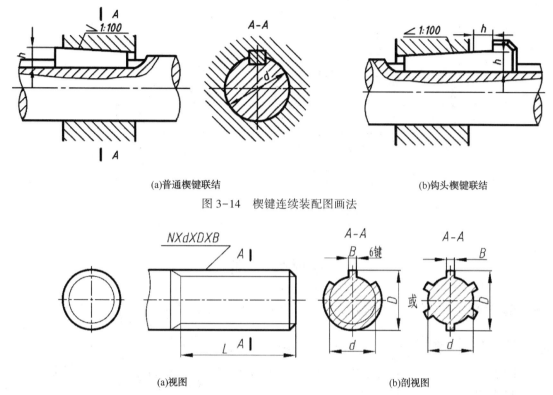

(a)普通楔键联结   (b)钩头楔键联结

图 3-14 楔键连续装配图画法

(a)视图   (b)剖视图

图 3-15 矩形外花键的画法

矩形花键键槽(内花键)的画法,如图 3-16 所示。花键键槽代号为:$N×d×D×B$(N 为键数),代号中的 d、D、B 数字后面均应加注公差带代号。例如:6×23H7×26H10×6H11。矩形花键键槽的断面尺寸见附录四中的附表 4-3。

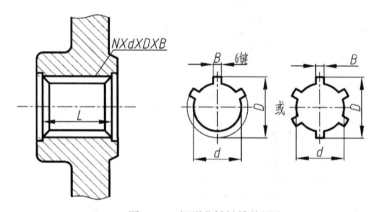

图 3-16 矩形花键键槽的画法

矩形花键连续的定心方式为小径定心,即外花键和内花键的小径为配合面。花键连续图一般用剖视图表示,其连续部分按照外花键画出,如图 3-17 所示。

矩形花键连续的标记为 $N×d×D×B$,且在 d、D、B 加注配合代号,例如:6×23H7/f7×26H10/a11×6H11/d10。

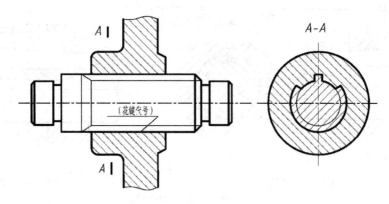

图 3-17　花键连续装配图画法

第四节　销

销是标准件,主要起定位作用,也可用于零件之间的连接和锁紧。

一、常见销及标记

常用的销有圆柱销、圆锥销和开口销。开口销是用来防止螺母松动或固定其他零件。表 3-12 列出了三种销的简图和标记。

表 3-12　三种销的简图和标记

名称	立体图	图例	标记示例
圆柱销			销　GB/T 119.1　6m6×30 表示公称直径 d 为 6mm,公差代号为 m6,公称长度 l 为 30mm
圆锥销			销　GB/T 117　6×30 表示公称直径 d(小端直径)为 6mm,公称长度 l 为 30mm
开口销			销　GB/T 91　5×50 表示公称直径 d 为 5mm,公称长度 l 为 50mm

1. 圆柱销

圆柱销分为两类,不淬硬钢和奥氏体不锈钢的圆柱销(GB/T 119.1—2000)和淬硬钢和马氏体不锈钢(GB/T 119.2—2000)，圆柱销结构与尺寸见表3-13。

表3-13　圆柱销的结构与尺寸　　　　　　　　　　　mm

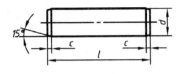

标记示例：

公称直径 $d=6mm$，公差代号为 m6，公称长度 $l=30mm$

材料为钢、不经过淬火、不经过表面处理的圆柱销：

销　GB/T 119.1　6　m6×30

公称直径 $d=6mm$，公差代号为 m6，公称长度 $l=30mm$

材料为钢、普通淬火（A 型）、表面氧化处理的圆柱销：

销　GB/T 119.2　6　m6×30

公称直径 d		3	4	5	6	8	10	12	16	20	25	30	40	50
$c\approx$		0.50	0.63	0.80	1.2	1.6	2.0	2.5	3.0	3.5	4.0	5.0	6.3	8.0
公称长度 l	GB/T 119.1	6~30	6~40	10~50	12~60	14~80	18~95	22~140	26~180	35~200	50~200	60~200	80~200	95~200
	GB/T 119.2	8~30	10~40	12~50	14~60	18~80	22~100	26~100	40~100	50~100	—	—	—	—
l系列		8, 10, 12, 14, 16, 18, 20, 22, 24, 26, 28, 30, 32, 35, 40, 45, 50, 55, 60, 65, 70, 75, 80, 85, 90, 95, 100, 110, 120, 140, 160, 180, 200…													

2. 圆锥销

圆锥销(GB/T 117-2000)，圆锥销的公称直径是指小端直径 d，圆锥销结构与尺寸见表 3-14。

表3-14　圆柱销的结构与尺寸　　　　　　　　　　　mm

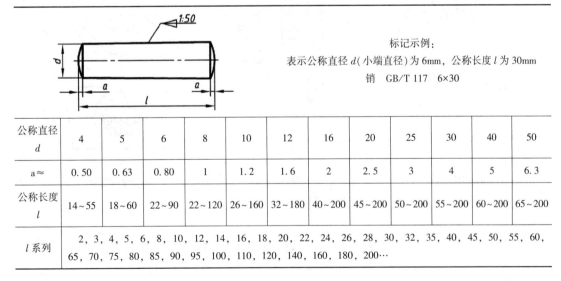

标记示例：

表示公称直径 d（小端直径）为 6mm，公称长度 l 为 30mm

销　GB/T 117　6×30

公称直径 d	4	5	6	8	10	12	16	20	25	30	40	50
$a\approx$	0.50	0.63	0.80	1	1.2	1.6	2	2.5	3	4	5	6.3
公称长度 l	14~55	18~60	22~90	22~120	26~160	32~180	40~200	45~200	50~200	55~200	60~200	65~200
l系列	2, 3, 4, 5, 6, 8, 10, 12, 14, 16, 18, 20, 22, 24, 26, 28, 30, 32, 35, 40, 45, 50, 55, 60, 65, 70, 75, 80, 85, 90, 95, 100, 110, 120, 140, 160, 180, 200…											

3. 开口销

开口销(GB/T 91—2000)，经常用于螺纹连接防止松动。使用时把开口销插入螺母槽与螺栓尾部孔内，并将开口销尾部分开，防止螺母与螺栓的相对转动。开口销结构与尺寸见表 3-15。

表 3-15　开口销的结构与尺寸　　　　　　　　　　mm

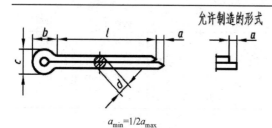

允许制造的形式

标记示例
公称直径 $d = 5mm$，长度 $l = 50mm$
材料为低碳钢，不经过表面处理的开口销，其标记为：
销　GB/T 91　5×50

$a_{min} = 1/2a_{max}$

d(公称)		0.6	0.8	1	1.2	1.6	2	2.5	3.2	4	5	6.3	8	10	12
c	max	1.0	1.4	1.8	2	2.8	3.6	4.6	5.8	7.4	9.2	11.8	15	19	24
	min	0.9	1.2	1.6	1.7	2.4	3.2	4	5.1	6.5	8	10.3	13.1	16.6	21.7

二、销连接装配图

圆柱销、圆锥销和开口销的连接装配图画法，如图 3-18 所示。在剖视图中，当剖切平面通过销的轴线时，销按不剖画出。

特别注意：配合的两个零件上的销孔是一起加工的，这样才能保证销孔良好的定位作用。因此，在销孔的尺寸标注上通常会加注"配作"或"与 XX 件配作"字样。

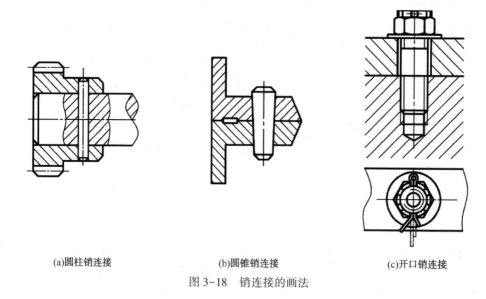

(a)圆柱销连接	(b)圆锥销连接	(c)开口销连接

图 3-18　销连接的画法

第五节　滚动轴承

在机器中，滚动轴承是用于支承旋转轴的组件，属于标准件。

一、滚动轴承的标记

滚动轴承的规定标记由滚动轴承、基本代号和标准编号三部分组成。例如：滚动轴承

6208　GB/T 276—2013，如图 3-19 所示。

图 3-19　滚动轴承代号

（1）基本代号包括：轴承的类型代号、尺寸系列代号和内径代号三部分，从左向右顺序排列组成。滚动轴承的类型代号见表 3-16。

表 3-16　滚动轴承的类型代号

代号	0	1	2	3	4	5	6	7	8	N	U	QJ
轴承类型	双列角接触球轴承	调心球轴承	调心滚子轴承和推力调心滚子轴承	圆锥滚子轴承	双列深沟球轴承	推力球轴承	深沟球轴承	角接触球轴承	推力圆柱滚子轴承	圆柱滚子轴承	外球面球轴承	四点接触球轴承

（2）尺寸系列代号由轴承的宽（高）度系列代号和直径列代号组成，用两位阿拉伯数字表示。前一位阿拉伯数字为宽（高）度系列代号，后一位阿拉伯数字为直径系列代号。其中前一位数字若带有括号，在基本代号中省略不注。

深沟球轴承类型的尺寸系列代号见表 3-17。

表 3-17　深沟球轴承的尺寸系列代号

名　称	简　图	类型代号	尺寸系列代号	组合代号
深沟球轴承（GB/T 276—2013）		6	17	617
		6	37	637
		6	18	618
		6	19	619
		16	(0)0	160
		6	(1)0	60
		6	(0)2	62
		6	(0)3	63
		6	(0)4	64

注：组合代号是类型代号和尺寸系列代号组合后的代号。

（3）内径代号表示轴承孔内径的公称尺寸，由两位数字组成。代号数字 00、01、02、03 分别表示内径为 10mm、12mm、15mm、17mm；代号数字为 04～96，用代号数字乘以 5，即轴承内径的毫米数。

二、滚动轴承的规定画法与特征画法

滚动轴承是标准件，可按设计要求选用，不必画它的零件图。

在装配图中，滚动轴承按规定画法或者特征画法画出。画图时需要的主要尺寸可通过查阅相关标准获得，滚动轴承相关主要尺寸见附录三，常见滚动轴承的画法见表3-18。

表3-18 常用滚动轴承的画法

轴承名称	类型代号	规定画法	特征画法	主要尺寸
 深沟球轴承60000型 GB/T 276—2013	6	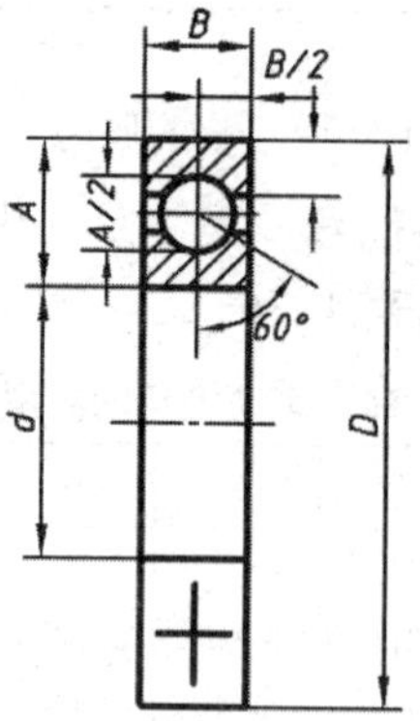	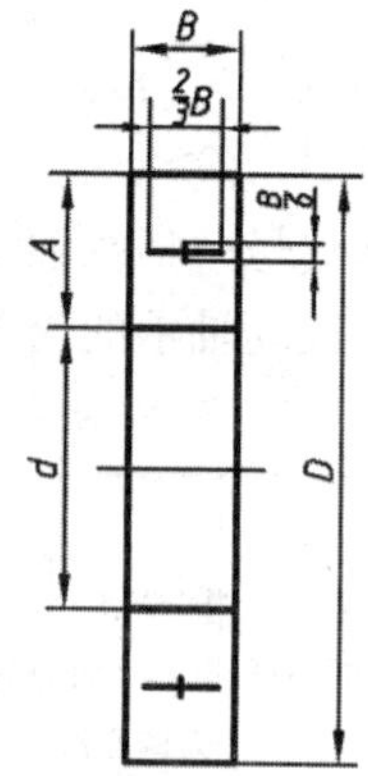	d D B
 圆锥滚子轴承30000型 GB/T 297—2015	3	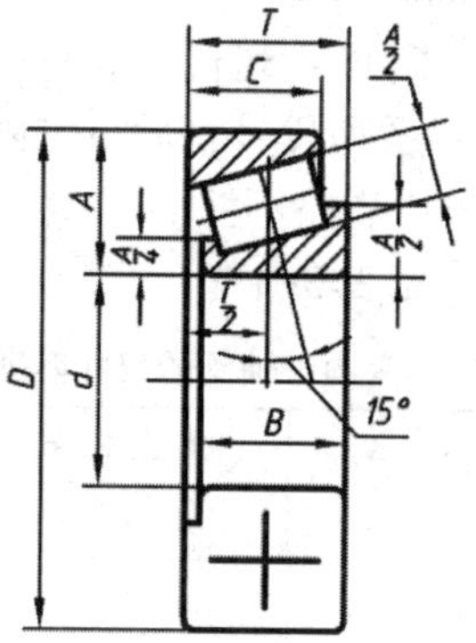	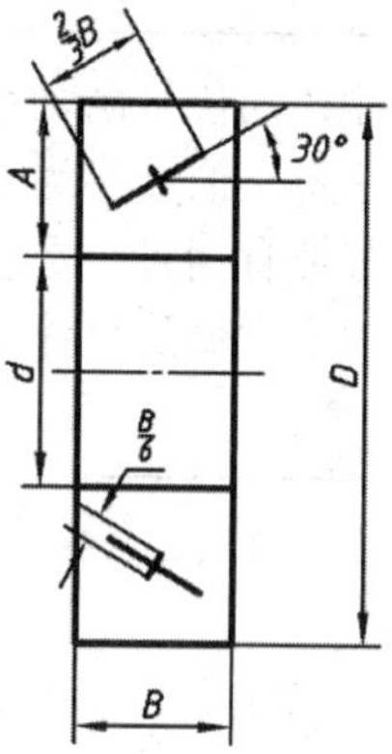	d D B T C
 推力球轴承50000型 GB/T 301—2015	5	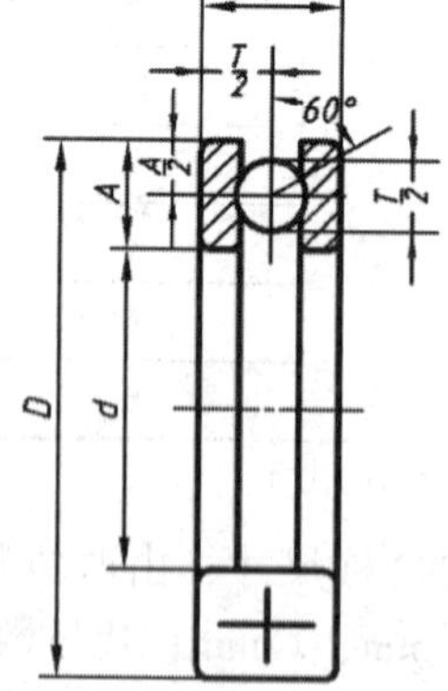	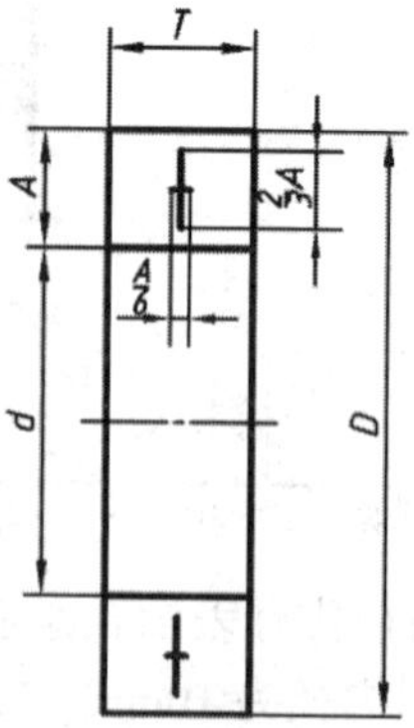	d D T

三、装配图中滚动轴承的识读

滚动轴承在装配时，轴承的内圈套在轴上与轴一起转动，外圈安装在机座的孔中，如

图 3-20 所示。

　　在阅读装配图时，要理解滚动轴承的轴向定位问题。如图 3-20(a)所示，轴承的左端轴向靠轴肩实现轴向定位，右端靠轴承端盖实现轴向定位。

　　滚动轴承的内圈与轴的配合为基孔制，外圈与座体的配合为基轴制。因此，在装配图中标注装配尺寸时，只标注与之配合的轴或者孔的公差带代号或者极限偏差，而滚动轴承的内径和外径的极限偏差另有标准，一般不标注，如图 3-20(b)所示。

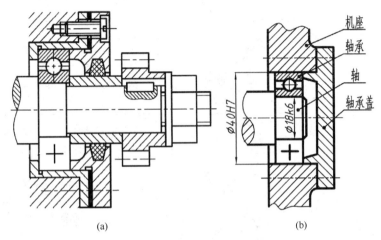

(a)　　　　　　　　　　　　　　　(b)

图 3-20　滚动轴承在装配图中的画法

第六节　挡　　圈

　　挡圈分轴用挡圈和孔用挡圈两类。安装在轴上或者内孔中，与轴承、轴与孔配合使用。主要作用是固定轴或者轴上零件的轴向移动，以确保其工作条件。

　　常用的有轴用弹性挡圈、孔用弹性挡圈、开口挡圈、螺钉紧固轴端挡圈和轴肩挡圈等，其相关主要尺寸见附录四。常见图例和标记见表 3-19。

　　轴用弹性挡圈是一个有弹性带开口的环状结构，安装在轴上的挡圈槽中，其结构及装配方式如图 3-21 所示。

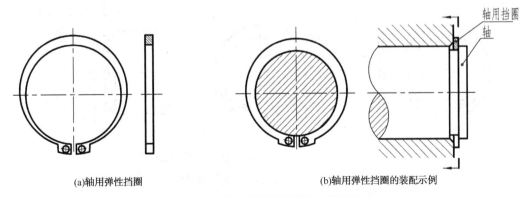

(a)轴用弹性挡圈　　　　　　　　　　　(b)轴用弹性挡圈的装配示例

图 3-21　轴用弹性挡圈结构与装配图

表3-19 常用挡圈图例和标记

名 称	图 例	标 记 示 例
开口挡圈 GB/T 896—1986		$d=6mm$（挡圈内孔最小径，即公称值） 材料：65Mn 热处理硬度 HRC47~54，表面发蓝处理 挡圈 GB/T 896—1986-6
螺钉紧固轴端挡圈 GB/T 891—1986		$D=45mm$（挡圈外径，即公称值） 材料：Q235 挡圈 GB/T 891—1986-45
轴肩挡圈 GB/T 886—1986		$d=30mm$（挡圈孔内径，即公称直径） $D=40mm$（挡圈外径） 材料：Q235 挡圈 GB/T 886—1986-30×40
轴用弹性挡圈 GB/T 894.1—1986		$d_0=40mm$（轴径尺寸） 材料：65Mn 热处理硬度 HRC44~51，表面发蓝处理 挡圈 GB/T 894.1—1986-40
孔用弹性挡圈 GB/T 893.1—1986		$d_0=50mm$（孔径尺寸） 材料：65Mn 热处理硬度 HRC44~51，表面发蓝处理 挡圈 GB/T 893.1—1986-50

孔用弹性挡圈是一个有弹性带开口的环状结构，安装在轴上的挡圈槽中，其结构及装配方式，如图3-22所示。

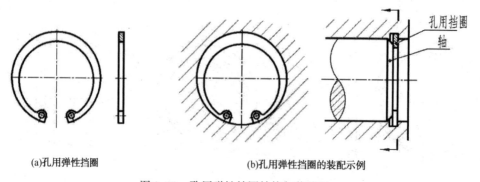

(a)孔用弹性挡圈   (b)孔用弹性挡圈的装配示例

图3-22 孔用弹性挡圈结构与装配图

轴肩挡圈结构如图 3-23(a)所示，安装在轴上的挡圈槽中，其结构及装配方式如图 3-23(b)所示。

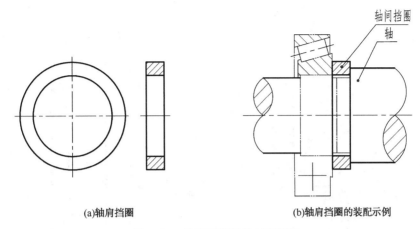

(a)轴肩挡圈　　　　　　　　　　(b)轴肩挡圈的装配示例

图 3-23　轴肩挡圈结构与装配图

习题三

1. 解释下列代号的含义

① 螺栓　GB/T 5780—2016　M20×100

_____

② 螺母　GB/T 6170—2015　M20

_____

③垫圈　GB/T 97.1—2002　20

_____

④滚动轴承　6212　GB/T 276—2013

_____

⑤滚动轴承　51305　GB/T 301—2015

_____

2. 指出图中的错误并改正(题图 3-1)。

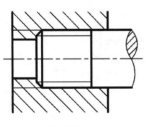 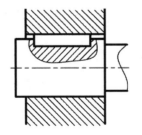 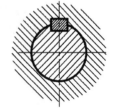

(a)内外螺纹旋合的画法　　　　　　　　　　(b)键连接的画法

题图 3-1

3. 完成图中轴和孔的基本尺寸和公差带代号的标注，并完成填空(题图3-2)。

滚动轴承和机座孔的配合为基_____制，机座孔的基本偏差代号为_____，公差等级为_____级；滚动轴承和轴的配合为基_____制，轴的基本偏差代号为_____，公差等级为_____级。

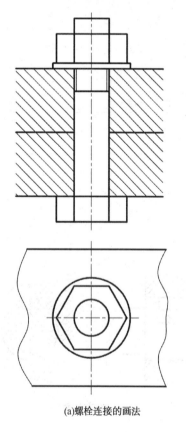

题图 3-2

4. 指出图中的错误并改正(题图3-3)。

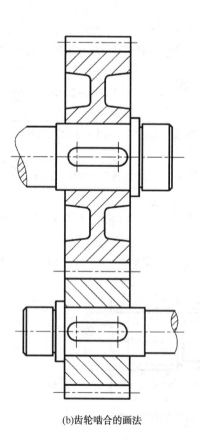

(a)螺栓连接的画法　　　　　　　　(b)齿轮啮合的画法

题图 3-3

第四章　典型化工设备零件图识读

任何机器或部件都是由若干个零件按照一定要求装配而成的，描述单个零件的结构形状、尺寸大小及技术要求的零件图，是制造和检验零件的依据。

一张完整的零件图，包含四部分内容，如图1-4所示旋塞阀的零件图。

1. 一组视图

用一组视图(包括视图、剖视图、断面图、局部放大图和简化画法等)表达出零件的内外结构和外部形状。

2. 完整的尺寸

用一组尺寸正确、完整、清晰、合理地表达出零件的大小。

3. 技术要求

表达出在制造和检验零件时应达到的技术要求，包括表面粗糙度、尺寸公差、形状和位置公差、热处理等要求。

4. 标题栏

在零件图右下角的标题栏内明确地填写出该零件的名称、数量、材料、比例、图号，以及设计人员签名等内容。

特别注意： 在机械制图中，标准件属于特殊类型的零件，它们的结构形状、尺寸都已经标准化，并由专门工厂生产。一般都是根据标记直接采购的，所以一般不需要单独画出它们的零件图。

第一节　零件图视图的表达方法

用适当的表达方法将零件的内、外结构和形状表达出来是绘制零件图的目的。视图表达方案的选择力求画图简单、看图方便。

一、零件视图表达方案的确定

主视图是一组视图的核心，然后再配置其他视图。画图和读图时，从主视图入手是非常重要的。

(一) 主视图的选择

主视图的选择符合形状特征原则和位置原则。

1. 形状特征原则

反映零件形状特征最明显的视图作为主视图，称为"形状特征原则"，它是确定主视图投射方向的依据。读图时通过阅读主视图就能了解零件的大致形状。

如图4-1(a)所示的轴承盖的立体图，选择A所指的投射方向，能最明显地表示出轴承盖的结构形状。因此，选择A向作为主视图的投射方向。

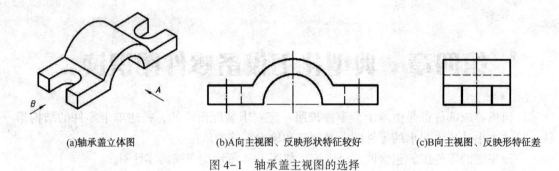

(a)轴承盖立体图　　　　(b)A向主视图、反映形状特征较好　　　　(c)B向主视图、反映形特征差

图 4-1　轴承盖主视图的选择

2. 位置原则

主视图应尽可能反映零件的加工位置或工作位置，称为"位置原则"。它是确定零件摆放位置的依据。

"加工位置"是指零件在机床上加工时的装夹位置。主视图与加工位置一致，便于看图加工。

"工作位置"是指零件在机器中工作时的位置。主视图与工作位置一致，便于研究图纸，以及对照装配图来读图和画图。

（二）其他视图的选择

其他视图的配置是用于补充主视图尚未表达清楚的结构。选择原则如下：

（1）主视图选定后，零件的主要形状尽量用基本视图、剖视图来表达。对于没有表达或表达不清楚的部位，可采用局部视图、局部放大图、断面图等方法表达。

（2）应在完整、清晰、准确地表达出零件的结构形状和便于看图的前提下，尽量采用简单的表达方法，减少视图数量，便于看图和画图。

二、零件上常见的工艺结构

零件上的某些结构，仅仅与制造和装配有关，称为工艺结构。正确识读这些工艺结构有利于进一步理解零件的制造、加工和安装过程。

（一）铸造零件的工艺结构

1. 拔模斜度

用铸造的方法制造零件毛坯时，便于在砂型中取出模样，一般沿模样方向作成约 1∶20 的斜度，称为拔模斜度。如图 4-2（a）所示。拔模斜度在图上可以不予标注和画出，如图 4-2（b）所示。

2. 铸造圆角

为防止浇铸铁水时将砂型转角处冲坏，同时避免铸件在冷却时产生裂缝或缩孔，在铸件毛坯各表面相交处，都有铸造圆角，如图 4-3 所示。铸造圆角的大小一般会在图纸的技术要求中统一说明。

3. 过渡线

由于铸件上有铸造圆角和拔模斜度存在，铸件表面上的交线将变得不明显。在相交处仍然画出理论上的交线(即相贯线),但两端不与轮廓线相交,这种线称为过渡线,用细实线绘制,图4-4为常见的过渡线画法。

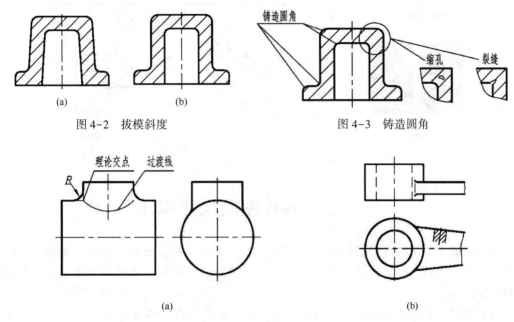

图4-2　拔模斜度　　　　　　　　　　图4-3　铸造圆角

图4-4　过渡线的画法

(二) 机械加工工艺结构

1. 凸台、凹坑和凹槽

零件上与其他零件的接触面,为了减少加工面积,并保证零件表面之间良好的接触,常常在铸件上设计出凸台或凹坑,如图4-5所示。

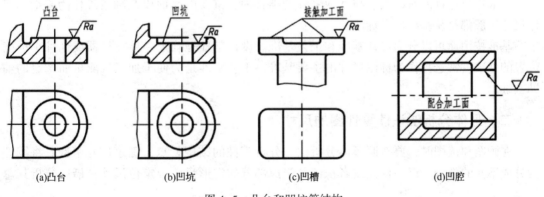

图4-5　凸台和凹坑等结构

2. 钻孔结构

零件上的孔,多数是用钻头加工而成,如图4-6(a)所示。用钻头钻出的盲孔,在底部有一个120°的锥角。钻孔深度为 h,如图4-6(b)所示。在阶梯形钻孔也存在锥角为120°的圆台,如图4-6(c)所示。

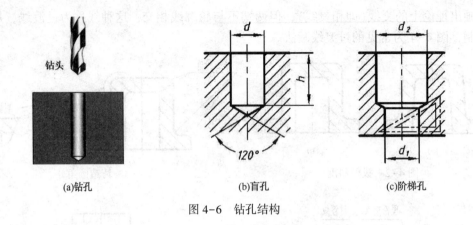

(a)钻孔   (b)盲孔   (c)阶梯孔

图4-6　钻孔结构

第二节　零件图的尺寸标注

尺寸是加工和检验零件的依据。零件图上的尺寸不仅要求正确、完整、清晰，而且要求标注合理。所谓合理是指图上所注尺寸，既能满足设计要求，又能便于制造、加工、测量和检验。

特别注意：在标注和识读零件图中的尺寸时，仍然采用形体分析法，这一点必须理解和掌握。

一、确定主要基准和辅助尺寸基准

在零件的长、宽和高三个方向至少都应该有一个基准，在同一方向还可以有一个或者几个与主要基准有尺寸关联的辅助基准。

一般选择零件的对称面、与其他零件的结合面、重要的端面以及轴线等作为基准。定位尺寸一般都是从基准出发标注的。

基准按用途可以分为设计基准和工艺基准。设计基准是确定零件在机器或部件中准确位置的基准，常选择作为标注尺寸的主要基准；工艺基准是为便于加工或测量而选定的辅助基准。

二、形体分析法识读零件图的尺寸

在画图和读图时，要按照形体分析法，分析零件的结构特点，确定尺寸基准。将零件拆分成不同的部分，逐一标注或者识读各组成部分的定形尺寸及定位尺寸，最后分析其总体尺寸。

图4-7所示轴承座的尺寸，按照形体分析法分析如下。

1. 尺寸基准的确定

如图4-7所示的轴承座，长度和宽度方向都以对称面为主要基准，高度方向是以底板的底面为主要基准。图中 $\phi14$ 的凸台的上顶面是高度方向的工艺基准（辅助基准），主要是为了方便测量。

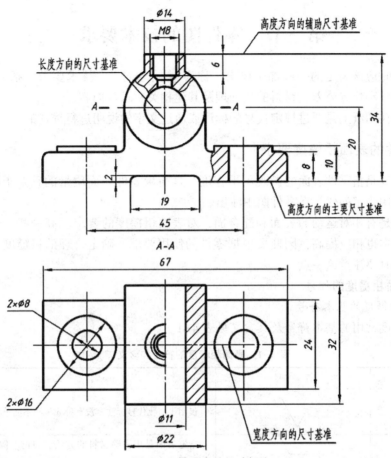

图 4-7　轴承座的尺寸标注

2. 形体分析法分析尺寸

将轴承座拆分成三部分：圆柱筒、底板和凸台进行分析。

（1）圆柱筒

尺寸为 $\phi22$ 的主体圆柱筒：尺寸"$\phi22$""$\phi11$"和"32"确定大小，是定形尺寸；圆筒的中心线到底面的距离为 20，是高度方向的定位尺寸；圆筒轴线与长度方向的基准重合，宽度方向对称面与宽度方向的基准重合，因此不需要标注这两个方向的定位尺寸。

（2）底板

主体形状为矩形底板，定形尺寸有：67、24、8；$2\times\phi8$ 和 $2\times\phi16$ 为底板上两个孔的定形尺寸；底板上凸台的高为 10，两孔的长度方向定位尺寸为 45。底板底部开有一个槽宽为 19，槽深为 2 的槽。

（3）凸台

$\phi14M8$ 以及螺纹深度 6 为其定形尺寸，其定位尺寸是通过总高尺寸 34 间接给出的。

3. 总体尺寸分析

总长、宽和高分别为 67、32 和 34。

特别注意：由于该零件为铸件，在图中多处存在铸造圆角，其尺寸一般在图纸的技术要求中用文字给出未注铸造圆角的具体尺寸。

第三节　零件图的技术要求

制造零件时应该满足的一些加工要求，称为"技术要求"。技术要求包括表面粗糙度、尺寸公差、形状和位置公差、材料的热处理及其他相关要求等内容。

技术要求在图纸上是通过规定代号的标注或通过文字的说明进行描述的。

一、零件的表面粗糙度要求

表面粗糙度是指零件表面的微观不平程度，是衡量零件表面质量的重要指标，零件的表面粗糙度是用规定的代号在零件图中注出。

零件上凡是有相对运动的表面和配合面，对表面粗糙度的要求就高一些。表面粗糙度要求高加工成本也相应提高，因此要根据零件的使用要求，确定合理的粗糙度，在识读零件图技术要求时要注意这一点。

（一）表面粗糙度的代号

1. 表面粗糙度的基本符号

表面粗糙度常用的基本符号及其含义见表4-1。

表4-1　表面粗糙度的符号和含义

名　　称	符　　号	含　　义
基本符号	√	仅用于简化代号标注，没有补充说明不能单独使用
扩展符号	▽√	指定表面是用去除材料的方法获得的。例如：车、铣、刨、磨等
	○√	指定表面是用不去除材料的方法获得的。例如：铸、锻、冲压等
完整符号	√ ▽√ ○√	用于标注表面结构特征的补充信息。三个符号分别表示允许任何工艺、去除材料、不去除材料获得的

2. 表面粗糙度的高度参数

表面粗糙度的高度参数有三种：轮廓算术平均偏差 Ra，轮廓最大高度 Ry 及轮廓十点平均高度 Rz。其中 Ra 最常用，Ra 常用的高度参数有100、50、25、12.5、6.3、3.2、1.6、0.8和0.4，单位均为微米。

不同表面粗糙度的高度数值对应的加工方法及应用举例见表4-2。

表4-2　不同表面粗糙度的加工方法和应用举例

$Ra/\mu m$	表面外观情况	主要加工方法	应　用　举　例
50	明显可见刀痕	粗车、粗铣、粗刨、钻、粗纹锉刀、粗砂轮加工等	粗糙度最大的加工面
25	可见刀痕		
12.5	微见刀痕	粗车、刨、立铣、平铣、钻等	不重要的接触面或不接触面。如螺钉孔、轴的端面、倒角、机座底面等

$Ra/\mu m$	表面外观情况	主要加工方法	应 用 举 例
6.3	可见加工痕迹	精车、精铣、精刨、铰、镗、粗磨等	较重要的接触面，没有相对运动的接触面，如键和键槽工作表面；转动和滑动速度不高的接触面，如轴套、齿轮的端面
3.2	微见加工痕迹		
1.6	看不见加工痕迹		
0.8	可辨加工痕迹方向	精车、精铰、精拉、精镗、精磨等	要求较高的接触面，如与滚动轴承配合的表面、锥销孔等；转动和滑动速度较高的接触面，如齿轮的工作面、导轨表面、主轴轴颈表面等
0.40	微辨加工痕迹方向		
0.20	不可辨加工痕迹方向		
0.10	暗光泽面	研磨、抛光、超级精细研磨等	要求密封性能较好地表面，转动和滑动速度极高的接触面，如精密量具表面、汽缸内表面及活塞环表面、精密机床主轴轴颈表面等
0.05	亮光泽面		
0.025	镜状光泽面		
0.012	雾光泽面		
0.006	雾光泽面		

（二）表面粗糙度代号在图样的标注

表面粗糙度的基本符号画法如图4-8(a)所示，其中 $H_1=1.4h$，h 为图纸中数字的高度。

表面粗糙度代号应标注在可见轮廓线、尺寸线、引出线或它们的延长线上。符号尖端由外部指向表面，如图4-8(b)所示。每一个表面标注一次代号。表面粗糙度参数值的大小、方向与图中尺寸数字的大小、方向应一致。

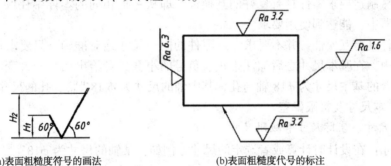

(a)表面粗糙度符号的画法　　　　　　　(b)表面粗糙度代号的标注

图4-8　表面粗糙度符号的画法及标注

常见表面粗糙度的标注示例见表4-3。

表4-3　常见表面粗糙度的标注示例

图　　例	图　　例
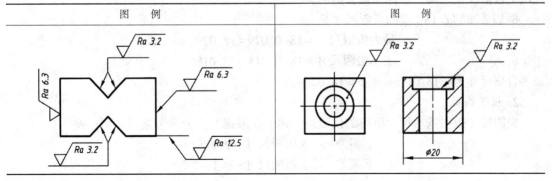	

图　例	图　例
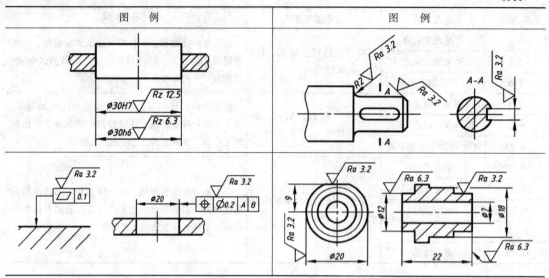	

当零件的其余表面具有同一粗糙度要求时，应在标题栏上方统一注写。为了简化标注，可以在图上标注简化代号，但在标题栏附近应说明这些代号，参见图1-4(a)。

二、公差与配合

现代机械制造要求零件具有良好的互换性。即从一批相同的零件中任取一件，不经修配地装到机器中，能达到使用要求。

要使零件具有互换性，并不要求一批零件的同一尺寸绝对准确，只要求尺寸在一个合理的范围之内，在基本尺寸之后加注带正、负号的小数或者给出尺寸允许变动的范围。例如：一对配合的基本尺寸为$\phi18$轴与孔，其中轴的尺寸为$\phi 18^{+0.029}_{+0.018}$、孔的尺寸为$\phi 18^{+0.018}_{0}$。

(一) 基本尺寸及极限偏差

1. 基本尺寸、实际尺寸和极限尺寸

基本尺寸：在设计时计算或者选定的尺寸。例如：某轴的尺寸为$\phi18^{+0.029}_{+0.018}$，其中的$\phi18$为基本尺寸，也称作公称尺寸。

实际尺寸：零件制造出来后，通过测量获得的尺寸。

极限尺寸：零件允许的两个极端尺寸，最大极限尺寸和最小极限尺寸。实际尺寸必须在两个极限尺寸之间，零件才是合格的。

例如某轴的$\phi 18^{+0.029}_{+0.018}$的极限尺寸是：

$$最大极限尺寸 = 18+0.029 = 18.029(mm)$$
$$最小极限尺寸 = 18+0.018 = 18.018(mm)$$

合格尺寸为：$18.018mm \leqslant \phi \leqslant 18.029mm$

2. 极限偏差

极限尺寸减去基本尺寸所得的代数差，称为极限偏差。分为上偏差和下偏差。

$$上偏差 = 最大极限尺寸 - 基本尺寸$$
$$下偏差 = 最小极限尺寸 - 基本尺寸$$

例如：某轴的尺寸"$\phi 18^{+0.029}_{+0.018}$"中，+0.029 为上偏差，+0.018 为下偏差。

（二）尺寸公差与标准公差

1. 尺寸公差

允许尺寸变动的量，称为尺寸公差。

$$尺寸公差＝最大极限尺寸－最小极限尺寸＝上偏差－下偏差$$

例如：某轴"$18^{+0.029}_{+0.018}$"的公差＝0.029－0.018＝0.011（mm）

特别注意： 尺寸公差是个绝对值，公差值越大，说明该零件允许尺寸的变动量越大，就越容易加工制造。

2. 标准公差

为了保证互换性和制造零件的需要，国家标准 GB/T 1800.1—2009 规定了尺寸公差的标准，即标准公差。标准分为 20 个等级，分别为 IT01、IT0、IT1～T18。IT 表示标准公差，数字表示等级，等级数值越小，表示公差等级越高，尺寸精度越高，其中 IT01 级精度最高。IT18 级精度最低。尺寸≤500mm 的标准公差数值见表4-4。

由于某轴 $\phi 18^{+0.029}_{+0.018}$ 的公差为 0.011mm（11μm），查表4-4，可知 $\phi 18^{+0.029}_{+0.018}$ 的标准公差 IT 等级为 6 级。

表4-4　标准公差数值

基本尺寸/mm		公差等级																		
大于	至	IT0	IT1	IT2	IT3	IT4	IT5	IT6	IT7	IT8	IT9	IT10	IT11	IT12	IT13	IT14	IT15	IT16	IT17	IT18
		μm												mm						
—	3	0.5	0.8	1.2	2	3	4	6	10	14	25	40	60	0.10	0.14	0.25	0.40	0.60	1.0	1.4
3	6	0.6	1	1.5	2.5	4	5	8	12	18	30	48	75	0.12	0.18	0.30	0.48	0.75	1.2	1.8
6	10	0.6	1	1.5	2.5	4	6	9	15	22	36	58	90	0.15	0.22	0.36	0.58	0.90	1.5	2.2
10	18	0.8	1.2	2	3	5	8	11	18	27	43	70	110	0.18	0.27	0.43	0.70	1.10	1.8	2.7
18	30	1	1.5	2.5	4	6	9	13	21	33	52	84	130	0.21	0.33	0.52	0.84	1.30	2.1	3.3
30	50	1	1.5	2.5	4	7	11	16	25	39	62	100	160	0.25	0.39	0.62	1.00	1.60	2.5	3.9
50	80	1.2	2	3	5	8	13	19	30	46	74	120	190	0.30	0.46	0.74	1.20	1.90	3.0	4.6
80	120	1.5	2.5	4	6	10	15	22	35	54	87	140	220	0.35	0.54	0.87	1.40	2.20	3.5	5.4
120	180	2	3.5	5	8	12	18	25	40	63	100	160	250	0.40	0.63	1.00	1.60	2.50	4.0	6.3
180	250	3	4.5	7	10	14	20	29	46	72	115	185	290	0.46	0.72	1.15	1.85	2.90	4.6	7.2
250	315	4	6	8	12	16	23	32	52	81	130	210	320	0.52	0.81	1.30	2.10	3.20	5.2	8.1
315	400	5	7	9	13	18	25	36	57	89	140	230	360	0.57	0.89	1.40	2.30	3.60	5.7	8.9
400	500	6	8	10	15	20	27	40	63	97	155	250	400	0.63	0.97	1.55	2.50	4.00	6.3	9.7

注：表中未列入 IT01 级数据。

特别注意： 零件图上没有标注极限偏差的尺寸，并不是说它们的尺寸公差没有要求，而是要求较低。它们的要求按照国家标准 GB/T 1804—2000《一般公差未注公差的线性和角度尺寸的公差》的规定，一般在图纸的技术要求文字部分中说明，例如：未注公差的尺寸标注为

GB/T 1804-m，表示未注公差的尺寸选用 m 级。未注公差的线性尺寸的极限偏差见表4-5。

表4-5　线性尺寸的极限偏差　　　　　　　　　　　　　　　　　　　　mm

公差等级	基本尺寸分段							
	0.5~3	>3~6	>6~30	>30~120	>120~400	>400~1000	>1000~2000	>2000~4000
f(精密级)	0.05	0.05	0.1	0.15	0.2	0.3	0.5	—
m(中等级)	0.1	0.1	0.2	0.3	0.5	0.8	1.2	2
c(粗糙级)	0.2	0.3	0.5	0.8	1.2	2	3	4
v(最粗级)	—	0.5	1	1.5	2.5	4	6	8

(三) 公差带图及公差带代号的含义

1. 公差带图

公差带是表示公差大小和相对于零线位置的区域。一般只画出上下极限偏差围成的矩形带状简图，称为公差带图，如图4-9所示。孔的公差带图的带状区域填充45°斜线，轴的公差带图的带状区域填充小点，以示区别。

公差带图是由零线、公差大小和其相对于零线的位置确定的。其中标准公差等级决定了公差带宽度，基本偏差决定了公差带相对于零线的位置。

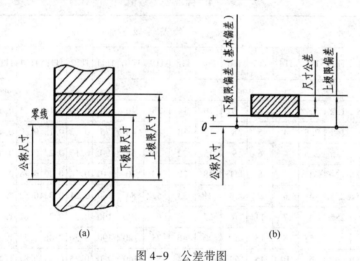

(a)　　　　　　　　　　　　(b)

图 4-9　公差带图

$\phi 18^{+0.029}_{+0.018}$的轴的公差带图与$\phi 18^{+0.018}_{0}$的孔的公差带图，如图 4-10 所示。

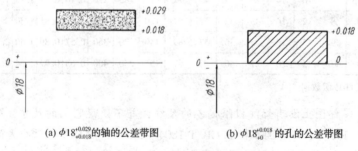

(a) $\phi 18^{+0.029}_{+0.018}$的轴的公差带图　　　　(b) $\phi 18^{+0.018}_{+0}$ 的孔的公差带图

图 4-10　某 $\phi 18$ 的轴与孔的公差带图

基本偏差是用来确定公差带相对于零线位置的上偏差或者下偏差，指靠近零线的那个偏差。如图 4-10(b) 所示，公差带图中的基本偏差为下偏差。国家标准规定了基本偏差代号用字母表示，大写为孔，小写为轴，各有 28 个，基本偏差系列，如图 4-11 所示。

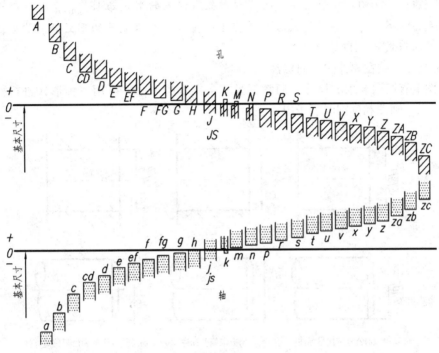

图 4-11　基本偏差系列图

2. 公差带代号

在标准公差等级及基本偏差概念的基础上，就可以用公差带代号的形式，给出尺寸允许变动的范围。

孔和轴的公差带代号由基本偏差代号与公差等级数字表示，如图 4-12 所示。

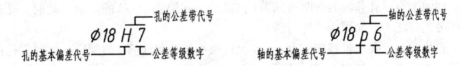

图 4-12　公差带代号的组成

φ18H7 尺寸及公差带代号的含义：表示基本尺寸为 φ18mm 的孔，H7 为该孔的公差带代号，其中基本偏差代号为 H，标准公差等级为 7 级。

φ18p6 尺寸及公差带代号的含义：表示基本尺寸为 φ18mm 的轴，p6 为该轴的公差带代号，其中基本偏差代号为 p，标准公差等级为 6 级。

已知孔或者轴的基本尺寸和公差带代号，通过查阅孔、轴的极限偏差表即可获得其上偏差和下偏差，孔和轴的极限偏差见附录五。

例如：查表给出 φ18H7 和 φ18p6 的上下偏差值

查附录五可得，φ18H7 的孔的上偏差值为 +18μm，即 +0.018mm、下偏差为 0mm，可

写作 $\phi 18_0^{+0.018}$。

查附录五可得，$\phi18p6$ 的轴的上偏差值为 $+29\mu m$，即 $+0.029mm$、下偏差值为 $+18\mu m$，即 $+0.018mm$。可写作 $\phi 18_{+0.018}^{+0.029}$。

特别注意： 某轴的尺寸公差要求既可以用极限偏差的形式 $\phi 18_{+0.018}^{+0.029}$，也可以用公差带代号的形式 $\phi18p6$ 表示；某孔的尺寸公差要求既可以用极限偏差的形式 $\phi 18_0^{+0.018}$，也可用公差带代号的形式 $\phi18H7$ 表示。

（四）尺寸公差在零件图上的标注

零件图上有极限要求的尺寸，通常都是非常重要的尺寸，可用三种形式进行标注，如图 4-13 所示，画图和读图时要予以重视。

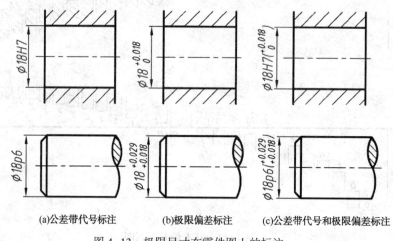

(a)公差带代号标注   (b)极限偏差标注   (c)公差带代号和极限偏差标注

图 4-13　极限尺寸在零件图上的标注

（五）配合

1. 配合的种类

公称尺寸相同的、相互结合的孔和轴公差带之间的关系，称为配合。根据实际需要配合分为三种。

（1）间隙配合：孔和轴装配时有间隙（包括最小间隙等于零）的配合。此时，孔的公差带在轴的公差带之上，如图 4-14（a）所示。

（2）过盈配合：孔和轴装配时有过盈（包括最小过盈等于零）的配合，此时，孔的公差带在轴的公差带之下，如图 4-14（b）所示。

（3）过渡配合：孔和轴装配时可能有间隙、也可能有过盈的配合。此时的公差带相互交叠，如图 4-14（c）所示。

2. 配合制

基本尺寸相同的孔和轴，在改变孔和轴的基本偏差时，可以形成多种配合。为便于设计和制造，应减少配合的数量。为此，国家标准规定了两种配合制，即基轴制和基孔制。

（1）基孔制

基本偏差为一定的孔的公差带，与不同基本偏差的轴的公差带形成各种配合的一种制度。基孔制中的孔称为基准孔，其基本偏差代号为 H，下偏为零，上偏差为正值，如图 4-15（a）所示。

（2）基轴制

基轴制基本偏差为一定的轴的公差带，与不同基本偏差的孔的公差带形成各种配合的一种制度。基轴制中的轴称为基准轴，其基本偏差代号为 h，上偏差为零，下偏差为负值，如图 4-15（b）所示。

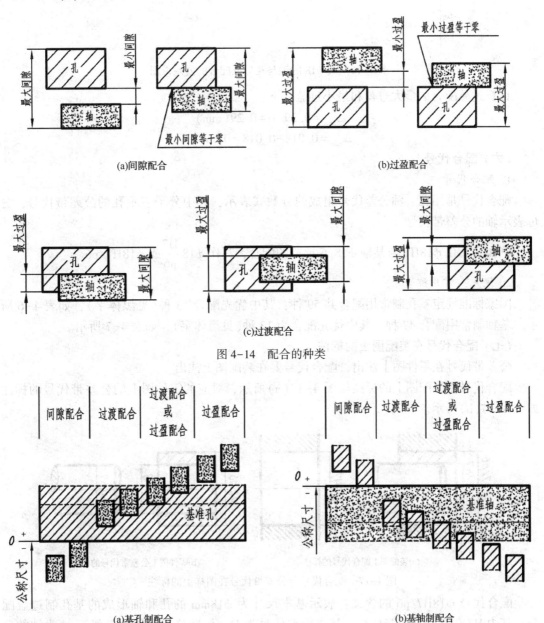

(a)间隙配合　　　　　　　　　　　　　　(b)过盈配合

(c)过渡配合

图 4-14　配合的种类

(a)基孔制配合　　　　　　　　　　　　　　(b)基轴制配合

图 4-15　基孔制与基轴制配合

例如：某孔 $\phi18H7\left(^{+0.018}_{0}\right)$ 与某轴 $\phi18p6\left(^{+0.029}_{+0.018}\right)$ 形成的配合为基孔制、过盈配合。其公差带图如图 4-16 所示。

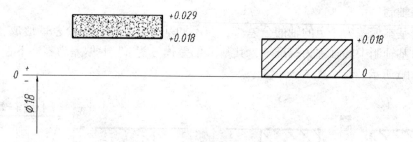

图 4-16 某 $\phi18$ 的轴与孔形成配合的公差带图

计算过盈配合的最大过盈和最小过盈如下：

$$\Delta_{max} = 0.29 - 0 = 0.29(\text{mm})$$

$$\Delta_{min} = 0.018 - 0.018 = 0(\text{mm})$$

（六）配合代号

1. 配合代号

配合代号是用孔、轴公差代号组成的分数式表示，其中分子表示孔的公差带代号，分母表示轴的公差带代号。

例如：某孔 $\phi18H7$ 与某轴 $\phi18p6$ 形成的配合，写作 $\phi18\dfrac{H7}{p6}$ 或 $\phi18H7/p6$。

2. 优先、常用配合

国家标准规定基孔制常用配合共 59 种，其中优先配合 13 种（见黑体字），如表 4-6 所示。基轴制常用配合 47 种，其中优先配合为 13 种（见黑体字），如表 4-7 所示。

（七）配合代号在装配图上的标注

公差带代号在零件图上注出，配合代号要在装配图上注出。

配合代号在装配图上的标注如图 4-17(a) 所示，对应的零件图上的公差带代号的标注如图 4-17(b) 所示。

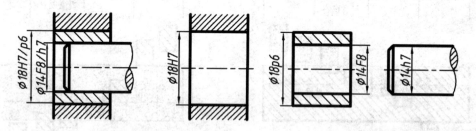

(a)装配图上配合代号的标注　　　　　(b)零件图上公差带代号的标注

图 4-17 配合代号与公差带代号在图样上的标注

配合代号 $\phi18H7/p6$ 的含义：表示基本尺寸为 $\phi18\text{mm}$ 的孔和轴形成的基孔制过盈配合。其中 H7 为孔的公差带代号，基本偏差代号为 H，标准公差等级为 7 级；p6 为轴的公差带代号，基本偏差代号为 p，标准公差等级为 6 级。

配合代号 $\phi14F8/h7$ 的含义：表示基本尺寸为 $\phi14\text{mm}$ 的孔和轴形成的基轴制间隙配合。其中 F8 为孔的公差带代号，基本偏差代号为 F，标准公差等级为 8 级；h7 为轴的公差带代号，基本偏差代号为 h，标准公差等级为 7 级。

表 4-6　基孔制优先、常用配合

基准孔	轴																				
	a	b	c	d	e	f	g	h	js	k	m	n	p	r	s	t	u	v	x	y	z
	间隙配合								过渡配合				过盈配合								
H6						$\frac{H6}{f5}$	$\frac{H6}{g5}$	$\frac{H6}{h5}$	$\frac{H6}{js5}$	$\frac{H6}{k5}$	$\frac{H6}{m5}$	$\frac{H6}{n5}$	$\frac{H6}{p5}$	$\frac{H6}{r5}$	$\frac{H6}{s5}$	$\frac{H6}{t5}$					
H7						$\frac{H7}{f6}$	$\mathbf{\frac{H7}{g6}}$	$\mathbf{\frac{H7}{h6}}$	$\frac{H7}{js6}$	$\mathbf{\frac{H7}{k6}}$	$\frac{H7}{m6}$	$\mathbf{\frac{H7}{n6}}$	$\mathbf{\frac{H7}{p6}}$	$\frac{H7}{r6}$	$\mathbf{\frac{H7}{s6}}$	$\frac{H7}{t6}$	$\mathbf{\frac{H7}{u6}}$	$\frac{H7}{v6}$	$\frac{H7}{x6}$	$\frac{H7}{y6}$	$\frac{H7}{z6}$
H8					$\frac{H8}{e7}$	$\mathbf{\frac{H8}{f7}}$	$\frac{H8}{g7}$	$\mathbf{\frac{H8}{h7}}$	$\frac{H8}{js7}$	$\frac{H8}{k7}$	$\frac{H8}{m7}$	$\frac{H8}{n7}$	$\frac{H8}{p7}$	$\frac{H8}{r7}$	$\frac{H8}{s7}$	$\frac{H8}{t7}$	$\frac{H8}{u7}$				
H8				$\frac{H8}{d8}$	$\frac{H8}{e8}$	$\frac{H8}{f8}$		$\frac{H8}{h8}$													
H9			$\frac{H9}{c9}$	$\mathbf{\frac{H9}{d9}}$	$\frac{H9}{e9}$	$\frac{H9}{f9}$		$\mathbf{\frac{H9}{h9}}$													
H10			$\frac{H10}{c10}$	$\frac{H10}{d10}$				$\frac{H10}{h10}$													
H11	$\frac{H11}{a11}$	$\frac{H11}{b11}$	$\mathbf{\frac{H11}{c11}}$	$\frac{H11}{d11}$				$\mathbf{\frac{H11}{h11}}$													
H12		$\frac{H12}{b12}$						$\frac{H12}{h12}$													

注：H6/n5、H7/p6 在公称尺寸小于或者等于 3mm 和 H8/r7 在小于等于 100mm 时为过渡配合。

表 4-7 基轴制优先、常用配合

基准孔	A	B	C	D	E	F	G	H	JS	K	M	N	P	R	S	T	U	V	X	Y	Z
			间隙配合							过渡配合							过盈配合				
h5						$\frac{F6}{h5}$	$\frac{G6}{h5}$	$\frac{H6}{h5}$	$\frac{JS6}{h5}$	$\frac{K6}{h5}$	$\frac{M6}{h5}$	$\frac{N6}{h5}$	$\frac{P6}{h5}$	$\frac{R6}{h5}$	$\frac{S6}{h5}$	$\frac{T6}{h5}$					
h6						$\frac{F7}{h6}$	$\mathbf{\frac{G7}{h6}}$	$\mathbf{\frac{H7}{h6}}$	$\frac{JS7}{h6}$	$\mathbf{\frac{K7}{h6}}$	$\frac{M7}{h6}$	$\mathbf{\frac{N7}{h6}}$	$\mathbf{\frac{P7}{h6}}$	$\frac{R7}{h6}$	$\mathbf{\frac{S7}{h6}}$	$\frac{T7}{h6}$	$\mathbf{\frac{U7}{h6}}$				
h7					$\frac{E8}{h7}$	$\mathbf{\frac{F8}{h7}}$		$\mathbf{\frac{H8}{h7}}$	$\frac{JS8}{h7}$	$\frac{K8}{h7}$	$\frac{M8}{h7}$	$\frac{N8}{h7}$									
h8				$\frac{D8}{h8}$	$\frac{E8}{h8}$	$\frac{F8}{h8}$		$\frac{H8}{h8}$													
h9				$\mathbf{\frac{D9}{h9}}$	$\frac{E9}{h9}$	$\frac{F9}{h9}$		$\mathbf{\frac{H9}{h9}}$													
h10				$\frac{D10}{h10}$				$\frac{H10}{h10}$													
h11	$\frac{A11}{h11}$	$\frac{B11}{h11}$	$\mathbf{\frac{C11}{h11}}$	$\frac{D11}{h11}$				$\mathbf{\frac{H11}{h11}}$													
h12		$\frac{B12}{h12}$						$\frac{H12}{h12}$													

三、零件的形位公差要求

零件上的点、线和面称为几何要素,简称要素。零件的实际要素的形状和相对位置不是绝对准确的,它们对于理想形状和理想位置所允许的变动量,称为形状和位置公差,简称形位公差。零件的形位公差是用规定的代号在零件图中注出。

对要求较高的零件,根据设计要求,在零件图上注出有关的形状和位置公差。如图4-18(a)所示零件,对轴线的直线度和垂直度都设置了形位公差要求。如图4-18(b)所示为轴的直线度对互换性的影响。

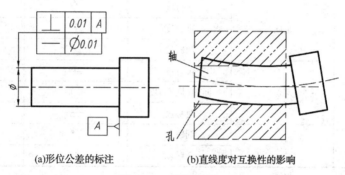

(a)形位公差的标注   (b)直线度对互换性的影响

图4-18 形位公差

(一)形位公差代号

形位公差代号包括:指引线、公差框格和基准代号,如图4-19所示。

指引线的箭头指向被测要素。框格由两个或者两个以上的矩形方格组成,方格内从左到右,填写公差特征项目符号、公差带形状和公差数值、代表基准的字母。框格中字体的高度与图样中的尺寸数字等高,图框的高度是尺寸数字字高的2倍。

对于位置公差,必须指明基准要素。基准要素用基准符号表示,基准符号如图4-19(b)所示。

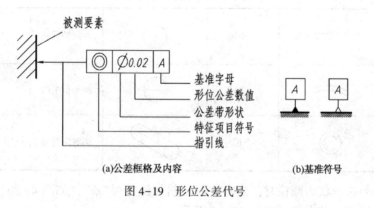

(a)公差框格及内容   (b)基准符号

图4-19 形位公差代号

1. 形位公差特征项目及符号

形位公差特征项目及符号见表4-8。

表4-8 形位公差特征项目及符号

公 差		特征项目	符 号	有或无基准要求
形状	形状	直线度	—	无
		平面度	▱	无
		圆度	○	无
		圆柱度	⌀	无
形状或位置	轮廓	线轮廓度	⌒	有或无
		面轮廓度	⌓	有或无
位置	定向	平行度	//	有
		垂直度	⊥	有
		倾斜度	∠	有
	定位	位置度	⊕	有或无
		同轴(同心)度	◎	有
		对称度	=	有
	跳动	圆跳动	↗	有
		全跳动	↗↗	有

2. 指引线与被测要素

带箭头的指引线,箭头所指部位为被测要素,即机件上要检测的点、线或面。

特别注意: 当被测要素为中心要素即对称平面、轴线或者中心线时,指引线应与尺寸线对齐,如图4-18(a)所示的被测要素是指直径为 ϕ 的圆柱的轴线,引线的箭头和尺寸线是对齐的。否则应该与尺寸线明显错开。

3. 公差带形状与公差值

几何公差带指限定实际要素变动的区域,几何公差带的主要形状见表4-9。

表4-9 几何公差带的形状

两平行直线	 ═	一个圆	 ⊕	两同轴圆柱	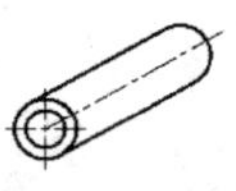
两等距曲线	 ⌒	一个球	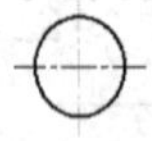 ○	两平行平面	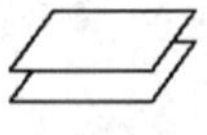
两同心圆	 ◎	一个圆柱	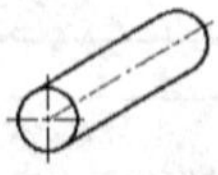	两等距曲面	

当几何公差带形状为圆柱时,公差数值之前加注符号"ϕ",如图4-20(a)所示标注的圆柱轴线的直线度,其含义如图4-20(b)所示。

如图4-20(a)所示标注的圆柱轴线对基准 A 的垂直度的含义,如图4-20(c)所示,表示为直径为 ϕ 的圆柱的轴线必须位于距离为公差值0.01的相互平行且垂直于基准平面的两对平行平面之间。

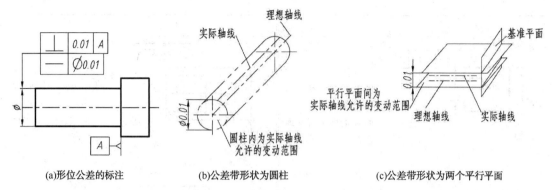

(a)形位公差的标注　　　　(b)公差带形状为圆柱　　　　(c)公差带形状为两个平行平面

图 4-20　公差带形状与数值的含义

　　形位公差公差值的选取原则是在满足零件功能要求的前提下，选取最经济的公差值，以降低加工成本。国家标准 GB/T 1184—1996 规定了直线度、平行度、垂直度、平面度、同轴度等公差分 1~12 级，圆度、圆柱度的公差分为 0~12 级，具体见表6-14~表6-17。

　　4. 基准及基准符号

　　对于位置公差，必须指明基准要素。

　　当被测要素基准要素为中心要素即对称平面、轴线或者中心线时，基准符号应与尺寸线对齐，否则应该与尺寸线明显错开。

　　（二）形位公差的标注及识读

　　表4-10 列出了常见的形状和位置公差的标注图例及含义。

表 4-10　形位置公差的标注图例及含义

图　例	含　义	图　例	含　义
(a)	实际圆柱面的中心线应限定在直径为 φ0.01 的圆柱面内	(d)	实际表面应限定在间距为 0.01 且平行于基准平面 A 的两平行平面之间
(b)	实际圆柱面的任意素线应限定在 0.01 的两平行平面内	(e)	在任意垂直于 A 的横断面内，实际圆柱面应限定在半径差等于 0.05，圆心在基准轴线 A 的同心圆之间
(c)	实际圆柱面应限定在半径差等于 0.05 的两个同轴圆柱面之间	(f)	实际表面应限定在间距等于 0.05，且垂直于基准轴线 A 的两平行平面之间

85

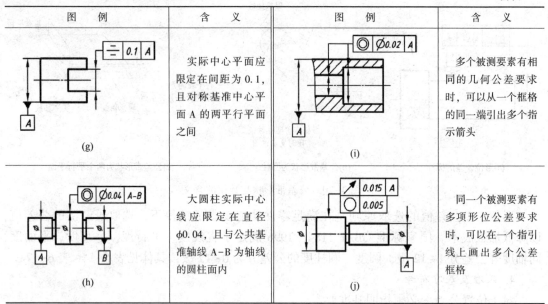

图 例	含 义	图 例	含 义
(g)	实际中心平面应限定在间距为 0.1，且对称基准中心平面 A 的两平行平面之间	(i)	多个被测要素有相同的几何公差要求时，可以从一个框格的同一端引出多个指示箭头
(h)	大圆柱实际中心线应限定在直径 φ0.04，且与公共基准轴线 A-B 为轴线的圆柱面内	(j)	同一个被测要素有多项形位公差要求时，可以在一个指引线上画出多个公差框格

四、零件的材质及热处理要求

1. 零件的材料

零件的材料填写在标题栏中，常见金属材料见表 4-11，非金属材料见表 4-12。

2. 零件的热处理及表面处理

材料的热处理，是在不改变材料的前提下，按照一定的要求进行加热、保温和冷却，使金属内部的组织发生改变，从而提高材料的力学性能，如正火、退火、回火、淬火和调质处理等。

零件的表面处理，是为了改善零件表面材料的性能，提高表面的硬度、耐磨性和抗腐蚀性能而采用的工艺方法。常用的热处理及表面处理方法见表 4-13。

表 4-11 常见金属材料

标 准	名 称	牌号		应 用 举 例	说 明
GB/T 700—2006	碳素结构钢	Q215	A 级	金属结构件、拉杆、套圈、铆钉、螺栓。短轴、心轴、凸轮（载荷不大的）、垫圈、渗碳零件及焊接件	"Q"为碳素结构钢屈服强度"屈"字的汉语拼音首位字母，数字表示屈服强度的数值
			B 级		
		Q235	A 级	金属结构件、心部强度要求不高的渗碳活氰化零件，吊钩、拉杆、套圈、气缸、齿轮、螺栓、螺母、连杆、轮轴、楔、盖及焊接件	
			B 级		
			C 级		
			D 级		
		Q275		轴、轴销、刹车杆、螺母、螺栓、垫圈、连杆、齿轮以及其他强度较高的零件	

标 准	名称	牌号	应用举例	说 明
GB/T 699—2015	优质碳素结构钢	10	用于拉杆、卡头、垫圈、铆钉及用作焊接零件	牌号的两位数字表示平均含碳量的质量分数，45号钢表示碳的平均含量为 0.45% 碳的质量分数≤0.25%的碳钢属低碳钢(渗碳钢) 碳的质量分数在 (0.25%～0.6%)之间的碳钢属中碳钢(调试钢)。碳的质量分数>0.6%的碳钢属高碳钢 锰的质量分数较高的钢，须加注化学元素符号"Mn"
		15	用于受力不打和韧性较高的零件、渗碳零件及紧固件(如螺栓、螺钉)法兰盘和化工贮器	
		35	用于制造曲轴、转轴、轴销、杠杆、连杆、螺栓、螺母、垫圈、飞轮(多在正火、调制下使用)	
		45	用于要求综合机械性能高的各种零件，通常经正火或调制后使用。用于制造轴、齿轮、齿条、链轮、螺栓、螺母、销钉、键、拉杆等	
		60	用于制造弹簧、弹簧垫圈、凸轮、轧辊等	
		15Mn	用于制造心部机械性能要求较高且须渗碳的零件	
		65Mn	用于要求耐磨性高的圆盘、衬板、齿轮、花键轴、弹簧、弹簧垫圈等	
GB/T 3077—2015	合金结构钢	20Mn2	用于渗碳小齿轮、小轴、活塞销、柴油机套筒、气门推杆、缸套等	钢中加入一定量的合金元素，提高了钢的力学性能和耐磨性，也提高了钢的淬透性，保证金属在较大截面上获得高的力学性能
		15Cr	用于要求心部韧性较高的渗碳零件，如船舶主机用螺栓、活塞销、凸轮、凸轮轴、汽轮机套环、机车小零件等	
		40Cr	用于受变载、中速、中载、强烈磨损而无很大冲击的重要零件，如重要的齿轮、轴、曲轴、连杆、螺栓、螺母等	
		35SiMn	耐磨、耐疲劳性均佳，适用于小型轴类、齿轮及430℃以下的重要紧固件等	
		20CrMnTi	工艺性优，强度、韧性均好，可用于承受高速、中等或重负荷以及冲击、磨损等的重要零件，如渗碳齿轮、凸轮等	
GB/T 11352—2009	工程用铸造碳钢	ZG 230-450	轧机机架、铁道车辆摇枕、侧梁、铁铮台、机座、箱体、锤轮、450℃以下的管路附件等	"ZG"为"铸钢"，后面的数字表示屈服强度和抗拉强度。如 ZG 230-450 表示屈服点为 230MPa、抗拉强度为 450MPa
		ZG 310-570	适用于各种形状的零件，如联轴器、齿轮、气缸、机架、轴、齿圈等	
GB/T 9439—2010	灰铸铁	HT150	用于小负荷和对耐磨性无特殊要求的零件，如端盖、外罩、千轮、一般机床的底座、床身、滑台、工作台和低压管件等	"HT"为"灰铁"，后面数字表示抗拉强度。如 HT200 表示抗拉强度为 200MPa 的灰铸铁
		HT200	用于中等负荷和对耐磨性有一定要求的零件，如车床床身、立柱、飞轮、汽缸、泵体、轴承座、活塞、齿轮箱、阀体等	
		HT250	用于中等负荷和对耐磨性有一定要求的零件，如阀壳、油缸、汽缸、联轴器、机体、齿轮、齿轮箱外壳、飞轮、液压泵和滑阀的壳体等	

标　准	名称	牌号	应用举例	说　明
GB/T 1176—2013	5-5-5 锡青铜	ZCuSn5 Pb5Zn5	耐磨性和耐腐蚀性均好，易加工，铸造性和气密性较好。用于较高负荷、中等滑动速度下工作的耐磨、耐腐蚀零件，如轴瓦、衬套、缸套、活塞、离合器、蜗轮等	"Z"为"铸铁"，各化学元素后面的数字表示该化学的质量分数
	10-3 铝青铜	ZCuA110 Fe3	力学性能高，耐磨性、耐蚀性、抗氧化性好，可以焊接，不易钎焊。可用于制造强度高、耐磨、耐蚀的零件，如蜗轮、轴承、衬套、管嘴、耐热管配件等	
	25-6-3-3 铝黄铜	ZCuZn25 A16Fe3 Mn3	有很高的力学性能，铸造性良好、耐蚀性较好，可以焊接。适用于高强耐磨零件，如桥梁支承板、螺母、螺杆、耐磨板、滑块、蜗轮等	

表 4-12　常见非金属材料

标　准	名　称	牌　号	应用举例	说　明
GB/T 539—2008	耐油石棉橡胶板	NY250 HNY300	供航空发动机用的煤油、润滑油及冷气系统结合处的密封衬垫材料	有(0.43~3.0)mm 的十种厚度规格
GB/T 5574—2008	耐酸碱橡胶板	2707 2807 2709	具有耐酸碱性能，在温度(-30~+60)℃的20℃浓度的酸碱液体中工作，用于冲击密封性能较好的垫圈	较高硬度 中等硬度
	耐油橡胶板	3707 3807 3709 3809	可在一定温度的全损耗系统用油、变压器油、汽油等介质中工作，适用于冲制各种形状的垫圈	较高硬度
	耐热橡胶板	4708 4808 4710	可在(-30~+100)℃且压力不大的条件下，于热空气、蒸汽介质中工作，用于冲制各种垫圈及隔热垫板	较高硬度 中等硬度

表 4-13　常用的热处理和表面处理名词解释

名称	代号	说　明	目　的
退火	5111	将钢件加热到临界温度以上，保温一段时间，然后以一定速度缓慢冷却	用于消除铸、锻、焊零件的内应力，以利切削加工，细化晶粒，改善组织，增加韧性
正火	5121	将钢件加热到临界温度以上，保温一段时间，然后在空气中冷却	用于处理低碳和中碳结构钢及渗碳零件，细化晶粒，增加强度和韧性，减少内应力，改善切削性能

名称	代号	说　　明	目　　的
淬火	5131	将钢件加热到临界温度以上，保温一段时间，然后急速冷却	提高钢件强度及耐磨性。淬火后会引起内应力，使钢变脆，所以淬火后必须回火
回火	5141	将淬火后的钢件重新加热到临界温度以下某一温度，保温一段时间后，然后冷却到室温	降低淬火后的内应力和脆性，提高钢的塑性和冲击韧性
调质	5151	淬火后在450~600℃进行高温回火	提高韧性及强度。重要的齿轮、轴及丝杠等零件需调质
表面淬火	5210	用火焰或高频电流将钢件表面迅速加热到临界温度以上，急速冷却	提高钢件表面的强度及耐磨性，而芯部又保持一定的韧性，使钢件既耐磨又能承受冲击，常用来处理齿轮等
渗碳	5310	将钢件在渗碳剂中加热，停留一段时间，使碳渗入钢的表面后，再淬火和低温回火	提高钢件表面的硬度、耐磨性、抗拉强度等。主要适用于低碳、中碳（C<0.40%）结构钢的中小型零件
渗氮	5330	将零件放入氨气中加热，使氮原子渗入零件的表面，获得含氮强化层	提高钢件表面的硬度、耐磨性、疲劳强度和抗蚀能力。适用于合金钢、碳钢、铸铁件，如机床主轴、丝杠、重要液压元件中的零件
时效处理	时效	机件精加工前，加热到100~150℃，消除内应力，稳定机件形状和尺寸，保温5~20h，空气冷却。铸件可天然时效处理，露天放一年以上	消除内应力，稳定机件形状和尺寸常用于处理精密机件，如精密轴承、精密丝杠等
发蓝发黑	发蓝或发黑	将零件置于氧化性介质内加氧化，使表面形成一层氧化铁保护膜	防腐蚀，美化，常用于螺纹连接件
镀镍	镀镍	用电解方法，在钢件表面镀一层镍	防腐蚀，美化
镀铬	镀铬	用电解方法，在钢件表面镀一层铬	提高钢件表面硬度、耐磨性和耐腐蚀能力，也用于修复零件上磨损了的表面
硬度	HBW（布氏硬度）HRC（洛氏硬度）HV（维氏硬度）	材料抵抗硬物压入其表面的能力，依测定方法不同而有布氏，洛氏，维氏硬度等几种	用于检验材料经热处理后的硬度。HBW用于退火、正火、调制的零件及铸件；HRC用于经淬火、回火及表面渗碳、渗氮等处理的零件；HV用于薄层硬化零件

3. 技术要求的文字部分的识读

材料的热处理及表面处理的要求以及零件在制造和检验时遵守的相关标准和要求等内容，一般在图样中"技术要求"中用文字说明。技术要求的文字部分一般放置在标题栏或者明细栏的上方或者左侧，其中"技术要求"四个字其号数要比下面的具体内容的文字大一号。

第四节　识读零件图的目的与方法

识读零件图是从事石油、石化等行业的每个工程技术人员必须具备的能力。要快速而准确地读懂零件图，首先要了解零件的类型与用途，并掌握和熟悉各种典型零件的结构特点，在此基础上掌握识读零件图的方法，达到识读零件图的目的。

一、识读零件图的目的

零件分为通用零件和一般零件。通用零件如标准件和常用件，标准件属于特殊类型的零件，其一般都是根据标记直接选用的。一般零件按照零件的结构和形状特点，可分成四类：

(1) 轴、套类零件：轴、衬套等零件；

(2) 盘盖类零件：端盖、阀盖、齿轮等零件；

(3) 叉架类零件：拨叉、连杆、支座等零件；

(4) 箱体类零件：阀体、泵体、减速器箱。

通过阅读零件图达到以下目的：

(1) 了解零件的名称、数量、材料和用途；

(2) 了解零件整体及各组成部分的结构形状、特点和作用；

(3) 了解零件各部分的大小、制造与检验的相关技术要求。

特别注意：尽管零件的结构和用途千变万化，快速而准确地读懂零件图，首先要掌握和熟悉零件的类型，并了解各种典型零件的结构特点。掌握识读零件图的方法，对识读零件图来说是非常重要的。

二、识读零件图的方法与步骤

识读零件图，按照以下方法和步骤进行。

1. 概括了解

从标题栏了解零件的名称、材料、比例等。从零件的名称可知零件的类型，估计零件的结构形状和大致作用，这对读懂零件图有很大帮助。

2. 根据视图分析出零件的结构形状

(1) 了解视图配置

首先了解各视图的名称及相互关系，如果是剖视图和断面图，要找出剖切位置。大概了解每个视图重点表达的内容是什么。

(2) 运用形体分析法，详细分析出零件各组成部分的结构形状。看懂零件的内外结构形状是看零件图的主要目的之一。

(3) 分析视图，想象零件的形状，从基本视图看懂零件的主体结构形状。结合局部视图、斜视图以及断面图等表达方法，看懂零件的局部结构形状。最后根据相互位置关系综合得出整体结构形状。

3. 分析零件的尺寸

分析零件图的尺寸基准，及各组成部分的定形、定位和总体尺寸。

4. 分析零件的技术要求

识读图纸中标注的尺寸公差、表面粗糙度和形位公差等技术要求，弄清楚它们的含义。分析为什么会有这些要求，还需要识读技术要求文字部分的相关内容。

5. 归纳总结

综合归纳出零件的结构、形状特点、尺寸大小，以及制造和加工要求，对零件有一个全面的认识。

第五节　轴、套类零件的识图

轴、套类零件包括轴类和套类零件。这类零件广泛用于工程实际中的动设备中，轴、套类零件工作时转动，通过轴上的零件(键、齿轮或者带轮)传递运动和动力，是化工机器或设备中的关键的零件。

一、轴、套类零件的结构特点

轴、套类零件是化工设备中最常见、最典型的零件之一。轴、套类零件由几段圆柱(或者圆锥)同轴组成，属于回转体。沿轴的长度方向称为轴向，沿圆柱的直径方向称为径向。

轴、套类零件上常见的典型结构有倒角、倒圆、键槽、退刀槽、砂轮越程槽、螺纹，以及各种孔(中心孔、销孔和螺纹孔)等。泵轴、轴套和曲轴如图4-21所示。

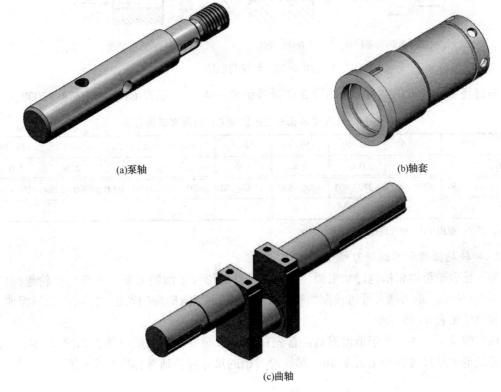

(a)泵轴　　　(b)轴套

(c)曲轴

图4-21　轴、套类零件

二、轴、套类零件的识图要点

(一) 抓住轴、套类零件的视图表达特点

轴套类零件的主要加工工序是在车床和磨床上加工。因此,该类零件的主视图,依照加工位置原则,轴线水平放置,并将先加工的一端放置在右端。依照形状特征原则,轴上的键槽和孔的等结构尽量朝前对着观察者。轴、套类零件上常见的典型结构有键槽、倒角、退刀槽等,这些多采用移出断面图、局部视图、局部剖视图、局部放大图等方式来表达。对于形状有规律变化且比较长的轴、套类零件,经常采用折断画法。

(二) 轴、套类零件上常见的典型结构

轴、套类零件上常见的典型结构有键槽、倒角、退刀槽等。识图时重点理解这些结构的用途、结构及其尺寸。

1. 倒角、倒圆

倒角、倒圆是轴端和轴肩常见的结构,是为了方便导入和避免应力集中。轴端与孔的倒角结构与尺寸标注见图4-22。

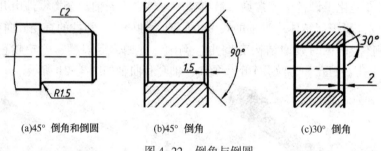

(a)45° 倒角和倒圆   (b)45° 倒角   (c)30° 倒角

图 4-22 　倒角与倒圆

与直径 ϕ 相对应的倒角 C、倒圆 R 的推荐值见表4-14,摘自 GB/T 6403.4—2008。

表 4-14 　与直径 ϕ 相对应的倒角 C、倒圆 R 的推荐值

ϕ	≤3	>3~6	>6~10	>10~18	>18~30	>30~50	>50~80	>80~120	>120~180
C 或 R	0.2	0.4	0.6	0.8	1.0	1.6	2.0	2.5	3.0
ϕ	>180~250	>250~300	>320~400	>400~500	>500~630	>630~800	>800~1000	>1000~1250	>1250~1600
C 或 R	4.0	5.0	6.0	8.0	10	12	16	20	25

注:倒角一般用45°,也允许用30°或60°。

2. 砂轮越程槽和螺纹退刀槽

为了使砂轮可以稍稍越过加工面,常常在零件的待加工面的末端,先车出砂轮越程槽,如图4-23所示。退刀槽尺寸可按照"槽宽×直径"或"槽宽×槽深"标注。常见砂轮越程槽的结构和尺寸见表4-15。

在车螺纹时,为了便于退出刀具,首先在螺纹末端设置螺纹退刀槽,如图4-24(a)所示,螺纹退刀槽尺寸的参见表4-16。螺纹退刀槽的尺寸标注通常标出槽宽×直径。

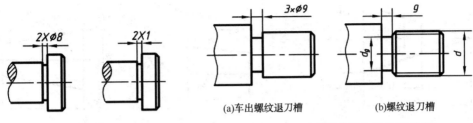

图 4-23 砂轮越程槽

(a)车出螺纹退刀槽　　(b)螺纹退刀槽

图 4-24 砂轮越程槽和螺纹退刀槽

表 4-15 常见砂轮越程槽的结构与尺寸（GB/T 64035—2008） mm

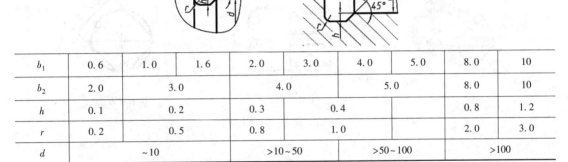

b_1	0.6	1.0	1.6	2.0	3.0	4.0	5.0	8.0	10
b_2	2.0	3.0		4.0			5.0	8.0	10
h	0.1	0.2		0.3		0.4		0.8	1.2
r	0.2	0.5		0.8		1.0		2.0	3.0
d		~10			>10~50		>50~100		>100

注：表中仅列出了常见的回转外面磨磨外圆和磨内圆的砂轮越程槽的。

表 4-16 普通螺纹倒角与退刀槽（GB/T 3—1997） mm

螺距	外螺纹			内螺纹		螺距	外螺纹			内螺纹	内螺纹
p	g_{2max}	g_{1min}	d_g	G_1	D_g	P	g_{2max}	g_{1min}	d_g	G_1	D_g
0.5	1.5	0.8	d-0.8	2		1.75	5.25	3	d-2.6	7	
0.7	2.1	1.1	d-1.1	2.8	D+0.3	2	6	3.4	d-3	8	
0.8	2.4	1.3	d-1.3	3.2		2.5	7.5	4.4	d-3.6	10	
1	3	1.6	d-1.6	4		3	9	5.2	d-4.4	12	D+0.5
1.25	3.75	2	d-2	5	D+0.5	3.5	10.5	6.2	d-5	14	
1.5	4.5	2.5	d-2.3	6		4	12	7	d-5.7	16	

3. 锥度

锥度为轴类零件上常见的结构，锥度的定义和标注方法如图4-25所示。

4. 轴端的铣方结构

在轴类零件上经常设置铣方结构，便于零件的装拆，其结构及标注方法如图4-26所示。

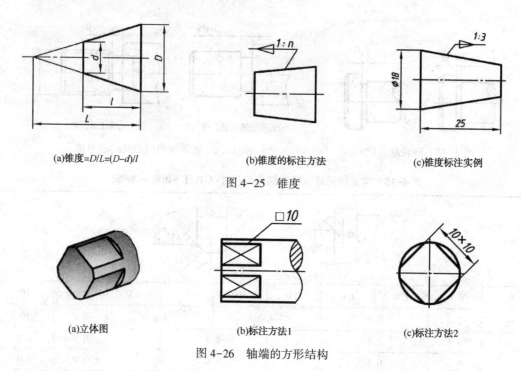

(a)锥度=D/L=(D-d)/l   (b)锥度的标注方法   (c)锥度标注实例

图 4-25　锥度

(a)立体图   (b)标注方法1   (c)标注方法2

图 4-26　轴端的方形结构

5. 轴上的键槽

键槽是轴上最常见的结构之一，通常采用移出断面图来表达，如图 4-27(a)所示。

键槽需要标注出定位尺寸和定形尺寸，如图 4-27(a)所示的普通平键的键槽，其定位尺寸为与左侧轴间的距离为 3mm。键槽的定形尺寸包括键长 45mm、键宽 12mm 及键槽的深度 35.5mm 三个尺寸。为了测量方便，键槽的深度的正确标注方法如图 4-27(c)所示。

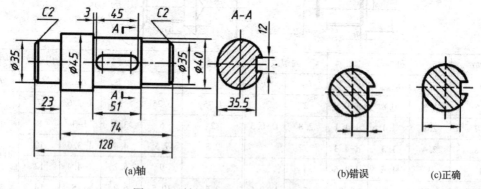

(a)轴   (b)错误   (c)正确

图 4-27　轴上的键槽及其尺寸标注的方法

6. 中心孔

中心孔又称为顶尖孔，是轴类零件上常见的机械加工工艺结构。设置在轴端，用于车削加工轴时的定位和装夹。中心孔对于轴类零件是非常重要，分为 A 型、B 型、C 型和 R 型四种形式，如图 4-28 所示。A 型、B 型和 R 型中心孔结构和尺寸见表 4-17，C 型中心孔结构和尺寸见表 4-18。

A 型：不带护锥中心孔，加工后去掉中心孔；

B 型：带护锥中心孔，加工后保留中心孔；

C 型：带螺纹中心孔，其螺纹常用于轴端固定等；

R 型：弧形中心孔，用于某些重要零件。

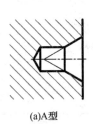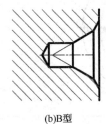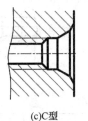

(a)A型　　　　　　　(b)B型　　　　　　　(c)C型　　　　　　　(d)R型

图 4-28 中心孔的四种型式

表 4-17 A 型、B 型和 R 型中心孔（摘自 GB/T 145—2001） mm

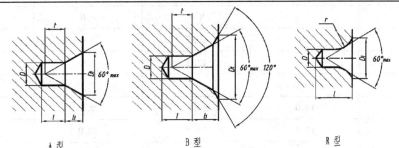

A 型　　　　　　　　B 型　　　　　　　　R 型

D			D_1			L_1(参考)		L(参考)		L_{max}	r	
A 型	B 型	R 型	A 型	B 型	R 型	A 型	B 型	A 型	B 型		max	min
											R 型	
(0.50)	–	–	1.06	–	–	0.48	–	0.5	–	–	–	–
(0.63)	–	–	1.32	–	–	0.60	–	0.6	–	–	–	–
(0.80)	–	–	1.70	–	–	0.73	–	0.7	–	–	–	–
1.00			2.12	3.15	2.12	0.97	1.27	0.9		2.3	3.15	2.50
(1.25)			2.65	4.00	2.65	1.21	1.60	1.1		2.8	4.00	3.15
1.6			3.35	5.00	3.35	1.52	1.99	1.4		3.5	5.00	4.00
2.00			4.25	6.30	4.25	1.95	2.54	1.8		4.4	6.30	5.00
2.50			5.30	8.00	5.30	2.42	3.20	2.2		5.5	8.00	6.30
3.15			6.70	10.00	6.70	3.07	4.03	2.8		7.0	10.00	8.00
4.00			8.50	12.50	8.50	3.90	5.05	3.5		8.9	12.50	10.00
(5.00)			10.60	16.00	10.60	4.85	6.41	4.4		11.2	16.00	12.50
6.30			13.20	18.00	16.20	5.98	7.36	5.5		14.0	20.00	16.00
(8.00)			17.00	22.40	17.00	7.79	9.36	7.0		17.9	25.00	20.00
10.00			21.20	28.00	21.20	9.70	11.66	8.7		22.5	31.50	25.00

注：1. 括号内的值尽量不用。

2. 不要求保留中心孔的零件采用 A 型；要求保留中心孔的零件采用 B 型。

表 4-18　C 型中心孔(摘自 GB/T 145—2001)　　　　　　　　　mm

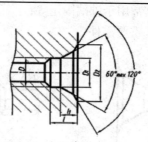

C 型

D	D_1	D_2	t	L_1(参考)
M3	3.2	5.8	2.6	1.8
M4	4.3	7.4	3.2	2.1
M5	5.3	8.8	4.0	2.0
M6	6.4	10.5	5.0	2.8
M8	8.4	13.2	6.0	3.3
M10	10.5	16.3	7.5	3.8
M12	13.0	19.8	9.5	4.4
M16	17.0	25.3	12.0	5.2
M20	21.0	31.3	15.0	6.4
M24	25.0	38	18.0	8.0

(1) 中心孔的标记

R、A、B 型中心孔的标记由标准号、型式、导向孔直径和锥形孔直径组成。

示例:B 型中心孔,导向孔直径 $D = 3.15\text{mm}$,锥形孔直径 $D_1 = 10\text{mm}$:

GB/T 145—2001　B3.15/10

C 型中心孔的标记由:标准号、型式、螺纹代号、螺纹长度和锥形孔端面直径组成。

示例:C 型中心孔,螺纹代号为 M10,螺纹长度 $L = 30\text{mm}$,锥形孔直径 $D_2 = 16.3\text{mm}$

GB/T 145—2001　C M10 L30/16.3

(2) 中心孔在零件图上的表示法

中心孔的表示法分为规定表示法和简化表示法。在不至于引起误解时,省略标记中的标准号,称为简化标注,如果轴的两端有相同结构和尺寸的中心孔,可以使用"2×"字样标注,具体见表 4-19。

表 4-19　中心孔标注示例

要　　求	符　　号	简化表示法
在完工的零件上 要求保留中心孔		B 3.15/10

要　　求	符　　号	简化表示法
在完工的零件上可以保留中心孔	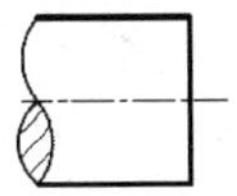	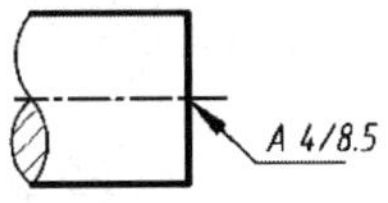 $A\ 4/8.5$
在完工的零件上不允许保留中心孔	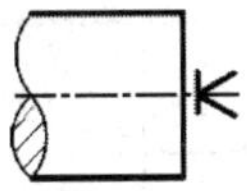	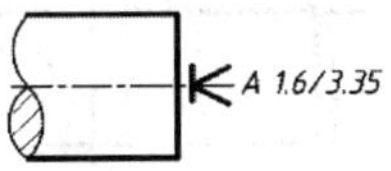 $A\ 1.6/3.35$

（三）轴、套类尺寸与零件技术要求的识读

轴、套类零件的尺寸基准包括径向和轴向两个方向。径向基准为轴线，轴向基准(设计基准)一般是设置在与轴承或键配合的端面。通常轴的左右两个轴端面均为辅助基准。

与齿轮、带轮、键及滚动轴承等有配合要求的轴段，都会有尺寸公差、形位公差以及表面粗糙度等方面的要求。这些要求都会在零件图中标注出来，读图时需要重点对这些有配合要求的表面进行仔细分析。

三、泵轴零件图的识读

1. 概括了解

图 4-29 为一泵轴零件图。阅读标题栏了解零件的名称为泵轴，材料为 45 号钢，绘图比例 1：2，图样代号为 YB-01。

2. 视图识读

该泵轴主体为阶梯轴。主视图采用加工位置。轴线水平放置，主视图中将键槽和孔尽量朝向前使其可见。泵轴上有三个孔、一个键槽、螺纹以及退刀槽、砂轮越程槽，以及倒角等轴类零件上常见的典型结构。

轴的左端从上到下的直径为 $\phi5$ 的通孔采用了局部剖视表达，与之垂直分布的另一直径为 $\phi5$ 的孔采用了移出断面进行表达。两处采用局部放大，Ⅰ处局部放大，表达的是砂轮越程槽的详细结构和尺寸；Ⅱ处局部放大，表达了螺纹退刀槽的详细结构和尺寸。键槽是采用移出断面进行表达的。

通过以上分析，该泵轴的结构就十分清楚明了。

3. 泵轴的尺寸识读

如图 4-29 所示，泵轴的径向尺寸基准为水平轴线，其径向主要尺寸有：$\phi14_{-0.011}^{0}$、$\phi11_{-0.011}^{0}$ 和 M10。

轴向主要基准为键槽左端的粗糙度为 $Ra3.2$ 的轴端面(该断面为泵轴与其配合的零件的定位面)，同时以轴的左右两个轴端面为辅助基准(工艺基准)。轴向尺寸有 94、28 和 13 等等，其中 94 为总长。

泵轴上从左至右的典型结构的尺寸标注分析见表 4-20。

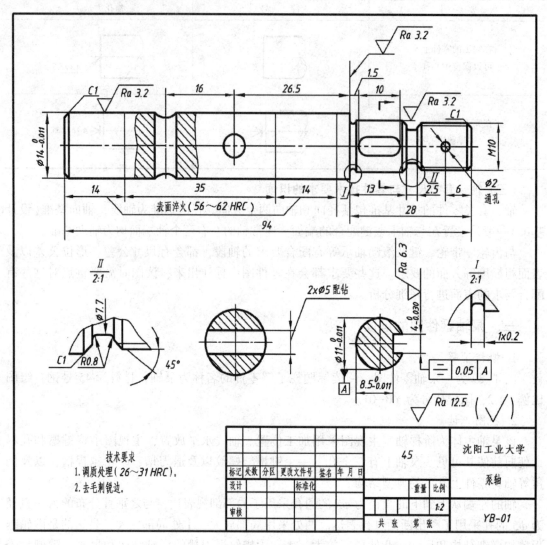

图 4-29　泵轴零件图

表 4-20　泵轴上典型结构及尺寸标注分析

mm

左、右倒角	配钻孔	砂轮越程槽	键槽	螺纹退刀槽	孔	螺纹
C1	$2 \times \phi 5$ 两个孔，定位尺寸为 26.5 和 16	I 处局部放大图，尺寸：1×0.2	定位尺寸：1.5、键槽长 10、宽 $4_{-0.030}^{0}$、深度 $8.5_{-0.011}^{0}$	II 处局部放大图，直径 $\phi 7.7$ 及槽宽 2.5	$\phi 2$，定位尺寸为 6	M10

注：配钻是指该结构在装配时进行加工。

　　4. 轴套类零件的技术要求的识读

　　轴类零件中与齿轮、带轮、键及滚动轴承等有配合要求的轴段，其尺寸公差和形位公差以及表面粗糙度等方面的技术要求都会在零件图中标注出来。

　　如图 4-29 所示，轴的左端 $\phi 14^0_{-0.011}$ 的轴径，键槽所在的轴径 $\phi 11^0_{-0.011}$、键宽 $4^0_{-0.030}$ 及键深 $8.5^0_{-0.011}$，在装配时与其他零件配合，故都有尺寸公差要求。

　　表面粗糙度要求相较高的是 $Ra3.2$，共有三处，这三处都是配合面。另外一处是键槽的槽宽处表面粗糙度为 $Ra6.3$，是为了保证键槽和键的配合。其余表面均为 $Ra12.5$。

　　键槽的键宽，相对于 $\phi 11$ 的轴的轴线的对称度，公差值为 0.05。

　　泵轴的左端部分表面需要进行淬火处理，整个轴需要进行调质处理以及表面去毛刺的处理。

四、机械密封轴套零件的识读

　　套类零件结构特点和轴类零件大体相同，但其一般都是沿轴线方向设置有孔的空心结构。因此，为了表达类零件，通常其主视图一般都采用剖视，根据零件特点选择全剖、半剖或者局部剖。

　　套类零件上的局部结构也是通过移出断面图、局部视图、局部剖视图、局部放大图等方式来表达。对于形状为有规律变化且比较长的套类零件，也采用折断画法。图 4-30 所示为一密封轴套的零件图。

　　1. 视图识读

　　如图 4-30 所示，密封轴套是装在轴上的，其内部与轴配合。外部左端上下开有两个槽用于安装转销(键)，其后为与密封动环胶圈配合的圆柱面。为方便胶圈安装，右端设置了斜面，在套筒的右端外表面设置了一个卡环槽。

　　此外，六个沿径向分布的六个孔用于固定轴与套筒的。由于其外形较简单，主视图采用了全剖视图表示其内部的孔槽等结构，两处移出断面图分别表达了槽和六个径向均布的孔，一个局部视图用于表达键槽的形状。

　　2. 轴套的尺寸与技术要求的识读

　　如图 4-30 所示，轴套的径向基准为水平回转体的轴线，左端面为轴向基准。径向尺寸中主要尺寸有 $\phi 48G7$，$\phi 60g6$ 和 $\phi 48G7$，其中两处 $\phi 48G7$ 均为套筒的内孔与轴的配合表面，$\phi 60g6$ 为与密封动环胶圈配合的表面，这三处由于是配合表面，因此粗糙度要求都相对较高，R_a 均为 3.2。

　　为了确保密封的可靠性，与密封动环胶圈配合的 $\phi 60g6$ 圆柱的轴线与两端两处 $\phi 48G7$ 的孔的轴线的同轴度提出了形位公差的要求，公差等级为 6 级，公差值为 0.015。

　　其他要求请读者自行分析。

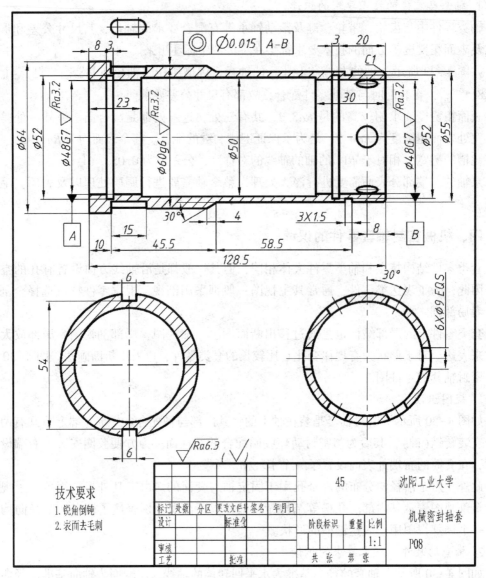

图4-30 机械密封轴套

第六节　盘盖类零件的识图

一、盘盖类零件的结构特点

盘盖类零件在机器设备上使用较多，如齿轮、涡轮、带轮以及手轮、端盖、法兰盘等。轮、盘类零件在机器中常起密封、支撑、定位和传递动力的作用。

盘盖类零件主体部分一般由回转体组成，通常为径向尺寸较大、轴向尺寸较小的扁平类零件。毛坯多为铸件，主要在车床上加工。

盘盖类零件上常见的典型结构有键槽、轮辐、肋板、阶梯孔、均布孔、螺孔、退刀槽、砂轮越程槽和倒角等结构，如图4-31为常见的轮和盘类零件。

(a)填料压紧盖　　　　　(b)安全阀阀盖　　　　　(c)球阀阀盖

图4-31　盘盖类零件

二、盘盖类零件的识图要点

（一）盘盖类零件的视图表达特点

盘盖类零件有较多的工序在车床上加工，选择主视图时，轴线应处在水平位置。通常主视图多采用全剖视图，反映该类零件的内部结构特点。一般配置左视图或者右视图，或者同时配置左、右视图，来表达其外部形状轮廓及用于连接的孔的分布情况。

此外常用局部视图、局部剖视图、局部放大图等来表达其上的其他典型结构。

（二）盘盖类零件上常见的典型结构

1. 常见孔的结构与尺寸标注

各种用于连接的孔是盘盖类零件上常见的典型结构，正确识读这些孔的结构和尺寸十分重要。常见孔的结构及尺寸标注如表4-21所示。

表4-21　常见孔的尺寸标注示例

光孔与螺纹孔	图例					
沉孔	图例					
锪平孔	图例					
	说明	锪平孔不标注深度，其锪平深度加工到表面不出现毛刺为止				

2. 轮毂上键槽及尺寸标注

键槽是轮毂上常见的结构，轮毂上的键槽，通常要标注出槽宽和槽深两个定形尺寸，其深度的标注，为了方便测量需要按照如图4-32(b)所示进行标注。

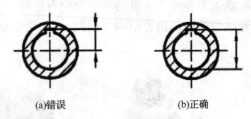

(a)错误　　　　　　(b)正确

图4-32　轮毂上键槽深度的标注

3. 肋与轮辐

肋与轮辐也是轮、盘类零件上的常见结构，其结构表达时采用规定画法，见图2-20、图2-21。

（三）盘盖类零件的尺寸分析及技术要求

多数情况下盘盖类零件是回转体，因此，只有径向和轴向两个方向的尺寸基准。水平的轴线为径向尺寸基准，标注各圆柱段(外圆与内孔)的直径；轴向通常以重要的安装面或者定位面作为主要基准，从该基准注出长度方向的相关尺寸。

有配合的内、外表面其表面质量要求较高，表面粗糙度的数值较小；轴向定位的断面亦如此。

有配合要求的孔和轴的尺寸公差较小，与其他运动零件相接触的表面应有平行度、垂直度等形位公差的要求。

三、阀盖零件图的识读

如图4-33所示球阀阀盖的零件图为例，说明轮、盘类零件图的识读方法与步骤。

1. 概括了解

从标题栏中可知该零件为阀盖，属于轮、盘类零件，材料为铸钢 ZG230-450，说明该零件是铸件。绘图比例为 1∶1，图样代号为 QF01-02。

2. 视图识读

如图4-33所示，阀盖的方形凸缘不是回转体，但其他部分都是回转体，因而仍将它看作回转体类零件。选用轴线水平放置位置，由一个全剖的主视图和左视图组成。

主视图用全剖，主要表达了阀盖的外部主体形状及内部结构。其外部结构包括左端的用于连接管道的外螺纹、中间的方形凸缘以及右端用于和阀体配合的圆柱形结构。其内部结构包括零件轴线处的 $\phi28.5$、$\phi20$ 和 $\phi35$ 形成的阶梯孔。配置的左视图清晰地表示了带圆角的方形凸缘及四个角上用于连接的四个通孔的分布情况。

3. 阀盖的尺寸识读

(1) 尺寸基准

大多数情况下轮、盘类零件是回转体。因此，只有径向和轴向两个方向的尺寸基准。水平的轴线为径向尺寸基准，标注各圆柱段的直径；轴向通常以重要的定位面作为主要基准。

如图4-33所示阀盖，由于主体结构是回转体，水平的轴线为径向尺寸基准，方形凸缘也以此作为宽度、高度方向的尺寸基准。直径为 $\phi50h11$ 的圆柱右端面为长度方向主要基准，因为这个端面是阀盖与阀体装配时的结合面(见图5-1)，长度方向的辅助基准为零件的左、右端面。

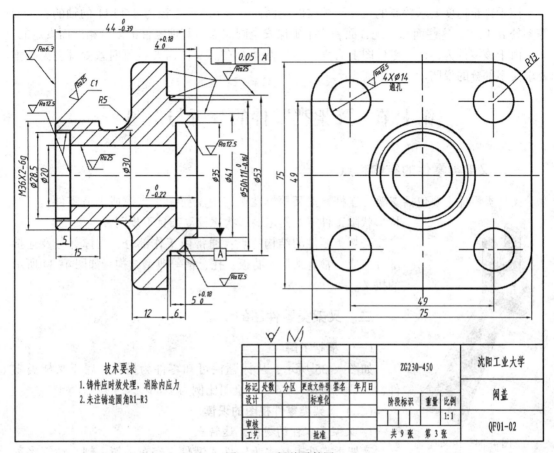

图 4-33　阀盖零件图

（2）尺寸的分析

以径向基准即水平轴线为基准出发标注所有回转体的直径及螺纹的尺寸，如：M36×2-6g、$\phi28.5$、$\phi20$、$\phi32$、$\phi35$、$\phi41$、$\phi50h11$、$\phi53$；

以轴向基准出发标注的轴向尺寸有 $4_0^{0.18}$、$5_0^{0.18}$、6，以及 $44_{-0.39}^{0}$、15 和 12 等。

典型结构及尺寸：

① 零件中部通有直径分别为 $\phi28.5$、$\phi20$ 和 $\phi35$ 的孔，其轴向尺寸为分别为 5、36（计算所得）、$7_{-0.22}^{0}$。

② 用于连接的方形凸缘上的四个连接孔，其定形尺寸为 $4×\phi14$、定位尺寸为宽度方向 49mm 和长度方向 49mm。

③ 零件的总体尺寸：总长未直接标注，可以通过已标注出的尺寸计算出来、总宽和总高均为 75。

4. 阀体的技术要求的识读

主视图中注有尺寸公差 $\phi50h11$ 处是与阀体有配合关系的（见图 5-1）。另外，长度方向有多处极限偏差的尺寸，都是为了保证与其配合的零件的配合关系的，如 $5_0^{0.18}$、$7_{-0.22}^{0}$ 等等。

直径为 $\phi50h11$ 的轴的右端面与 $\phi35$ 孔的轴线（基准 A）的垂直度公差为 0.05mm。

该零件粗糙度要求较高的是左端螺纹的端面，其 $R_a6.3$。直径为 $\phi50h11$ 的轴的右端面等多处 $R_a12.5$，这些面都是配合面，为了确保安全阀阀盖与其他零件的配合精度而设定的。

由于该零件为铸件，零件图上有大量铸造圆角存在。零件需要进行时效处理，见技术要求文字部分的说明。

第七节　叉架类零件的分析与识图

一、叉架类零件的结构特点

叉架类零件主要包括支架、连杆、拨叉等，在机器中主要用于支撑或夹持零件，其结构形状随工件需要而定，形状比较复杂且不规则。

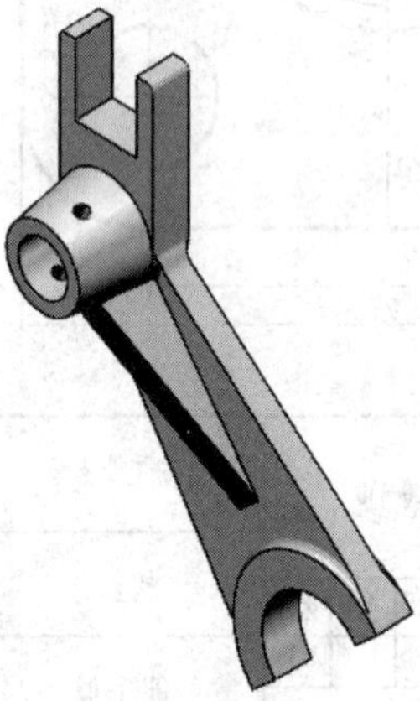

叉架类零件的结构特点：通常由工作部分、支撑部分及连接部分组成。常有叉形、肋板、孔、槽等典型结构。如图 4-34 所示的拨叉。

二、叉架类零件图的识读

（一）概括了解

如图 4-35 所示，从标题栏可知零件为拨叉，属于叉架类零件，材料为铸钢（ZG45），绘图比例为 1：1。

（二）叉架类零件视图的识读

1. 叉架类零件的视图表达特点

图 4-34　拨叉

叉架类零件毛坯多为铸件或锻件，经车、镗、刨、钻等多种工序加工而成，加工位置多变。所以，主要依据其工作位置来选择主视图。

由于它的某些结构形状不平行于基本投影面，所以常采用斜视图、斜剖视图来表达。零件的内部结构形状采用适当的局部剖视图，某些小结构采用局部放大图，连接的筋板采用断面图等表达方式。

2. 叉架类零件的视图分析

如图 4-34 所示的拨叉，其零件图见图 4-35。拨叉的主视图是通过 A-A 旋转剖的剖切方法获得的全剖视图，配置了左视图重点表达外形结构。此外，利用移出断面图表达了筋板的结构，使用斜剖的剖切方法获得的 B-B 剖视图，表达了圆台形凸缘上面的两个 $\phi6$ 通孔。

（三）尺寸的分析与识读

1. 尺寸基准的分析

叉架类零件长、宽、高三个方向的主要基准一般为孔的中心线、轴线、对称图形对称面和较大的加工平面。

如图 4-35 所示，拨叉零件长度方向基准为拨叉的右端面；高度方向基准为圆台上的 $\phi20$ 孔的轴线；宽度方向基准为 $\phi20$ 孔的前后对称面。

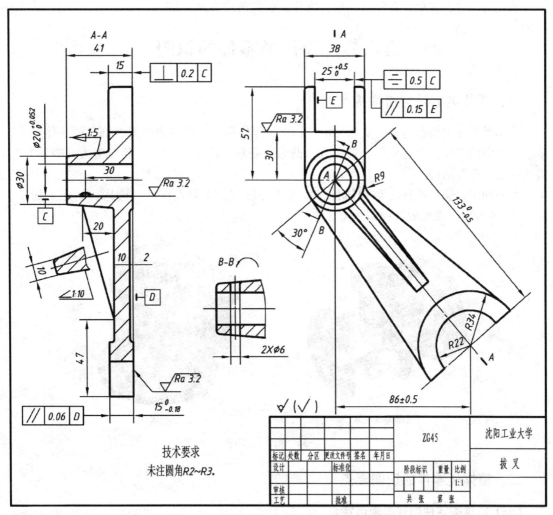

图 4-35 拨叉零件图

2. 尺寸的分析

识读拨叉类零件的尺寸标注，仍然要用形体分析法。将零件分解成几个组成部分，逐一分析其尺寸。如锥形凸台部分的尺寸有 $\phi 30$，$\phi 20_0^{+0.052}$ 和 41；上部凹型部分的尺寸有 38、$25_0^{+0.5}$、57 和 15。其他部分的尺寸请读者自行分析。

（四）技术要求的识读

左端锥形凸台内的孔 $\phi 20_0^{+0.052}$，上部的凹型叉口的宽度 $25_0^{+0.5}$，下端的倾斜部分的定位尺寸 $133_{-0.5}^0$ 和半圆形叉口的厚度 $15_{-0.180}^0$ 等处，由于都涉及与其他零件的配合，因此都有相应的尺寸公差要求。

拨叉的配合表面均有较高的表面粗糙度要求，如 $\phi 20$ 的孔等多处表面粗糙度 $Ra3.2$。

零件的右端面相对与 $\phi 20$ 孔的轴线的垂直度公差值为 0.2mm；上端凹型叉口内的两个垂直面相对与 $\phi 20$ 孔的轴线的对称度公差值为 0.5mm；两个垂直面的平行度公差值为 0.15mm；下端半圆形叉口的左右端面的平行度公差值为 0.06mm。

拨叉为铸件，多处存在铸造圆角，未注铸造圆角均为 $R2 \sim R3$。

第八节　箱体类零件的识图

一、箱体类零件的结构特点

箱体类零件主要起包容、支撑、定位和密封等作用，一般是机器或者部件的主体部分，多数为中空的壳体。并有底板、轴承孔、凸台、肋板、连接法兰，以及与箱盖、端盖的连接孔和安装孔等结构。

主要加工方法：毛坯一般为铸件，加工工序较多，主要在铣床、刨床、钻床上加工。如图 4-36 所示为常见的几种箱体类零件。

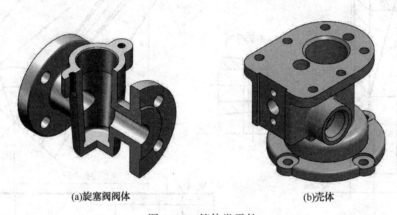

(a)旋塞阀阀体　　　　　　　　　　　　　　(b)壳体

图 4-36　箱体类零件

二、箱体类零件的识图要点

（一）箱体类零件的视图表达特点

通常箱体类零件的结构形状都比较复杂，多为铸件，加工工序较多，一般是按照它的工作位置和特征原则选择主视图。一般需要三个以上的基本视图表示其内外部结构和形状。局部结构适当选用局部视图、局部剖视图和断面图等表达方式，每个视图都应该有其表达的重点内容。根据结构的复杂程度，以数量最少的原则选择其他视图。

如图 4-37 所示壳体，从图中可知，该壳体内外结构都比较复杂。

（二）箱体类零件的尺寸识读

1. 尺寸基准

箱体类零件长、宽、高三个方向的主要尺寸基准通常为孔的中心线、轴线、对称平面和较大的加工平面。

2. 尺寸分析

利用形体分析法将箱体分解成几个基本组成部分。如图 4-37 所示壳体，将其分解为本体、下部的底板、左面的凸块、右端的半圆柱凸台以及前方的圆形凸台的各组成部分。

从基准出发，分析其各组成部分的定位尺寸、定形尺寸，最后分析总体尺寸。由于组成部分较多，每个部分都需要进行定位，因此定位尺寸较多，需要特别注意。

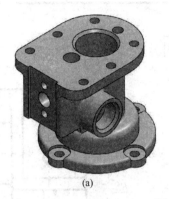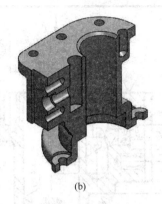

(a)　　　　　　　　　　　　　(b)

图 4-37　壳体

（三）箱体类零件的技术要求

重要的箱体孔和重要的表面，其表面质量要求都较高，其表面粗糙度的参数值较小。有尺寸公差和形位公差的要求。

三、壳体零件图的识读

以图 4-38 壳体的零件图为例，进行识图方法的介绍。

（一）阅读标题栏，概括了解

了解该零件的名称是壳体，属箱体类零件。其材料为铸造铝合金 ZL102，毛坯的制造方法为铸造，画图比例为 1：2，图样代号为 QT-00。

（二）分析视图

壳体主视图按照工作位置放置，采用了三个基本视图和一个局部视图表达它的内外结构形状。

主视图采用 A-A 全剖视图，表达内部结构及外部轮廓。俯视图采用 B-B 阶梯的全剖视图，表达内部结构及底板的形状。左视图采用局部剖视图，表达外部及顶板孔结构形状。C 向局部视图，表达顶板结构形状及孔的分布情况。

主体结构：该壳体主要由上部的顶板、本体、下部的安装底板，以及左面的凸块和前方的圆形凸台组成。除了左边的凸块外，本体及底板基本上都是回转体。

本体顶部有 $\phi30H7$ 的通孔、$\phi12$ 的盲孔和 M8 的螺蚊孔；底部有阶梯孔 $\phi48H7$ 与本体上 $\phi30H7$ 的通孔同轴相连接，底板上有 4 个 $\phi7$ 安装孔，锪平直径为 $\phi16$。

结合主视、俯视和左视三个视图可知，左侧为带有凹槽的凸块，在凹槽的左端面上有 $\phi12$ 与 $\phi8$ 形成的阶梯孔，与顶部 $\phi12$ 的圆柱孔发生相贯，在这个台阶孔的上方和下方，各有一个螺孔 M6。前方直径为 $\phi30$ 的圆柱形凸台，其上有 $\phi20$ 与 $\phi12$ 的阶梯孔，其后 $\phi12$ 的孔与顶部 $\phi12$ 的圆柱孔发生等径相贯。从左视图的局部剖视和 C 向局部视图可以看出顶板上有 6 个 $\phi7$ 的安装孔，锪平直径为 $\phi14$。

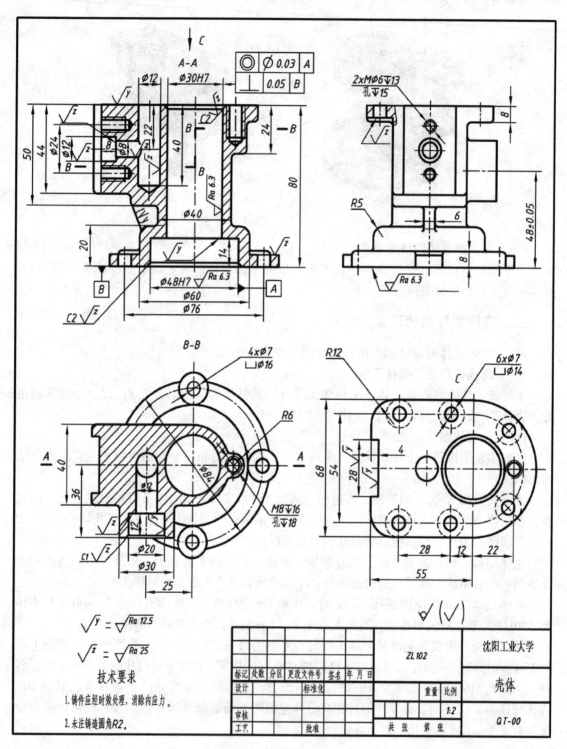

图 4-38 壳体零件图

（三）壳体的尺寸分析

1. 尺寸基准

如图 4-38 所示，壳体长度方向的主要基准是主体内孔 $\phi30H7$ 的轴线，左侧凹槽端面为辅助基准。

宽度方向的主要基准也是主体内孔 $\phi30H7$ 的轴线，也是主要基准，前面圆形凸台端前面为辅助基准。

高度方向的主要基准是零件的底面，上顶面为高度方向的辅助基准。

2. 尺寸分析

利用形体分析法将壳体分解成顶板、本体、下部的安装底板、左面的凸块，以及前方的圆形凸台几个组成部分。从基准出发，分析其各部分的定位尺寸、定形尺寸，以及总体尺寸。

以壳体为例分析其尺寸如下：

其外形主体尺寸为 $\phi84$、$\phi60$ 和 $\phi40$ 形成的同轴圆柱体，总高 80mm，$\phi84$ 底部高 8mm，$\phi60$ 部分高为 12mm（20-8），其内部通有 $\phi48H7$ 和 $\phi30H7$ 的阶梯孔，其中 $\phi48H7$ 的孔深 14mm。

前端圆形凸台的尺寸分析：长、宽、高三个方向的定位尺寸为 25mm、36mm 和 48 ± 0.05mm，定形尺寸为 $\phi30$，其上通有 $\phi20$ 与 $\phi12$ 的阶梯孔，$\phi20$ 部分深为 12mm。

参照壳体和圆形凸台的尺寸分析，完成上顶板、下底面、左凸块的尺寸分析。弄清楚哪些是定位尺寸，哪些是定形尺寸，从而完全读懂该壳体的形状和大小。

（四）壳体的技术要求识读

根据壳体零件的结构和尺寸，分析其零件图上表面结构要求、极限与配合和几何公差等技术要求。这对进一步认识该零件，确定其加工工艺非常重要。

从图中 4-38 中可以看到：壳体的顶板和安装底板中相连接贯通的台阶孔 $\phi48H7$ 和 $\phi30H7$ 都有公差要求，其极限偏差数值可由公差带代号 H7 查表获得。另外圆柱形凸台的中心高也有公差要求 48 ± 0.05。

壳体除主要的 $\phi30H7$ 和 $\phi48H7$ 圆柱孔轮廓的算数平均偏差为 $Ra6.3$ 之外，加工面大部分轮廓算数平均偏差为 $Ra25$，少数为 $Ra12.5$，其余为铸件表面。由此可见，该零件对表面结构要求不高。

$\phi30H7$ 处为该零件的非常重要的部分，该孔的轴线相对于基准 A 即 $\phi48H7$ 的轴线的同轴度公差值为 $\phi0.03$，相对于基准 B 即底面的垂直度公差值为 0.05。

另外技术要求的文字部分表达了关于铸造圆角和调质处理的热处理要求。

习题四

1. 查表并绘制公差带图，分析配合的类型，计算最大和最小间隙或者过盈量。

（1）尺寸为 $\phi30H7$ 的孔与尺寸为 $\phi30k6$ 的轴

（2）尺寸为 ϕ20H8 的孔与尺寸为 ϕ20f7 的轴

2. 识读下图（题图4-1），并回答问题：

（1）该零件名称为________，材料为________，绘图比例为__________。

（2）主视图符合________位置。除主视图外还采用了两个________图表达轴上键槽的断面形状。

（3）分析指出该零件的主要尺寸基准。

（4）指出左侧第一个键槽的定位尺寸______，定型尺寸______________；指出另外一个键槽的定位尺寸______，定型尺寸__________。

（5）轴的两端注写的 C2 表示结构，其宽度为________，角度为________。

（6）图中 $\phi45^{+0.050}_{+0.034}$ 表示基本尺寸为________，最大极限尺寸为__________，最小极限尺寸为__________，公差为________。查表公差带代号应为__________。

（7）轴上最光滑的面 R_a 的数值为________，最粗糙的 R_a 的数值为________。

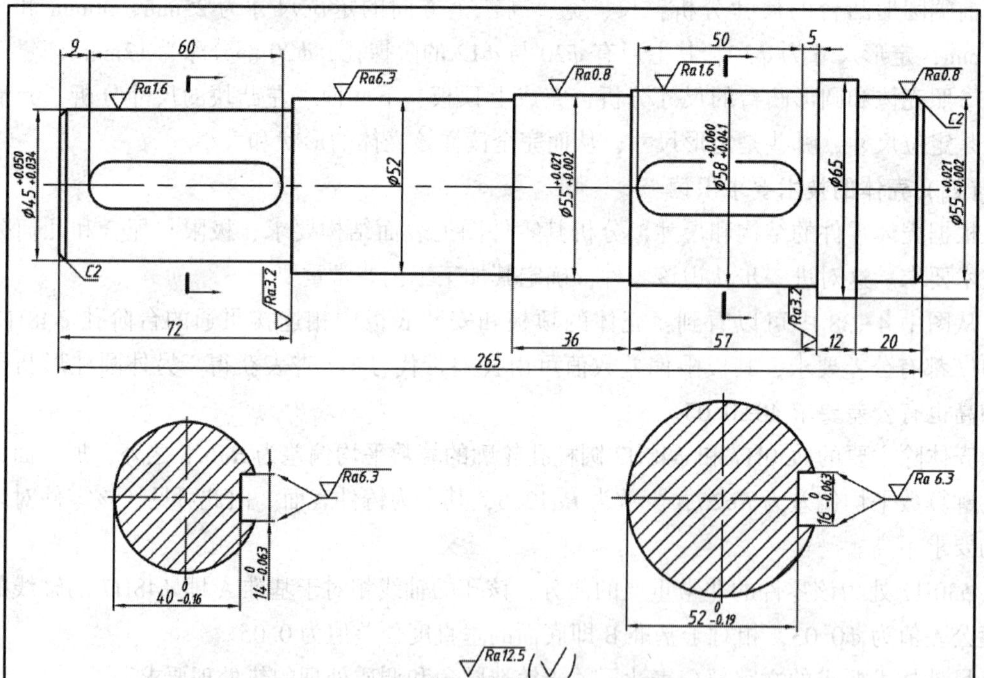

						45		沈阳工业大学
标记	处数	分区	更改文件号	签名	年 月 日			轴
设计	(签名)	(年 月 日)	标准化	(签名)	(年 月 日)	阶段标识	重量 比例	
							1:1	
审核								
工艺			批准			共 张	第 张	(图样代号)

题图 4-1

3. 识读端盖零件图(题图4-2),并回答问题。

(1) 主视图采用_____剖视图。除主视图外还采用了一个_____视图,主要表达阀盖的_____。

(2) 在图中指出该零件的主要尺寸基准。

(3) 解释的含义 $\phi 14H17$ 的含义_____

_____。

(4) 零件的铸造圆角尺寸为_____

_____。

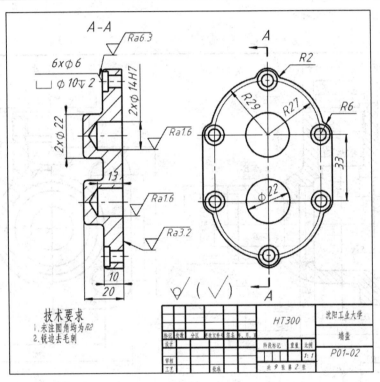

题图4-2

4. 识读阀体零件图(题图4-3),回答问题:

(1) 该零件名称为_____,属于_____类零件,其材料为_____,绘图比例为_____。

(2) 用三个基本视图表达了该零件的结构,其中主视图为_____剖视图,重点表达_____,左视图为_____剖视图,重点表达_____。

(3) 分析指出零件的尺寸基准。

(4) 解释下面各标注的含义:

① M24×1.5-7H 含义_____

_____。

② $\phi 50H11$ 的含义_____,其上偏差为

_____，下偏差为_____。

③ SR27.5 的含义_____。

（5）该零件上最光滑的面 *Ra* 数值是____，其含义为_____。

（6）解释两处形位公差标注的含义：

① _____

_____

② _____

_____

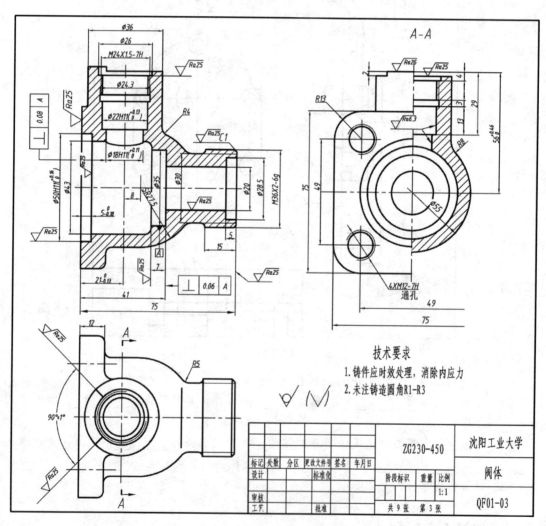

题图 4-3

5. 识读旋塞阀阀体的零件图（题图 4-4）。

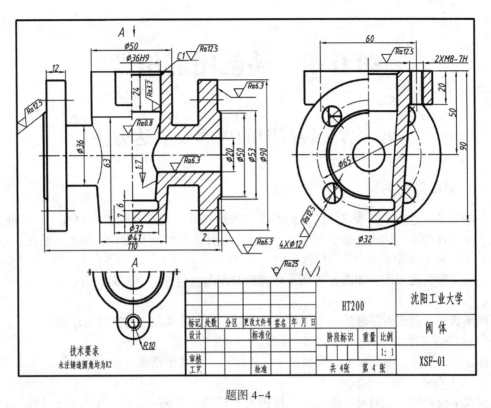

技术要求
未注铸造圆角均为R2

							HT200	沈阳工业大学
标记	处数	分区	更改文件号	签名	年 月 日			阀体
设计			标准化			阶段标识	重量	比例
								1：1
审核								XSF-01
工艺			批准			共 4 张	第 4 张	

题图 4-4

113

第五章 装配图的识读

第一节 装配图的内容及表达方法

一、装配图的内容

装配图是表达机器或者部件的图样，用来表达机器或者部件的工作原理、零件间的装配关系及零件的主要结构，是生产中重要的技术文件。装配图是设计、制造、装配、检验、安装、使用和维修等工作的重要依据。

一张完整的装配图，如图 5-1 所示球阀的装配图，包含五个方面的内容。

1. 一组视图

用来表达机器或者部件的工作原理、零件间的装配关系及主要零件的结构。

2. 必要的尺寸

标注规格尺寸、装配尺寸、安装尺寸、外形尺寸及其他重要尺寸。

3. 技术要求

用文字或者代号说明与机器或者部件相关的性能、装配、检验、安装调试和使用等方面的要求和指标。

4. 零件序号、明细栏

在装配图中必须每个零件进行编号，并在明细栏中列出序号、代号、名称等信息。

5. 标题栏

填写机器或者部件的名称、绘图比例、图样代号以及责任人签名和日期等内容。

二、装配图的表达方法

装配图的表达方法，除了可以采用第二章介绍的机件的表达方法之外，装配图还有其特殊的表达方法。

1. 装配图的规定画法

（1）相邻两个零件的接触表面和配合面只画一条线；两个不接触的表面，即使间隙很小，也必须画出两条线。

（2）在剖视图中，相邻两个零件的剖面线方向相反或方向相同而间距不等。

（3）对于紧固件（如螺栓、螺母、垫圈等）及实心件（如轴、手柄、球、连杆、键等），当剖切平面通过其轴线（或对称线）剖切时，这些零件均按不剖绘制。只画出零件的外形，若需要表达内部结构，可采用局部剖视表达。

2. 装配图的特殊表达方法

（1）拆卸画法

在装配图中，当某些零件遮住了大部分装配关系或其他零件时，可假想将这些零件拆去绘制。采用这种画法需要标注"拆去件 x"字样。图 5-1 所示的左视图就是拆去扳手 13 后画出的。

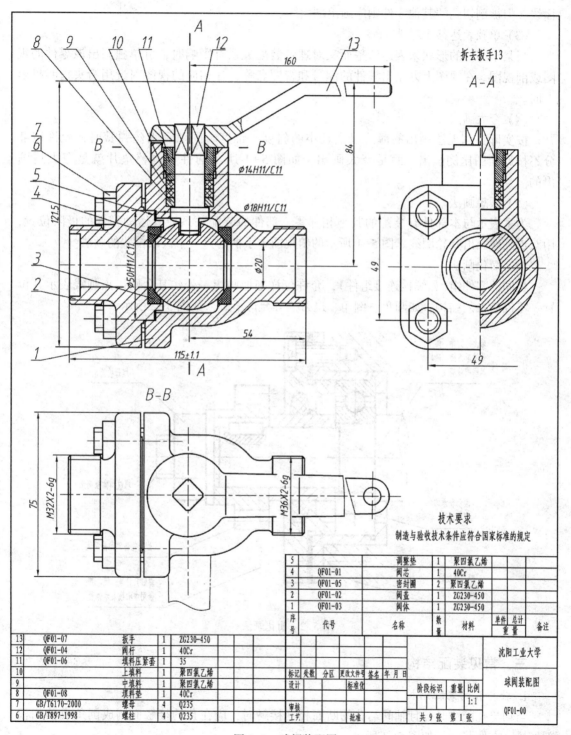

5		调整垫	1	聚四氯乙烯		
4	QF01-01	阀芯	1	40Cr		
3	QF01-05	密封圈	2	聚四氯乙烯		
2	QF01-02	阀盖	1	ZG230-450		
1	QF01-03	阀体	1	ZG230-450		

技术要求
制造与验收技术条件应符合国家标准的规定

13	QF01-07	扳手	1	ZG230-450
12	QF01-04	阀杆	1	40Cr
11	QF01-06	填料压紧套	1	35
10		上填料	1	聚四氯乙烯
9		中填料	1	聚四氯乙烯
8	QF01-08	填料垫	1	40Cr
7	GB/T6170-2000	螺母	4	Q235
6	GB/T897-1998	螺柱	4	Q235

沈阳工业大学

球阀装配图

QF01-00

图 5-1　球阀装配图

（2）沿结合面剖切画法

为了表达部件的内部结构，可假想沿着两个零件的结合面进行剖切。结合面上不画剖面线，但被剖切到的其他零件则应画出剖面线。

（3）单独表达某个零件

当某个零件的形状未表达清楚而又对理解装配关系有影响时，可单独画出该零件的视图或剖视图。在视图上方注出零件的编号和视图名称，在相应的视图附近用箭头指明投射方向。

（4）夸大画法

按实际比例无法画出的薄片以及较小的斜度、锥度、间隙和细丝弹簧时，允许该部分不按原绘图比例画出，而是夸大画出。如图 5-1 所示的件 5 调整垫片就是夸大后画出的。

（5）假想画法

为了表示与本部件有装配的其他相邻零、部件的装配关系或者运动零件的极限位置，用双点画线画出其轮廓线。图 5-1 所示的俯视图中手柄的另一个极限位置的画法。

（6）简化画法

相同的零件组（如螺栓连接组件），允许仅详细地画出一处，其余则以点画线表示其位置。零件的工艺结构，如圆角、倒角、退刀槽等允许不画，如图 5-2 所示。

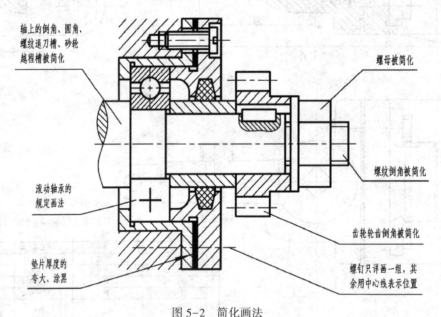

图 5-2　简化画法

三、常见装配结构

1. 轴与孔的装配结构

当轴与孔配合时，且轴间与孔的断面相互接触时，应在孔的接触面制成倒角或轴间根部切槽，方便装配，如图 5-3 所示。

2. 两个零件接触时的结构

同一个方向上的接触面最好只有一个，这样便于装配和制造，如图5-4所示。

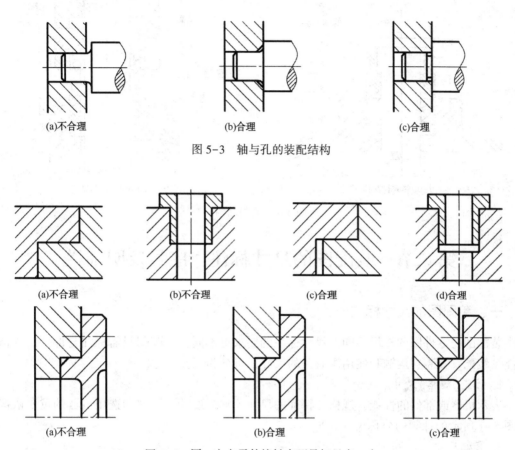

(a)不合理　　　　　　　　　(b)合理　　　　　　　　　(c)合理

图5-3　轴与孔的装配结构

(a)不合理　　　(b)不合理　　　(c)合理　　　(d)合理

(a)不合理　　　　　　　　(b)合理　　　　　　　　(c)合理

图5-4　同一方向零件接触表面最好只有一个

3. 滚动轴承的合理结构

滚动轴承安装在箱体孔及轴上时，图5-5(b)、(d)所示的情形是合理的，图(a)、(c)所示的情形则无法拆卸。

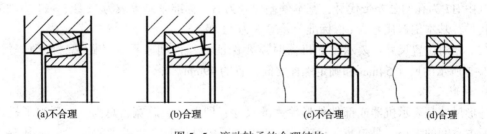

(a)不合理　　　　　(b)合理　　　　　(c)不合理　　　　　(d)合理

图5-5　滚动轴承的合理结构

4. 常用密封装置的结构

在一些部件或机器中，经常需要密封装置，以防止液体外流或灰尘进入。填料密封与机械密封结构见图 5-6。

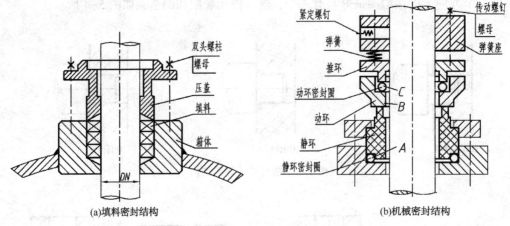

（a）填料密封结构 （b）机械密封结构

图 5-6　密封结构

第二节　装配图的尺寸标注、序号及明细栏

一、装配图的尺寸标注

装配图与零件图的作用不同，尺寸标注的要求也不同，装配图只需标注与部件的规格、性能、装配、安装、运输和使用等有关的尺寸，可分为五类尺寸。

1. 性能（规格）尺寸

表示机器或部件的性能、规格和特征的尺寸，它是设计、了解和选用机器的重要依据。如图 5-1 所示的球阀的公称尺寸 $\phi 20$。

2. 装配尺寸

表示机器或部件上有关零件间装配关系的尺寸。包括以下两类：

（1）配合尺寸：表示两个零件之间配合性质的尺寸。

如图 5-1 所示的阀盖与阀体之间的配合尺寸 $\phi 50$ H11/c11。

配合代号 $\phi 50$H11/c11 的含义：表示基本尺寸为 $\phi 50$mm 的孔和轴形成的基孔制间隙配合。其中 H7 为孔的公差带代号，基本偏差代号为 H，标准公差等级为 11 级；c11 为轴的公差带代号，基本偏差代号为 c，标准公差等级为 11 级。

（2）相对位置尺寸：表示装配机器时需要保证的零件间较重要的距离、间隙等尺寸。如图 5-1 所示的尺寸 54mm 和确定螺栓之间位置的 49mm。

3. 外形尺寸

外形尺寸是表示机器或部件外形轮廓的尺寸，即总长、总宽、总高。它反映了机器或部件所占空间的大小，是包装、运输、安装以及厂房设计时需要参考的尺寸。如图 5-1 所示的总长尺寸为（115±1.1）mm、总宽 75mm 和总高 121.5mm。

4. 安装尺寸

安装尺寸是将部件安装到机器上，或将机器安装到地基上时，表示其安装位置的尺寸。

如图 5-1 所示的 M36×2-6g。

5. 其他重要尺寸

其他重要尺寸是指在设计过程中，经过计算而确定或选定的尺寸，但又未包括在上述四类尺寸之中的重要尺寸。如啮合齿轮的中心距。

二、零、部件序号及明细栏

1. 序号的编写

装配图上需对每个不同的零件或组件按一定顺序编写序号，并填写明细栏。序号的编写方法如图 5-7 所示，一张装配图，序号沿水平或垂直方向按顺时针或逆时针方向排列。

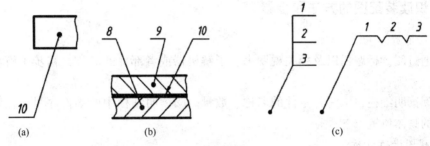

图 5-7　序号的编写方法

2. 明细栏

明细栏是机器或部件中所有零部件的详细目录，用于装配图中，其格式及尺寸如图 5-8 所示。明细栏放置在标题栏上方，地方不够时也可以移到标题栏的左侧。零部件序号应从下往上顺序填写，其中代号部分，标准件填写标准编号，零件或部件需要填写零件或者部件所在图样的图样代号。

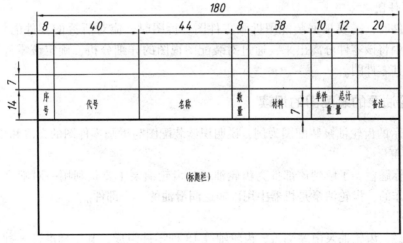

图 5-8　明细栏

第三节　装配图的识图

一、识读装配图的目的和要求

装配图是设计、制造、装配、检验、安装、使用和维修等工作的重要依据，因此了解识读装配图的方法和目的是非常重要的。通过识读装配图，主要理解和掌握以下内容：

(1) 机器或部件的性能、用途和工作原理。

(2) 各零件间的相互位置和装配关系，零件的拆装顺序及装配时满足的相关技术要求。

(3) 主要零件的结构、形状和作用。

二、识读装配图的方法和步骤

1. 概括了解

(1) 通过阅读标题栏以及相关说明书，了解机器或者部件的名称，初步了解其用途和工作原理。

(2) 阅读明细栏，了解各零件的名称、数量。阅读明细栏中的零件序号，在装配图中找出它们的具体位置。

2. 对视图进行分析

(1) 了解视图的数量，弄清楚视图间的投影关系，弄清各视图的表达方法及各视图重点表达的意图。

(2) 详细阅读视图，分析各零件的投影，读懂各零件的结构形状及其作用。一般先从主要零件入手。

(3) 参考装配图的尺寸标注，分析零件的相互位置及装配关系。

3. 了解工作原理和装拆顺序

4. 拆画零件图

在设计部件时，需要根据装配图拆画零件图。拆图时，应对所拆的零件的作用分析、然后从装配图中将该零件分离出来，通过对装配图视图的详细分析，确定该零件的结构形状，并绘制出其零件图。

三、齿轮油泵的装配图的识读

图 5-9 所示的齿轮油泵装配图为例，说明识读装配图与拆画零件图的方法和步骤。

1. 概括了解

(1) 阅读标题栏，了解到该部件为齿轮油泵，齿轮油泵主要是利用一对啮合齿轮完成吸油和排油工作的，齿轮油泵是机器中用以输送润滑油的一个部件。

(2) 阅读明细栏

阅读明细栏，齿轮油泵由左端盖、齿轮轴等 18 种零件组成，其中标准件 8 种。对应图中的零件序号，了解各零件的名称、数量及其在图中的位置。

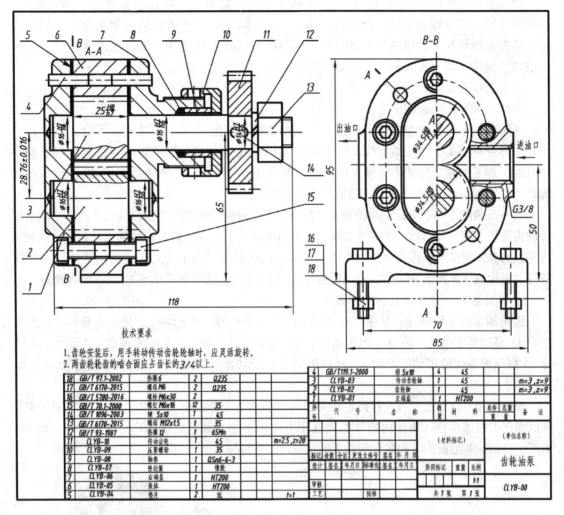

图 5-9 齿轮油泵装配图

4	GB/T119.1-2000	销 5x18	4	45	
3	CLYB-03	传动齿轮轴	1	45	m=3,z=9
2	CLYB-02	齿轮轴	1	45	m=3,z=9
1	CLYB-01	左端盖	1	HT200	
序号	代 号	名 称	数量	材 料	备 注

18	GB/T 97.1-2002	垫圈 6	2	Q235	
17	GB/T 6170-2015	螺母 M6	2	Q235	
16	GB/T 5780-2016	螺栓 M6x30	2		
15	GB/T 70.1-2000	螺钉 M6x16	12	35	
14	GB/T 1096-2003	键 5x10	1	45	
13	GB/T 6170-2015	螺母 M12x1.5	1	35	
12	GB/T 93-1987	垫圈 12	1	65Mn	
11	CLYB-10	传动齿轮	1	45	m=2.5,z=20
10	CLYB-09	压紧螺母	1	35	
9	CLYB-08	轴套	1	QSn6-6-3	
8	CLYB-07	密封圈	1	橡胶	
7	CLYB-06	右端盖	1	HT200	
6	CLYB-05	泵体	1	HT200	
5	CLYB-04	垫片	2	纸	t=1

技术要求

1. 齿轮安装后，用手转动传动齿轮轴时，应灵活旋转。
2. 两齿轮齿的啮合面应占齿长的3/4以上。

（材料标记）

（单位名称）

齿轮油泵

阶段标记 重量 比例

1:1

共 1 张 第 1 张

CLYB-00

2. 分析视图

（1）视图配置

齿轮油泵装配图采用两个视图表达。

主视图是采用旋转剖的剖切方法，获得的全剖视图 A–A。其中齿轮啮合部分采用了局部剖视图，该视图主要表达了齿轮油泵各零件间的相对位置及装配关系。

左视图是沿垫片 5 与泵体 6 的结合面进行剖切，获得的半剖视图 B–B。主要反映了该油泵的外部形状，齿轮的啮合情况，局部剖处表达了进油口处的结构，以及泵体上地脚螺栓的分布情况。

（2）主要零件的结构识读

油泵主要由泵体及左、右端盖、运动零件（传动齿轮轴、齿轮轴、传动齿轮等）和密封零件组成。

利用形体分析法，识读每个零件的视图，想象出零件的结构形状。

例如，对泵体的结构识读，从主、左视图分析可以看出，泵体的主体形状为长圆形，内部为空腔，用以容纳一对啮合齿轮。其左、右端面有两个连通的销孔和六个连通的螺钉孔。从左视图可知，泵体的前后有两个对称的凸台，内有管螺纹，为齿轮油泵的进油口和出油口。泵体底部为安装板，上面有两个螺栓孔。泵体的具体结构形状见图 5-10(b)。

（3）装配关系的分析

齿轮油泵有两条装配干线。

一条装配干线是由左泵盖、泵体和右泵盖组成的装配干线，从图 5-9 可见，左、右泵盖与泵体分别用 4 个圆柱销定位，12 个螺钉紧固连接在一起，为了防漏，在泵体与泵盖的结合面处加了垫片。传动齿轮轴 3 伸出端，用填料密封传动齿轮轴 3 是由传动齿轮 11 通过键传递动力的。垫圈件 12 和螺母 13 是实现压紧的。

另一条装配干线是由传动齿轮轴 3 以及与其啮合的齿轮轴 2 的轴系组成的。将齿轮轴 2 与传动齿轮轴 3 装入泵体后，两侧由左端盖 1 和右端盖 7 支承这一对齿轮轴的旋转运动。由销 4 将端盖与泵体定位后，再用螺钉将端盖与泵体连接成整体。为了防止泵体与端盖结合面处以及传动齿轮轴件 3 伸出端漏油，分别用垫片 5、密封圈 8、轴套 9 及压紧螺母 10 实现密封。

3. 工作原理与零件的装拆顺序分析

齿轮油泵的工作原理：从主、左视图的投影关系可知，齿轮轴 2、传动齿轮轴 3、传动齿轮 11 是油泵中的运动零件。当传动齿轮 11 按逆时针方向（从左视图观察）转动时，通过键 14 将扭矩传递给传动齿轮轴 3，经过齿轮啮合带动齿轮轴件 2，从而使后者作顺时针方向转动。

如图 5-10(a) 所示，当一对齿轮在泵体内按图示方向作啮合传动时，啮合区内右边压力降低而产生局部真空，油池内的油在大气压力作用下进入油泵的进油口。随着齿轮的转动，齿槽中的油不断沿箭头方向被带到左边的出油口，把油压出，送至机器中需要润滑的部位。

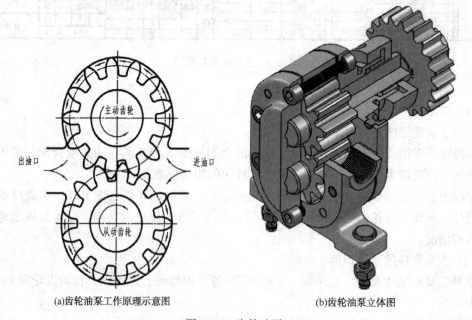

(a)齿轮油泵工作原理示意图　　　(b)齿轮油泵立体图

图 5-10　齿轮油泵

图 5-10(b)为齿轮油泵的三维立体模型图，供读图参考。

在看懂装配体的相关结构和装配关系后，确定机器或者部件的装拆顺序，这一点在工程实际中是非常有意义的。

齿轮油泵装拆顺序：螺钉 15→销钉 4→左端盖 1→齿轮轴 2→螺母 13→垫圈 12→齿轮 11→压紧螺母 10→轴套 9→密封圈 8→右端盖 7→传动齿轮轴 3。

4. 装配图尺寸分析

图 5-9 中，尺寸(28.76±0.016)是一对啮合齿轮的中心距，这个尺寸直接影响齿轮的啮合传动，属于规格性能尺寸。65 是传动齿轮轴线离泵体安装面的高度尺寸，属于装配尺寸。此外，装配尺寸还有，传动齿轮 11 和传动齿轮轴 3 之间的配合尺寸 ϕ14H7/k6，它属于基孔制过渡配合。齿轮与端盖在支承处的配合尺寸是 ϕ16H7/h6，属于间隙配合。两个齿轮轴与泵盖孔之间为间隙配合均为 ϕ16H7/h6，属于间隙配合。齿轮轴的齿顶圆与泵体内腔的配合尺寸是 ϕ34.5H8/f7，属于基孔制间隙配合。进、出口的管螺纹的尺寸均为 G3/8，以及两个地脚螺栓孔之间的 70 均为安装尺寸，齿轮油泵的总体尺寸是 118、85 和 95。

四、安全阀装配图的识读

识读图 5-11 所示的安全阀的装配图。

1. 概括了解

阅读标题栏可知，该装配体为安全阀，是安装在供油管路中的安全装置。共有 13 种零件，其中有 5 种属于标准件。

2. 分析视图

该装配图采用了三个基本视图，主视图采用了大面积局部剖，以表达部件内部的装配关系；左视图采用局部剖，以保留大部分外形的同时，又表达了螺栓连接的情况；俯视图采用沿结合面作 C-C 剖切的画法，获得的 C-C 剖视图。

3. 分析装配关系

安全阀的转配干线有两条。

一条是由阀体 1、垫片 3、阀盖 6、螺柱 11、螺母 12、垫圈 13、阀帽 10 以及紧定螺钉 7 组成的。阀体 1 和阀盖 6 之间加垫片 3 后用四个双头螺柱 11、垫圈 13 和螺母 12 实现连接；阀帽 10 通过紧定螺钉 7 实现了与阀盖 6 的定位与连接。

另一条装配线由阀芯 2、弹簧 4、弹簧压紧盖 5、阀杆 9 以及螺母 8 组成。阀芯 2 安放在阀体 1 的内腔的上部，将弹簧 4 垂直安放在阀芯的圆柱筒体内，加弹簧压紧盖 5 后用阀杆 9 穿过阀盖 6 的螺纹孔实现与弹簧压紧盖的装配，最后用螺母与阀杆上的螺纹的配合实现对弹簧的压紧。

4. 工作原理分析

通过分析安全阀的装配关系可知，安全阀正常工作时，阀芯 2 靠弹簧 4 的压力处于关闭位置，油从阀体 1 左端的 ϕ20 的孔流入，经过下端的 ϕ20 的孔流出。当油压超过允许压力时，阀芯 2 被顶开，过量的油就从阀体 1 和阀芯 2 开启后的缝隙间经过阀体右端的 ϕ20 的孔流回到油箱，从而使管路中的油压保持在允许的范围内，起到安全保护的作用。通过螺母 8 可以调整阀杆对弹簧的压紧力。

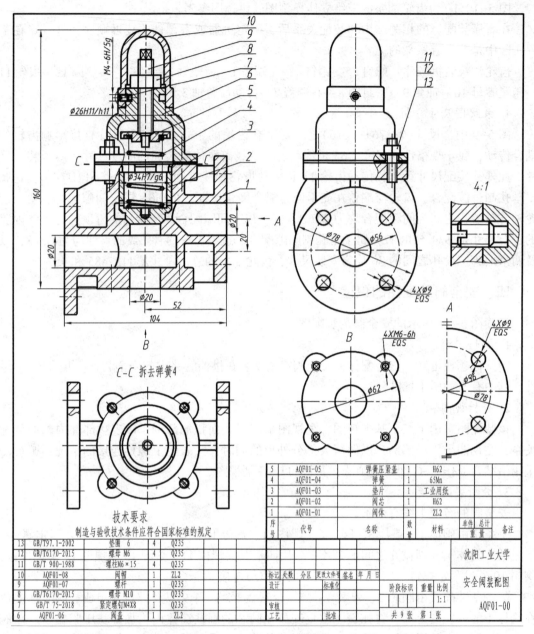

图 5-11 安全阀装配图

5. 尺寸分析

图 5-11 中，主视图中的尺寸 φ20，为阀体的规格性能尺寸。

φ26H11/h11、φ34H7/g6、M4-6H/5g 以及 20、52、160 均为装配尺寸。

φ56、4×φ9 以及 φ62、4×M6-6h 均为安装尺寸。

总长为 104、总宽为 78(参见尺寸 φ78)、总高未直接注出。

6. 分析主要零件的形状

安全阀的 13 种零件中，其中阀体的零件较为复杂，下面主要分析阀体的结构形状，确定其视图表达方案。

从主视图结合俯视图和左视图可知，阀体的主体工作腔为垂直的圆柱筒，其上下端面配有带有四个凸圆角的法兰。在圆柱筒的左、右端都接出两个圆柱筒，这两个圆柱筒的左右端都有圆形法兰，为保证强度。用四个肋对垂直的圆柱筒和左、右两端的圆柱筒进行了连接。

从装配图分离出阀体的视图部分，并进一步确定阀体的视图表达方案，如图 5-12 所示，其中主视图采用全剖，俯视图采用半剖，采用了一个局部视图，阀体的三维模型见图 5-13。

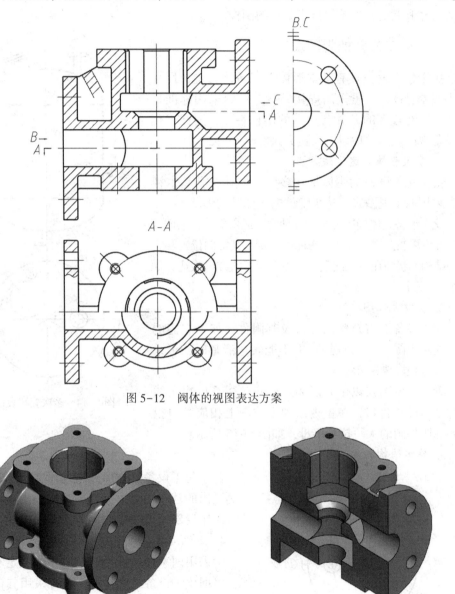

图 5-12　阀体的视图表达方案

图 5-13　阀体三维模型

完成尺寸标注和技术要求注写后的阀体的零件图见第八章习题 5 阀体的零件图。

125

第四节 化工静设备零、部件的识图

化工静设备是指用于化工生产单元操作(如合成、分离、过滤和吸收等)的装置和设备，常用的典型化工设备有容器反应罐(釜)、塔器和换热器等，它们是化工生产的重要装备。化工设备图是用来表示化工设备结构形状、技术特性、各零部件之间的装配关系，以及必要的尺寸和制造、检验等技术要求的图样。

一、化工设备的视图表达

由于化工设备具有基本形体以回转体为主，尺寸大小相差悬殊，大量采用焊接结构，广泛采用标准化零部件，有较多的开孔与接管的结构特点，因此，化工设备视图表达常用以下表达方法。

1. 多次旋转表达方法

由于化工设备的主体结构多为回转体，其基本视图常采用两个视图来表达零部件的主体结构形状。

化工设备壳体周围分布着各种管口或零部件，它们的周向方位可在俯视图或者左视图中确定。其轴向位置和它们的结构形状则在主视图上采用多次旋转的方法表达，如图5-14所示。

2. 管口方位图

化工设备上有众多的管口及其附件，如果它们的结构在主视图(或其他视图)上不能表达清楚时，可采用管口方位图来表示。

管口方位图仅以中心线表示管口位置，以粗实线示意画出设备管口，在主视图和方位图上相应管口投影旁标明相同的大写拉丁字母，如图5-15所示。

3. 局部结构的表达方法

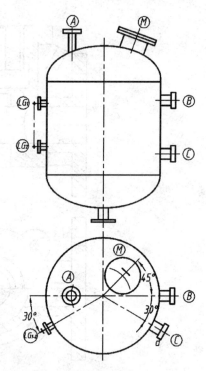

图5-14 多次旋转表达方法

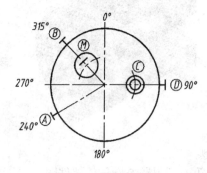

图5-15 管口方位图

由于化工设备的各部分结构尺寸相差悬殊，缩小比例画出的基本视图中，细部结构很难表达清楚，因此常采用局部放大图或夸大画法表达这些结构。

4. 简化画法

除采用国家标准《机械制图》中的规定和简化画法外，根据化工设备结构特点，还可采用其他一些简化画法。

(1)标准零部件或外购零部件的简化画法

有标准图或外购的零部件，在装配图中可按比例只画出表示特征的简单外形，如图5-16所示的电动机、填料箱和人孔等，但须在明细栏中注明其名称、规格和标准号等。

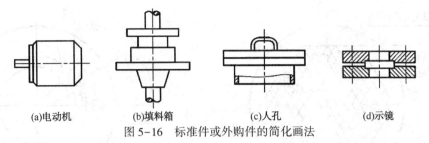

(a)电动机　　(b)填料箱　　(c)人孔　　(d)示镜
图5-16　标准件或外购件的简化画法

（2）管法兰的简化画法

装配图中管法兰的画法可简化画成如图5-17所示的形式，密封面形式等则在明细栏及管口表中表示。

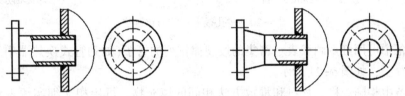

图5-17　管法兰的简化画法

（3）液面计的简化画法

装配图中带有两个接管的液面计LG，其两个投影可简化，如图5-18所示，其中符号"+"应用粗实线画出。

（4）重复结构的简化画法

螺栓孔可只画中心线和轴线，省略圆孔的投影，见图5-19（a）。螺栓连接的简化画法见图5-19（b），其中符号"×"和"+"均为粗实线绘制。

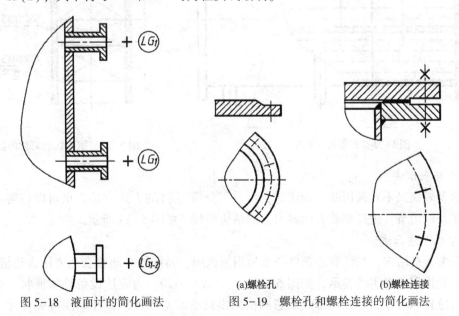

图5-18　液面计的简化画法　　　　图5-19　螺栓孔和螺栓连接的简化画法

（a）螺栓孔　　　　（b）螺栓连接

（5）多孔板上按规律分布的孔可按图5-20所示简化画法画出。图5-20（a）中N1、N2……为

127

该排所开的孔数目。

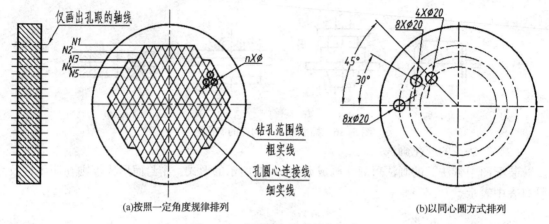

(a)按照一定角度规律排列

(b)以同心圆方式排列

图 5-20　多孔板上孔的简化画法

（6）设备中可用细点画线表示密集的按规律排列的管子(如列管式换热器中的至少要画出其中一根管子,如图 5-21 所示。

（7）设备中相同规格、材料和堆放方法相同的填充物,可用相交细实线表示,并标注出有关尺寸和文字说明,见图 5-22。

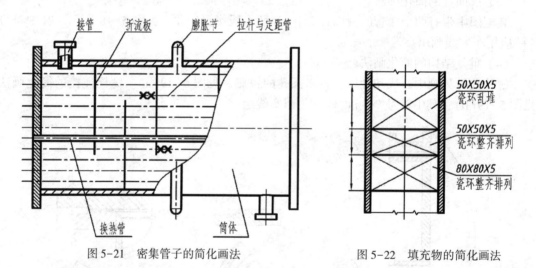

图 5-21　密集管子的简化画法

图 5-22　填充物的简化画法

5. 分层表示法

当设备较高又不宜采用断开画法时,可采用分段(层)的表达方法,也可以按需要把某一段或某几段塔节,用局部放大图画出它的结构形状,如图 5-23 所示。

6. 单线示意画法

设备上某些结构,在已有零部件图或另用剖视图、局部放大图等表达方法表达清楚时,装配图上允许用单粗实线表示,如图 5-24(a)所示的吊钩。为表达设备整体形状、有关结构的相对位置和尺寸,可采用单线示意画法画出设备的整体外形,并标注有关尺寸,如图 5-24(b)所示。

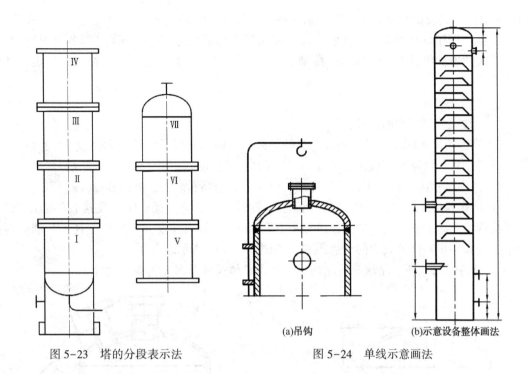

图 5-23　塔的分段表示法　　　　　　　　　图 5-24　单线示意画法

二、化工设备装配图的内容

化工设备装配图中，除了绘制标题栏和明细栏之外，增加了管口表和设计数据表，其位置配置如图 5-25 所示。

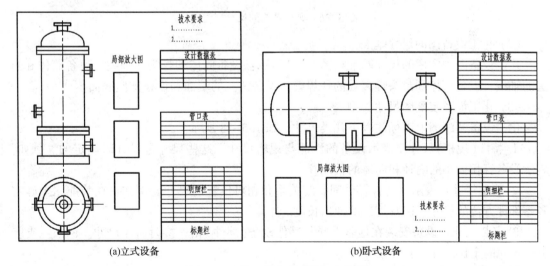

图 5-25　化工设备装配图一组视图

1. 一组视图

一组视图表达化工设备的工作原理，各零部件之间的装配关系以及主要零件的结构形状。对于化工设备其基本视图常采用两个视图，立式设备一般用主、俯视图，如图 5-25

(a)所示；卧式设备一般用主、左(右)视图，如图5-25(b)所示。

其他视图用以补充表达设备的主要装配关系，多采用局部放大图(又称节点图)、局部视图等表达方法将设备各部分的连接情况及局部结构细节表达清楚，以补充尚未表达清楚的部分。

2. 必要的尺寸

(1) 常见典型结构的尺寸标注

① 筒体的尺寸标注：对于钢板卷焊的筒体，一般标注内径、壁厚和高度(长度)；对于使用无缝钢管的筒体，一般标注外径、壁厚和高度(长度)，如图5-26(a)所示。

② 封头尺寸：一般标注其公称直径、厚度、直边高和总高，如图5-26(a)所示。

③ 接管的尺寸标注：接管的尺寸标注一般要标注接管直径、壁厚及接管的伸出长度。如果接管为无缝钢管，则一般标注外径×壁厚。接管的伸出长度，一般标注管法兰端面到接管中心线和相接零件外表面的交点距离，如图5-26(b)所示。

④ 设备中的瓷环、浮球等填充物，标注出总体尺寸及填充物规格尺寸。

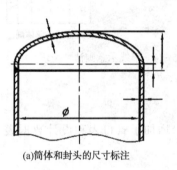

(a)筒体和封头的尺寸标注

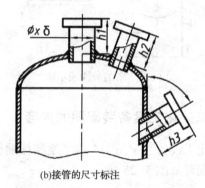

(b)接管的尺寸标注

图5-26　典型结构的尺寸标注

(2) 化工设备图的尺寸基准

化工设备图中常用的尺寸基准如图5-27所示：设备筒体和封头的轴线；设备筒体和封头的轴线；设备筒体和封头焊接处的环焊缝；设备法兰的端面和设备支座底面。

(3) 化工设备装配图尺寸类型

化工设备装配图上需标注以下几类尺寸，如图5-28所示。

① 特性(规格)尺寸：表示设备的性能与规格尺寸，这些尺寸是设计时确定的。例如：表示设备容积大小的内径和筒体的长度。

② 装配尺寸：表示设备各零件间装配关系和相对位置的尺寸。例如：在装配图上确定各零部件方位的尺寸，以及管口的伸出长度。

③ 安装尺寸：设备安装在地基上或与其他设备(部件)相连接时所需尺寸。例如：支座上螺栓孔的定位尺寸及孔径尺寸。

④ 外形(总体)尺寸：设备总长、总宽和总高的尺寸，这类尺寸供设备在运输、安装时使用。

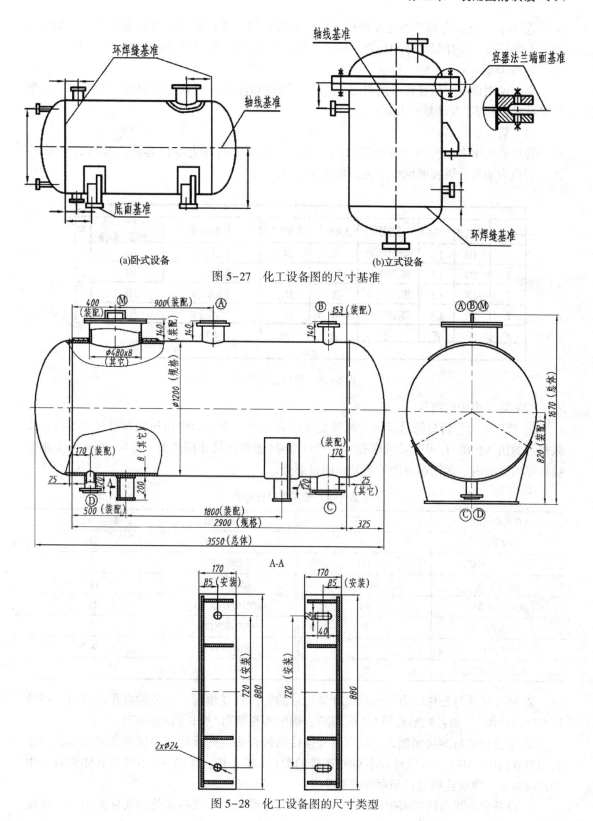

(a)卧式设备　　　　(b)立式设备

图 5-27　化工设备图的尺寸基准

A-A

图 5-28　化工设备图的尺寸类型

⑤ 其他尺寸：零部件的主要规格尺寸，如接管的尺寸；设计计算确定的尺寸，如筒体和封头的厚度、搅拌桨尺寸和搅拌轴径大小等；在局部放大图中的焊缝的结构尺寸。

3. 管口表

用以说明设备上所有管口的符号、用途、规格和连接面形式等内容的一种表格，一般位于技术特性表(设计数据表)下方。

(1) 管口表的格式

管口表是用来说明图中各个管口的符号、公称尺寸与压力等内容的，其格式见图5-29。管口表通常放置在明细栏上方，如图5-25所示。

管口表							
符号	公称尺寸	公称压力	连接标准	法兰型式	连接面型式	用途或名称	设备中心线至法兰密封面距离
A	150	1.6	HG20592-97	SO	RF	丁二烯入口	500
B	200	1.6	HG20592-97	SO	RF	循环水出口	500
C	200	1.6	HG20592-97	SO	RF	循环水入口	500
D	100	1.6	HG20592-97	SO	RF	丁二烯出口	500
15	15	15	25	20	20	40	

180

图 5-29　管口表的格式

(2) 管口表中的内容

① 管口编号：管口符号是以大写英文字母表示的，常用的管口规定符号见表5-1，未做规定的用A、B、C等字母顺序表示。管口符号(通常比尺寸标注大一号字)写在一个细实线绘制的圆圈内，标注在视图中各管口的投影旁。

表 5-1　常用管口符号表

管口名称或用途	管口符号	管口名称或用途	管口符号
手孔	H	在线分析口	QE
液位计口(现场)	LG	安全阀接口	SV
液位开关	LS	温度计口	TE
液位变送器口	LT	温度计口(现场)	TI
人孔	M	裙座排气口	VS
压力计口	PI	裙座入口	W
压力变送器口	PT		

② 公称尺寸与公称压力：公称尺寸按接管的公称直径填写，无公称直径的管口，按管口实际内径填写(如：矩形孔填写"长×宽"，椭圆型孔填写"椭长轴×短轴")。

③ 法兰型式与连接面型式：填写对外连接的接管法兰的标准，连接面型式按照法兰密封面型式(RF、MFM等)填写。不对外连接的管口(如人孔、视镜等)不填写具体内容，用细斜线表示。螺纹连接管口填写螺纹规格。

④ 设备中心线至法兰密封面距离：填写垂直与设备中心线各接管的实际距离，已在此

栏内填写的接管，图中可以不注出尺寸。

4. 设计数据表与技术要求

设计数据表是表明设备主要技术特性的一种表格，一般都放在管口表的上方，其格式见图 5-30。内容包括：工作压力、工作温度、容积、物料名称、传热面积以及其他有关表示该设备重要性能的参数。设计数据表的内容，根据化工设备种类的不同内容略有不同，但表格的格式是相同的。

技术要求则是用文字说明该设备在制造、检验、安装、保温和防腐蚀等方面的要求。

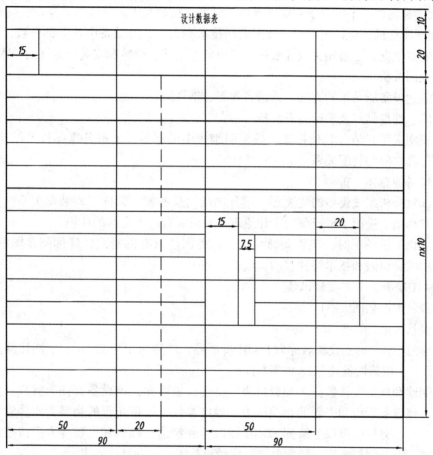

图 5-30　设计数据表的格式和尺寸

5. 零部件序号、明细栏和标题栏

设备装配图中零部件进行序号的编排，序号一般都从主视图左下方开始，按照顺时针或者逆时针方向连续编号，整齐排列。完成明细栏及标题栏的内容填写。

三、E0401 冷凝器装配图的识读

化工设备装配图是化工设备设计、制造、使用和维修中的重要技术文件，技术人员必须具备识读化工设备图的能力。

1. 识读化工设备装配图的基本要求

通过对化工设备装配图的识读，主要达到下列要求：

（1）了解设备的用途、工作原理、结构特点和技术特性。

（2）了解设备上各零部件之间的装配关系和有关尺寸。

（3）了解设备零部件的材料、结构、形状、规格及作用。

（4）了解设备上管口的数量、方位和作用。

（5）了解设备在制造、检验和安装等方面的技术要求等。

2. 识读化工设备图的方法和步骤

（1）概括了解

① 阅读标题栏：了解设备名称、规格、材料、重量和比例等信息。

② 阅读明细栏、管口表和设计数据表和技术要求：了解设备中各零部件数目，了解设备的管口布置情况，了解相关设计数据，及设备在制造、检验和安装等方面的技术要求等。

（2）视图分析

分析表达设备所采用的方法，弄清各视图、剖视图各自表达的重点内容。

（3）零、部件结构及装配关系分析

从主视图入手，结合其他视图，按照明细表中的序号，了解各零部件的结构与尺寸，以及各零部件之间的装配关系。

（4）设备的总体分析

全面细致分析组成设备的主要零、部件的结构及各零、部件之间装配关系，分析各接管的位置和作用，进而了解设备的工作原理，对设备有一个全面的认识。

在识读化工设备图时，注意要抓住化工设备图所具有的特点，详细阅读图纸的内容，注重对图中的管口表和技术特性表的识读。

3. E0401 冷凝器装配图的识读

冷凝器装配图如图 5-31 所示。

（1）概括了解

阅读标题栏，了解到设备名称为 E0401 冷凝器，传热面积为 $227m^2$，绘图比例为 1：10；阅读明细栏，了解该设备共有 25 种零部件。

详细阅读和理解设计数据表和管口表。由管口表可知，该设备有四个管口。由设计数据表可知，该设备管程和壳程的相关压力和温度参数，设备壳程的物料为水，管程的物料为气相丁二烯。另外还可以了解到 E0401 冷凝器在制造、检验和安装等方面所依据的技术规定和要求，以及焊接方法、装配要求和质量检验等方面的具体要求。

（2）视图分析

设备的总装配图采用主视图、左视图两个基本视图和七个局部放大图，以及一个 A—A 剖视图进行表达的。

两个基本视图主要表达了设备的主体结构。主视图采用全剖视图，主要用以表达设备主要零件和部件的基本结构，管板与封头和管箱的连接关系，管束与管板的连接关系，接管与设备主体的连接，以及折流板的位置等情况。左视图表达设备左端的外形，以及管口的方位情况。

七个局部放大图主要是表达 A、B 类焊缝的详图、带补强圈接管与筒体的焊接详图、拉杆与管板的连接图、拉杆与折流板的连接图、换热管与管板的连接图、管箱与管板的连接图、管束与管板的连接，以及隔板与管板的密封结构。

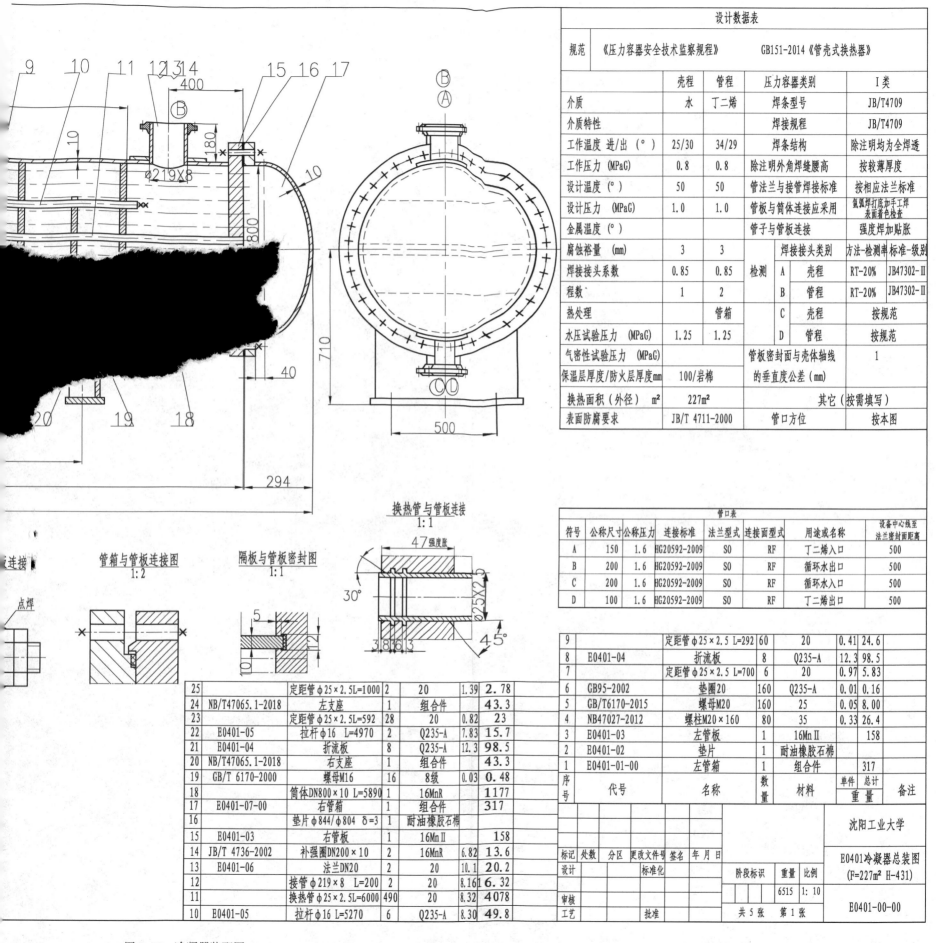

设计数据表

规范	《压力容器安全技术监察规程》		GB151-2014《管壳式换热器》	
	壳程	管程	压力容器类别	I类
介质	水	丁二烯	焊条型号	JB/T4709
介质特性			焊接规程	JB/T4709
工作温度 进/出 (°)	25/30	34/29	焊缝结构	除注明均为全焊透
工作压力 (MPaG)	0.8	0.8	除注明外角焊缝腰高	按较薄厚度
设计温度 (°)	50	50	管法兰与接管焊接标准	按相应法兰标准
设计压力 (MPaG)	1.0	1.0	管板与筒体连接应采用	氩弧焊打底加手工焊 表面着色检查
金属温度 (°)			管子与管板连接	强度焊加贴胀
腐蚀裕量 (mm)	3	3	焊接接头类别	方法-检测率 / 标准-级别
焊接接头系数	0.85	0.85	检测 A 壳程	RT-20% / JB47302-II
程数	1	2	B 管程	RT-20% / JB47302-II
热处理		管箱	C 壳程	按规范
水压试验压力 (MPaG)	1.25	1.25	D 管程	按规范
气密性试验压力 (MPaG)			管板密封面与壳体轴线 的垂直度公差 (mm)	1
保温层厚度/防火层厚度mm	100/岩棉			
换热面积(外径) m²	227m²		其它(按需填写)	
表面防腐要求	JB/T 4711-2000		管口方位	按本图

φ219×8

换热管与管板连接 1:1

管箱与管板连接图 1:2

隔板与管板密封图 1:1

点焊

管口表

符号	公称尺寸	公称压力	连接标准	法兰型式	连接面型式	用途或名称	设备中心线至法兰密封面距离
A	150	1.6	HG20592-2009	SO	RF	丁二烯入口	500
B	200	1.6	HG20592-2009	SO	RF	循环水出口	500
C	200	1.6	HG20592-2009	SO	RF	循环水入口	500
D	100	1.6	HG20592-2009	SO	RF	丁二烯出口	500

序号	代号	名称	数量	材料	单件	总计	备注
25		定距管φ25×2.5L=1000	2	20	1.39	2.78	
24	NB/T47065.1-2018	左支座	1	组合件		43.3	
23		定距管φ25×2.5L=592	28	20	0.82	23	
22	E0401-05	拉杆φ16 L=4970	2	Q235-A	7.83	15.7	
21	E0401-04	折流板	8	Q235-A	12.3	98.5	
20	NB/T47065.1-2018	右支座	1	组合件		43.3	
19	GB/T 6170-2000	螺母M16	16	8级	0.03	0.48	
18		筒体DN800×10 L=5890	1	16MnR		1177	
17	E0401-07-00	右管箱	1	组合件		317	
16		垫片φ844/φ804 δ=3	1	耐油橡胶石棉			
15	E0401-03	右管板	1	16MnII		158	
14	JB/T 4736-2002	补强圈DN200×10	2	16MnR	6.82	13.6	
13	E0401-06	法兰DN20	2	20	10.1	20.2	
12		接管φ219×8 L=200	2	20	8.16	16.32	
11		换热管φ25×2.5L=6000	490	20	8.32	4078	
10	E0401-05	拉杆φ16 L=5270	6	Q235-A	8.30	49.8	

序号	代号	名称	数量	材料	单件	总计	备注
9		定距管φ25×2.5 L=292	60	20	0.41	24.6	
8	E0401-04	折流板	8	Q235-A	12.3	98.5	
7		定距管φ25×2.5 L=700	6	20	0.97	5.83	
6	GB95-2002	垫圈20	160	Q235-A	0.01	0.16	
5	GB/T6170-2015	螺母M20	160	25	0.05	8.00	
4	NB47027-2012	螺柱M20×160	80	35	0.33	26.4	
3	E0401-03	左管板	1	16MnII		158	
2	E0401-02	垫片	1	耐油橡胶石棉			
1	E0401-01-00	左管箱	1	组合件		317	

沈阳工业大学

标记	处数	分区	更改文件号	签名	年月日			
设计			标准化			阶段标识	重量	比例
审核							6515	1:10
工艺			批准			共5张 第1张		

E0401冷凝器总装图 (F=227m² H-431)

E0401-00-00

图5-31 冷凝器装配图

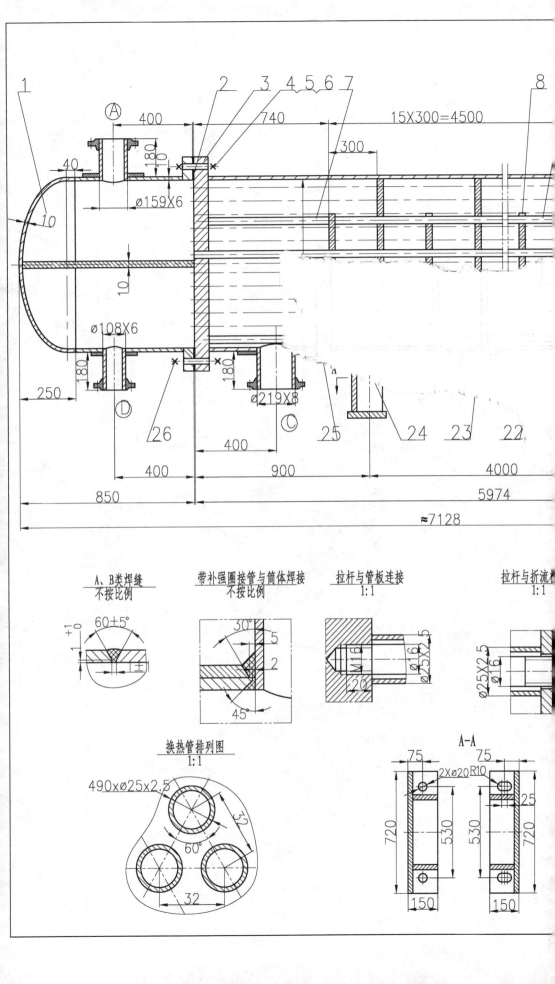

A、B类焊缝
不接比例

带补强圈接管与筒体焊接
不接比例

拉杆与管板连接
1:1

拉杆与折流板
1:1

换热管排列图
1:1

A-A

A-A 剖视图主要表达两个鞍式支座的结构及安装孔的位置。

（3）设备的零部件分析

设备的主体由左管箱、左管板、筒体、右管箱、右管板和管束组成。

左、右管箱均为组合件。左、右管板和筒体焊接在一起兼做法兰。其中左管板的法兰与左管箱的容器法兰采用螺栓连接，右管板的法兰与右管箱的容器法兰采用螺栓连接。

换热管束共 490 根，图中采用简化画法即仅详细画出一根，其余仅画出中心线。换热管两端分别固定在左、右管板上，换热管与管板采用胀接，具体连接情况见换热管与管板的连接图详图。

筒体内有上、下折流板各 8 块。折流板间由定距管保持距离。所有折流板用拉杆连接，拉杆左端固定在左管板上，右端用螺母锁紧。

阅读装配图中的特性尺寸，零部件之间的位置装配尺寸、安装尺寸、外形尺寸，及其他主要尺寸。对于接管等典型结构的尺寸标注也要加以识读。

（4）设备总体分析

通过详细分析后，将各部分内容加以综合归纳，得出设备完整的结构形状。然后分析装配图上标注的五类尺寸及其作用，进一步了解设备的结构特点、工作特性、物料的流向和操作原理等。

该换热器属于固定管板式换热器，设备的主体由左管箱、左管板、筒体、右管箱、右管板和管束组成。其内部有 490 根换热管，16 块折流板。设备工作时，循环水自接管 C 进入壳体，在壳体内绕经折流板换热后由接管 B 流出；丁二烯从接管 A 进入管箱后，通过管板进入换热管，与壳程内的循环水进行热量交换后，由接管 D 流出。

四、E0401 冷凝器主要零、部件图的识读

化工设备中的封头、支座、法兰、人(手)孔、视镜、液位计和补强圈等，为了便于设计、制造和检验，这些零、部件多数已标准化、系列化，并在相应的化工设备上通用，这些零、部件称为通用零、部件。还有一类零、部件称为一般零、部件。下面以管壳式换热器的中主要的一般零、部件，管板、折流板和管箱为例进行说明。

1. 管箱及其部件图

管箱位于壳体式换热器的两端，其作用是把从管道输送来的流体均匀地分布到各换热管中，把换热管中的流体汇集在一起送出换热器。在多管程换热器中管箱还起着改变流体流向的作用。管箱部件通常由封头、短节、容器法兰、接管及接管法兰和隔板等组成。图 5-32 为 E0401 冷凝器左管箱部件图。图 5-33 为右管箱部件图。

2. 管板、折流板及其零件图

管板是管壳式换热器的主要零件之一，绝大多数管板是圆形平板，管板上开有许多管孔，每个管孔将来都与换热管连接。管板上的管孔按照一定的方式排列，管板上还有多个螺纹孔，是拉杆的旋入孔。E0401 冷凝器的固定管板零件图，如图 5-34 所示。

折流板也是管壳式换热器的主要零件，是被安装在换热器的壳程，它即可以提高传热效果，还起到支撑管束的作用，折流板有弓形和圆盘-圆环两种。E0401 冷凝器的折流板零件图如图 5-35 所示。

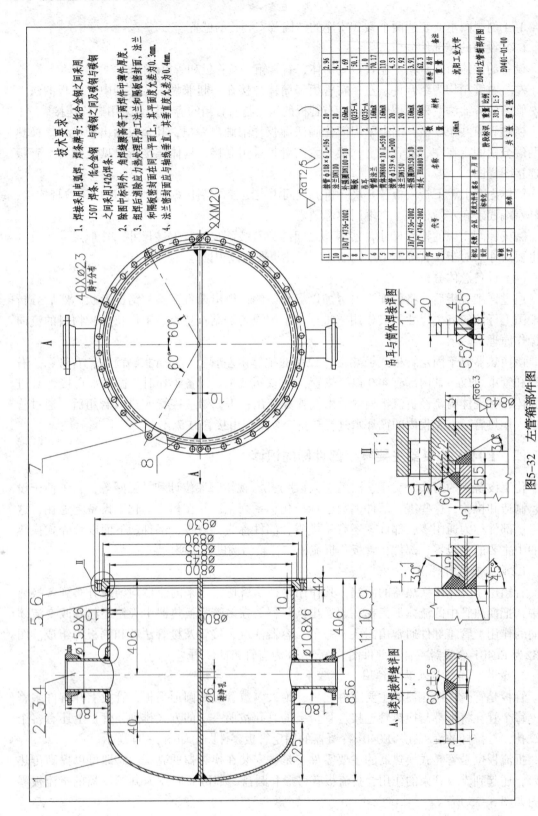

图5-32 左管箱部件图

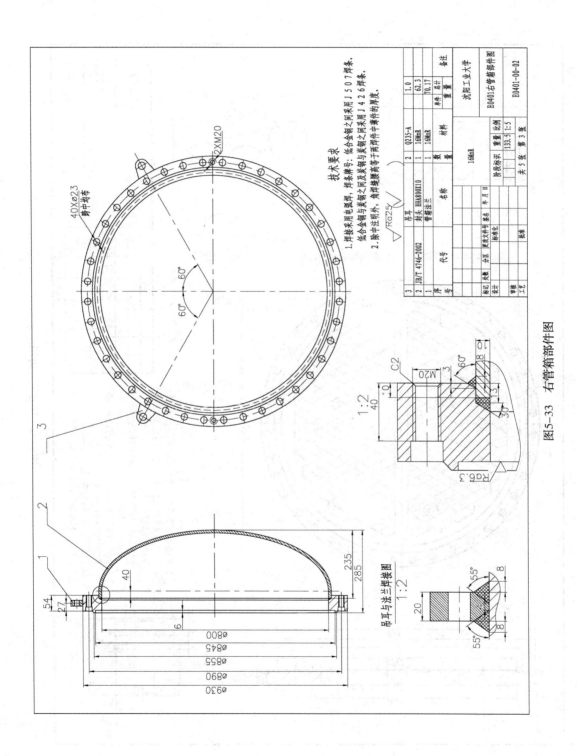

图5-33 右管箱部件图

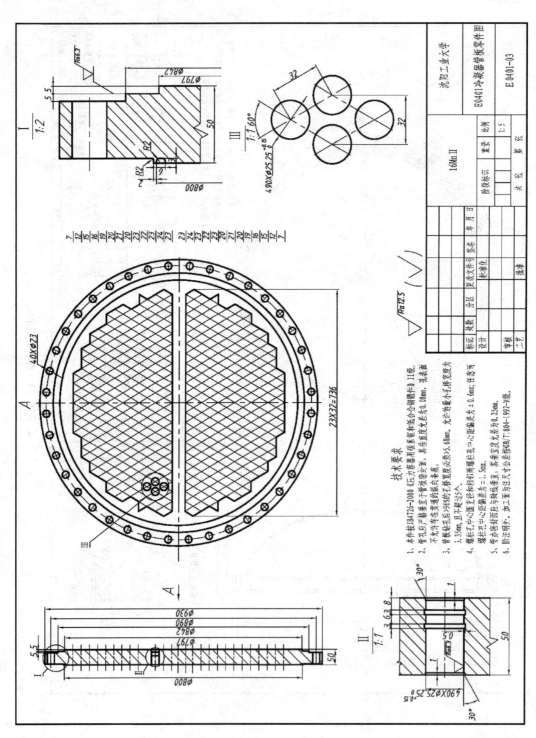

图5-34 管板的零件图

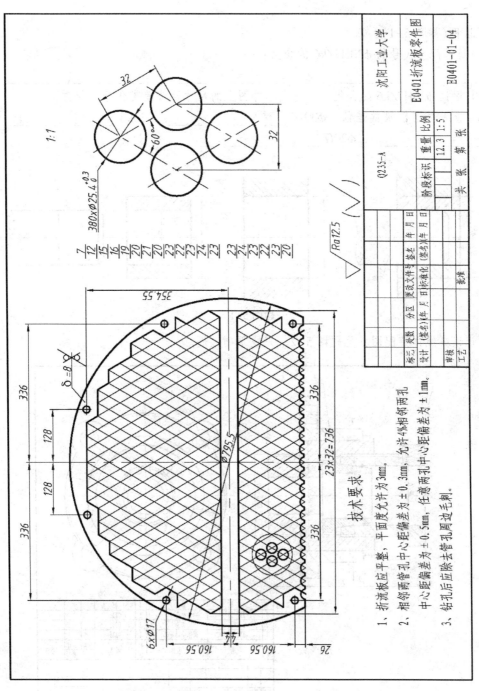

技 术 要 求

1、折流板应平整, 平面度允许为 3mm。

2、相邻两管孔中心距偏差为 ±0.3mm, 允许 4% 相邻两孔
中心距偏差为 ±0.5mm, 任意两孔中心距偏差为 ±1mm。

3、钻孔后应除去管孔周边毛刺。

图5-35 折流板零件图

习题五

1. 读图(题图 5-1)，回答下列问题。

(1)解释配合代号的 ϕ30H7/k6 的含义：

_____。

(2)根据 ϕ30H7/k6 配合代号，完成零件图上的尺寸及公差带代号的标注。

(3)查表写出极限偏差值：ϕ30H7 _____ ，ϕ30k6 _____ ；

ϕ20H8 _____ ，ϕ20f7 _____ 。

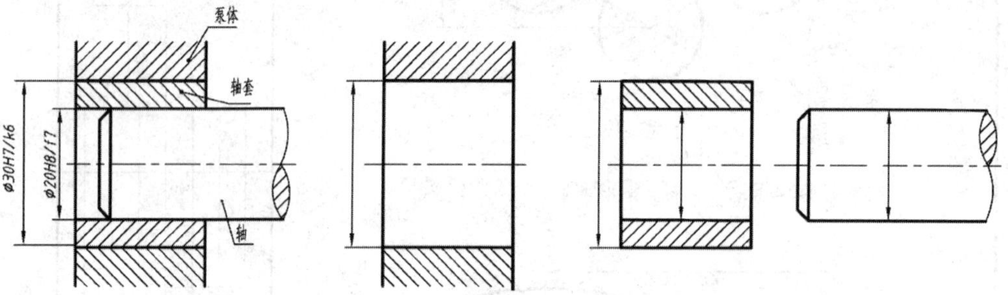

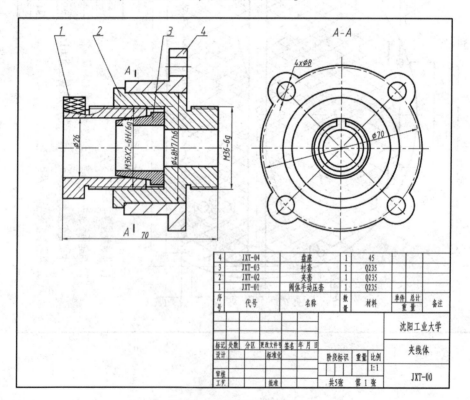

题图 5-1

2. 识读夹线体装配图，见题图 5-2，完成下列问题。

题图 5-2 夹线体装配图

　　夹线体的工作原理：夹线体是将线穿入衬套 3 中，然后旋转手动压套 1，通过螺纹径手动压套向右移动，沿着锥面接触使衬套 3 向中心收缩，从而夹紧线。当衬套 1 夹住线后，还可以与手动压套 1、夹套 2 一起在盘座 4 的 $\phi48$ 孔中旋转。

　　（1）画出 A-A 断面图。（2）拆画零件 2 夹套。（3）指出装配图中的尺寸的类型。

　　3．识读题图 5-3 所示旋塞阀的装配图，并回答下列问题。

　　（1）旋塞阀由几种零件组成？分析各零件的主要作用。

　　（2）该装配图由哪些视图表达？每个视图表达的重点是什么？

　　（3）分析指出装配图中各尺寸的作用及尺寸类型。

　　（4）件 2 旋塞起什么作用？若要拆画旋塞 2 的零件图，请确定其视图的表达方案。

　　（5）件 4 填料压盖的作用是什么？属于什么类型的零件？若要拆画它的零件图，请确定其视图的表达方案。

　　（6）分析想象出阀体的结构。

　　（7）简述旋塞阀的工作原理？简述旋塞阀的装拆顺序。

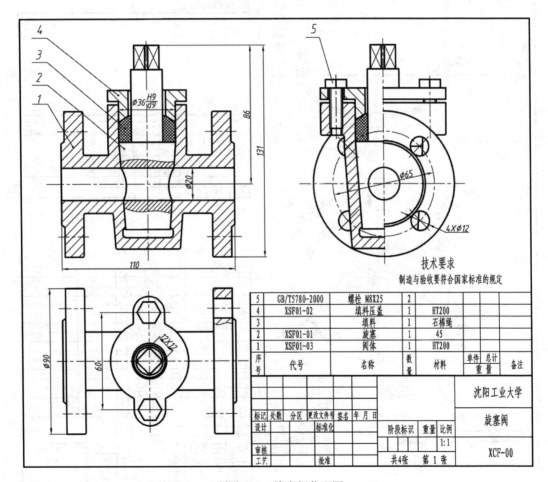

题图 5-3　旋塞阀装配图

4. 识读题图 5-4 储罐的装配图。

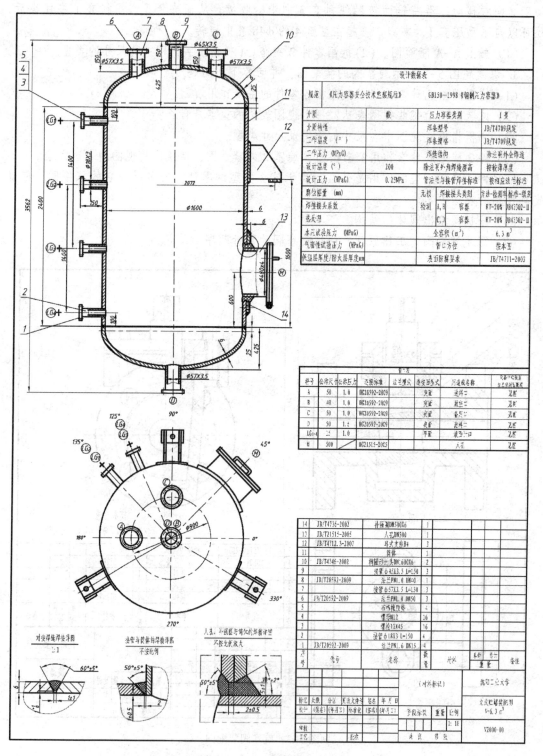

题图 5-4 立式储罐装配图

第六章 零部件测绘知识

第一节 零部件测绘概述

零部件测绘在对现有机器设备进行改造、维修、仿制及技术引进等方面有着重要的意义，也是工程实践中的重要环节，它是工程技术人员应掌握的基本技能，也是机械工程师的必备能力。

一、零、部件测绘的步骤

部件和零件是两个不同的概念，零件是机器上不可进行再拆分的最小构成单位。而部件则是整部机器中为实现某一特定功能，由多个零件组成的集合。

零、部件测绘就是对现有机器或者部件进行拆卸与分析，并选择合理的表达方案，绘制出装配示意图，全部非标准零件的零件草图。然后对零件的尺寸进行测量，对测得的尺寸和数据进行圆整和标准化处理。确定零件表面粗糙度、形位公差，确定零件的材料及相关热处理等技术要求，然后将尺寸和技术要求正确地标注到草图上，最后根据零件草图绘制出装配图和零件工作图的全过程。

1. 测绘前的准备工作

包括人员安排、资料收集、场地和工具(拆卸、测量和绘图工具)等。

2. 拆卸部件

弄懂部件的工作原理和装配关系、弄清零部件的拆装卸顺序及方法，并对拆下的每一个零件进行分类编号和登记。

3. 绘制装配示意图

装配示意图是用简单的符号、线条画出零件的大致轮廓，及零件之间的相互装配关系，不必绘制出每个零件的细节。

4. 徒手绘制零件草图

目测零件的尺寸大小，徒手绘制出除标准件以外的每个零件的草图。对于部件中的标准件，要单独列出标准件明细表。

5. 测量零件尺寸及尺寸圆整与标准化

在零件草图的上标注出需要测量的尺寸(暂无尺寸数值)，选择测量工具，进行零件的尺寸测量工作，并认真记录测量数据。对所测得的尺寸要进行圆整和标准化处理，对零件的基准及与相关零件配合部位的尺寸，要重点分析。

完成尺寸的测量，并将尺寸标注在零件的草图上。

6. 确定零件的相关技术要求并完成注写

确定零件的材料，并对零件的尺寸公差以及配合关系、零件的形位公差和热处理方式等技术要求进行确定，并注写在草图上。

7. 绘制装配图

根据装配示意图和零件草图绘制装配图。通过装配图的绘制可以检查零件草图中的零件结构是否合理、尺寸是否准确。

8. 绘制零件工作图

根据完成的装配图、零件草图并结合零件的其他参考资料，用尺规或者计算机绘制出零件工作图。

二、零部件测绘的准备工作

在零部件测绘前，要做一些必要的准备，包括场地、人员安排、资料收集、拆卸工具、测绘工具和绘图工具的准备。

1. 收集被测绘对象的相关资料

原始资料是针对某一具体产品由生产厂家提供的资料，通过原始资料可以了解被测零部件的名称、产品型号、性能和使用方法等。

2. 准备有关零部件拆卸、测量和制图等方面资料

(1) 零、部件的拆卸和装配的资料；

(2) 零件尺寸的测量和公差确定方法的资料；

(3) 制图的资料；

(4) 零、部件技术标准的资料；

(5) 机械零件设计手册、机械制图手册等工具书。

3. 准备工具

在测绘前，准备的工具，按用途分为六大类：

(1) 拆卸工具类，如扳手、螺丝刀和钳子等；

(2) 测量量具类，如游标卡尺、钢板尺、千分尺及表面粗糙度的量具和量仪等；

(3) 绘图用具类，如草图图纸、画工程图的图纸和绘图工具等；

(4) 记录工具类，如拆卸记录表、数据测量表、标准件统计表、数码照相机和摄像机等；

(5) 保管存放类，如储放柜、存放架、多规格的塑料箱等；

(6) 其他工具类，如起吊设备、加热设备、清洗液和防腐蚀用品等。

第二节　装配示意图

一、部件分析

为了做好测绘工作，在测绘前，首先要对被测的零部件进行基本了解和初步分析。

部件分析主要是通过观察实物，查阅有关资料，了解部件的名称、用途、性能、工作原理、结构特点、零件之间的装配关系和拆装方法等方面的内容。部件分析包括工作原理分析和部件工作方式分析。

1. 工作原理分析

通过工作原理分析了解该部件在生产中的作用、类型和精密程度，进而确定该部件在制造工艺方面的技术要求。例如，用在汽车上的齿轮变速器和用于农用机械上的齿轮变速器有不同的技术要求。技术要求的不同表现在制造精度上，用于汽车上的变速器的制造精度要高于用于农机上变速器的技术要求。

2. 部件工作方式分析

分析部件的工作方式，了解零件间装配关系、大致的配合性质及活动零件的极限位置等，确认零件之间的连接和配合方式是测绘中制定拆卸和装配部件方案的依据。

部件工作方式分析完成后，基本就可以确认哪些零件为关键零件。关键零件是指部件中起关键作用的零件，多数具有较高的加工精度要求。确认关键零件是测绘中一项重要工作。

二、绘制装配示意图

装配示意图是机器或者部件拆卸过程中绘制的工程图样。它是绘制装配图和重新进行部件装配的依据。

装配示意图是用线条和符号，表示零件间的装配关系及装配体工作方式的一种工程简图。它主要表明部件中各零件的相对位置、装配连接关系和运转情况，以确保部件装配工作的顺利进行。装配示意图也是绘制正式的装配图时的重要参考资料。

1. 画装配图示意图的一般规则

装配示意图是一种粗略的工程简图，其画法的一般规则有以下几点。

（1）把装配体看作是透明体，既要画出外部轮廓，又要画出外部及内部零件间的关系。

（2）各零件只用简单的符号和线条画出粗略的轮廓。对轴、杆和螺钉等，一般用单独的粗线条表示，但涉及工作原理的重要结构则应表示清楚。

（3）两接触面之间最好留出空隙，以便区别零件，但在保证不致发生误解的前提下也可以不留空隙。零件中的通孔可按剖面形状画成开口，以便更清楚地表达通路关系。

（4）装配示意图一般只画一个视图，主要表达零件间的相互位置及工作原理。若需要也可以画成两个或多个视图。

（5）装配示意图上的零件需要进行编号，在图上或者在专门的明细表内注明零件名称及件数，不同位置的同一种零件仍编一个号码。画正式装配图时，序号可以另行编排。

2. 装配示意图的画法

装配示意图的画法也没有统一的规定。通常，图上各零件的结构形状和装配关系，可用较少的线条形象地表示，简单的甚至可以只用单线条来表示。常见的有"单线"+"轮廓"+"符号"的画法。

装配示意图所用的"符号"还没有统一的规定，在工程实践中，一些符号被广泛采用，已有约定俗成的趋势。装配体中的标准件和常用件常用符号来表示；"单线"是将装配体中一些零件用单线条表示；"轮廓"是指装配体中一些较大零件，用轮廓线的方法来表示。

图 6-1 所示为球阀的轴测图及装配示意图。图 6-1（b）球阀的装配示意图中，阀帽 8 及

弹簧 3 是用单线表示的；螺柱 11、螺母 12 和垫圈 13 用符号表示，阀体 1 是用轮廓表示的。画绘制装配示意图时，两零件间的接触面应按非接触面的画法来绘制，图 6-1(b) 中零件 4 和零件 1 是接触表面，在图中要用两条线来表示。

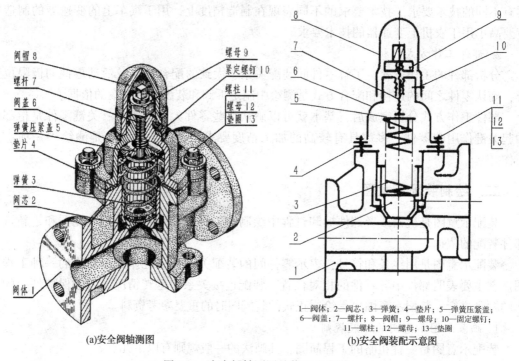

(a)安全阀轴测图

1—阀体；2—阀芯；3—弹簧；4—垫片；5—弹簧压紧盖；
6—阀盖；7—螺杆；8—阀帽；9—螺母；10—固定螺钉；
11—螺柱；12—螺母；13—垫圈

(b)安全阀装配示意图

图 6-1　安全阀轴测图及装配示意图

第三节　零部件的拆卸

一、零部件的拆卸原则

在零部件拆卸之前，首先分析被测对象的连接特点和装配关系，确定正确的拆卸方法和步骤，选择所需拆卸工具，然后进行拆卸操作。

拆卸时应遵循以下几个原则：

（1）恢复原样原则

该原则要求对被拆卸的零部件在拆卸后能够被恢复到拆卸前的状态，要保证原部件的完整性和密封性，使用性能也要保证与原部件相同。

（2）不拆卸原则

在满足测绘条件的原则下，能不拆卸的就不拆卸，对拆开后不易调整、复位的零件尽量不要拆卸。

（3）无损原则

在零部件拆卸时，对于已经锈蚀的零部件，应先用除锈剂、松动剂等去除锈蚀的影响，再进行拆卸。在测绘过程中确保零部件无锈无损，妥善保管。

（4）后装先拆原则

拆卸过程是与装配过程相反的过程，先装配的后拆，后装配的先拆。对于复杂部件，通常分为几个不同的装配单元，把每个单元整体拆下，然后再拆卸单元内的各个零件。

二、零部件拆卸方案的确定

零部件的拆卸是一项具有很强技巧性的工作，应按照规定的作业有序进行操作，培养良好的习惯。

1. 分析零部件的连接方式

拆卸就是拆开部件的各个连接。在实际拆卸之前，必须清楚地了解部件的连接方式，确认哪些是可拆的，哪些是不可拆的。从能否被拆卸的角度，将部件的连接方式划分为三种形式。

（1）不可拆连接

不可拆连接是指永久性连接的各个部分。属于这类连接的有焊接、铆接和过盈量较大的配合等。

（2）半可拆连接

属于半可拆连接的有过盈量较小的配合和具有过盈的过渡配合等。该类连接属于不经常拆卸的连接。在生产中，只有在中修或大修时才允许拆卸。在测绘中，这类连接除非特别必要，一般不拆卸。

（3）可拆连接

可拆连接包括各种活动的连接，如间隙配合和具有间隙的过渡配合，也包括零件之间虽然无相对运动，例如：螺纹、键、销等连接的部分。可拆卸连接仅仅是指允许拆卸，并不一定需要拆卸。是否需要拆卸，要根据测绘的实际需要而确定。

2. 确定合理的拆卸步骤

零部件的拆卸一般是由表及里、由外向内的顺序拆卸，即按照装配的逆过程进行拆卸。根据被拆卸零部件的不同，拆卸步骤也不相同。

（1）确定拆卸顺序

根据被测零部件的构造及工作原理，确定合理的拆卸顺序。对于不熟悉的零、部件，拆卸前应仔细观察分析其内部的结构特点，力求看懂记牢，或采用拍照、绘图等方法记录。对零、部件内部不拆卸无法搞清楚的部分，可小心地边拆卸边记录，或者查阅相关参考资料后再确定拆卸方案。

（2）拆卸方法要正确

在拆卸过程中，要确定合适的拆卸方法。若方法不当，容易造成零件损坏或变形，严重时可造成零件报废。在制订拆卸方案时，应仔细分析和揣摩零部件的装配方法，切勿选择硬撬硬扭的方法，以免损坏机件。

（3）注意相互配合零件的拆卸

装配在一起的零件间一般都有一定的配合，由于相互配合的配合性质不同，零件之间配合的松紧度有所不同。在拆卸过程如需要用钳工锤冲击，锤击时必须对受击部位采取必要的保护措施，如将铜棒、木棒或木板等放在零件的受击表面再用钳工锤冲击。

（4）拆卸方案的调整

拆卸方案确定后并非是不可更改的。在实际拆卸过程中，随着拆卸过程的不断展开，可能会遇到一些方案中没有预料到的新问题，出现这种情况时，要根据新出现的情况修改拆卸方案。

三、拆卸前的准备工作

拆卸方案确定之后，还要做必要的准备工作，才能正式开始拆卸作业。准备工作的基本求是细致、全面，这是后续工作顺利开展的基本保证。

1. 对零件编号和标记

装配示意图画好后，按照示意图上的编号，对所有零件进行编号。准备带有号码的胶贴，待零部件拆开后，将号码贴在对应的零件上。

特别注意：当被拆零件比较复杂时，在拆卸前不能完整绘制装配示意图的，允许边拆边画装配示意图，并一并做好标记工作。

2. 做好拆卸记录准备

做好拆卸记录表，记录拆卸过程及相关问题等，记录表见表6-1。也可使用照相机和摄像机对拆卸过程进行辅助记录。

表6-1　×××××拆卸记录表

拆卸次序	拆卸内容	遇到问题及注意事项	备注
1			
2			
3			

操作人：　　　　　　记录人：　　　　　　　　　　　　　年　　月　　日

3. 拆卸工具的准备

拆卸工具应根据被拆卸零部件的特点来准备，所选用的工具一定要与被拆卸零件相适应。必要时应使用专用工具，不得使用不合适的工具替代。

4. 被拆卸零部件的预处理

有一些零部件在拆卸前要进行预处理。

（1）对固定使用的机器设备，要拆除地脚螺栓。

（2）预先拆下并保护好电气设备。

（3）有润滑油的零件在拆卸前要放掉机器中的油。

（4）如果被拆设备比较脏，应该先对其进行除灰、去垢处理。

四、常用拆卸工具及其使用方法

拆卸零部件时，为了不损坏零件和影响装配精度，应在了解装配体结构的基础上选择适当的工具。常用的拆卸工具主要有扳手类、螺钉旋具类、手钳类、拉拔器、铜冲、铜棒和钳工锤等。

1. 扳手类

扳手的种类较多，常用的有活扳手、呆扳手、梅花扳手、内六角扳手、套筒扳手和管子钳。扳手类的图例及规格见表6-2。

表6-2 扳手类

种类	图例	规格/mm
活扳手 GB/T 4440—2008	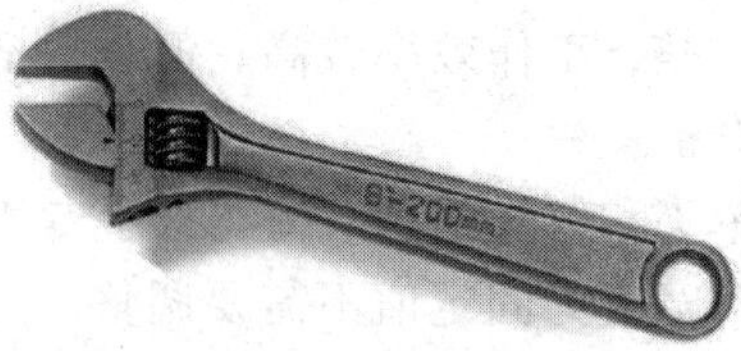	总长度×最大开口宽度 如：扳手100×13
呆扳手 GB/T 4388—2008		单头呆扳手：开口宽度 如：8、10、12、14 等
		双头呆扳手：两头开口宽度 如：8×10、12×14、17×19 等
梅花扳手 GB/T 4388—2008		单头六角头对边宽度 如：8、10、12 等
		双头六角头对边宽度 如：8×10、10×11 等
内六角扳手 GB/T 5356—2008	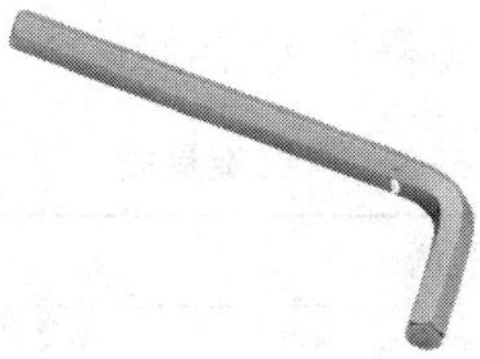	六角孔的对边宽度 如：2.5、4、5、6、8 等
套筒扳手 GB/T 3390.1—2013	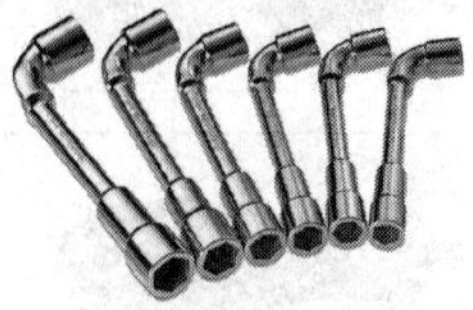	六角孔对边宽度 如：10、11、12 等
管子钳 QB/T 2508—2016		

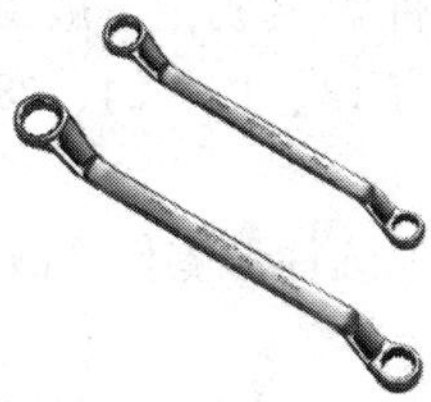

（1）活扳手

活扳手在使用时通过转动螺杆来调整活舌，用开口卡住螺母、螺栓等，转动手柄即可旋紧或旋松零件。活扳手具有在可调范围内紧固或拆卸任意大小转动零件的优点，但同时有工作效率低、工作时容易松动、不易卡紧的缺点。

（2）呆扳手和梅花扳手

①呆扳手。呆扳手分为单头和双头两种。

呆扳手用于紧固或拆卸固定规格的四角、六角或具有平行面的螺杆、螺母。呆扳手的开口宽度为固定值，使用时不需调整，工作效率较高。但是每把扳手只适用于一种或者两种规格的螺杆或螺母，需要成套准备。

②梅花扳手。梅花扳手分为单头和双头两种。梅花扳手专用于紧固或拆卸六角头螺杆和螺母。梅花扳手在使用时因开口宽度为固定值不需要调整，因此与活扳手相比具有较高的效率。同时，因其有六个工作面，克服了前两种扳手接触面小，容易造成被拆卸件机械损伤的缺点，梅花扳手需要成套准备。

（3）内六角扳手

内六角扳手用于拆装标准内六角螺钉。

（4）套筒扳手

套筒扳手用于紧固或拆卸六角螺栓和螺母。特别适用于空间狭小和位置深凹的工作场所。套筒扳手由套筒、连接件和传动附件等组成，一般由多个规格不同的套筒、连接件和传动附件组成扳手套装。每套内的件数有 13、17、24、28、32 件等。

（5）管子钳

管子钳用于紧固或拆卸金属管和其他圆柱形零件，故仍属于扳手类工具。

2. 螺钉旋具类

螺钉旋具类俗称螺丝刀，常见的螺丝刀按照工作端形状不同分为一字形、十字形及内六角花形螺丝刀。螺钉旋具类的图例及规格见表 6-3。

表 6-3　螺钉旋具类

种类	图例	规格/mm
一字形螺丝刀 GB 10639-89		旋杆长度×端口厚×端口宽 如：500×0.4×2.5
十字形螺丝刀 GB 10640-89		旋杆槽号 如：2、3、4 等
内六角花形螺丝刀 GB/T 5358—1998		产品名称、代号、旋杆长度、有无磁性 如：内六角花形螺丝刀 T10×75H H-表示带有磁性

一字形螺丝刀用于紧固或拆卸各种标准的一字形螺钉；十字槽螺丝刀用于紧固或拆卸各种标准的十字形螺钉；内六角花形螺丝刀用于旋拧内六角螺钉。

3. 手钳类

手钳类工具是专门用于夹持、切断、扭曲金属丝或者细小零件的工具。手钳类工具的图例见表6-4，其规格均以钳名、钳长表示，例如：尖嘴钳125。

表6-4 手钳类工具类

种类	图例
尖嘴钳 QB/T 2440.1—2007	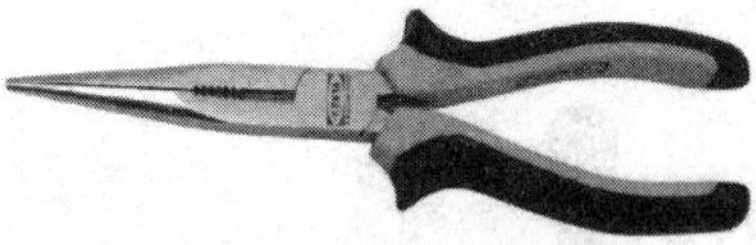
扁嘴钳 QB/T 2440.2——2007	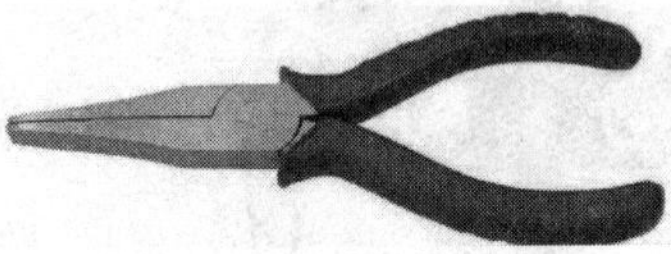
弯嘴钳 QB/T2440.3—2007	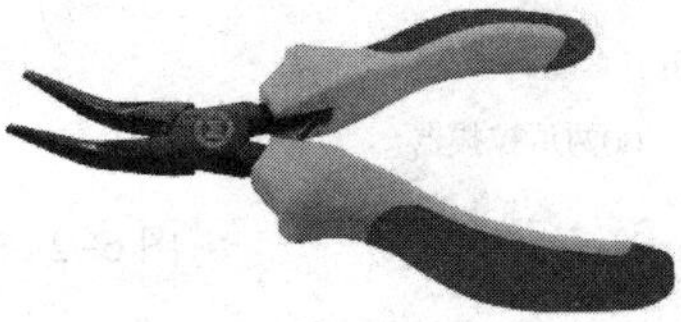
钢丝钳 QB/T 2442.1—2007	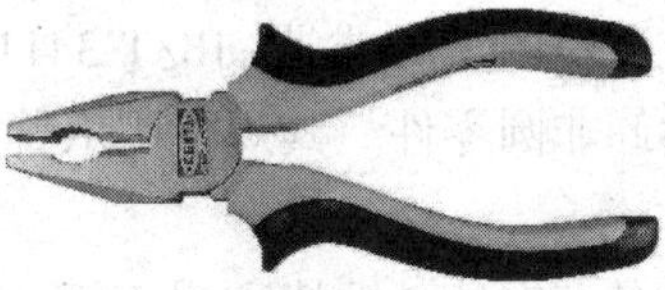
卡簧钳 JB/T 3411.47—1999	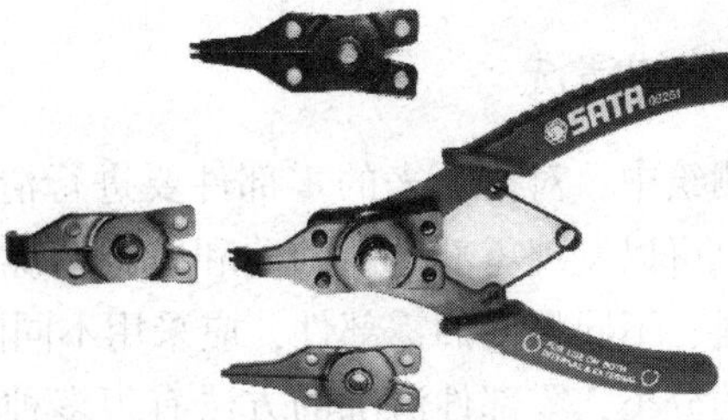

（1）尖嘴钳：其用途是在狭小工作空间夹持小零件或扭曲细金属丝，带刃尖嘴钳还可以切断金属丝，主要用于仪表、电信器材和电器的安装及拆卸。

（2）扁嘴钳：按钳嘴形式分为长嘴和短嘴两种，主要用于弯曲金属薄片和细金属丝，拔装销子和弹簧等小零件。

（3）钢丝钳：又称夹扭剪切两用钳，主要用夹持或弯折金属薄片和细圆柱形件，切断细金属丝，带绝缘柄的可在带电的条件下使用。

（4）弯嘴钳：主要用于在狭窄或凹陷的工作空间中夹持零件。

（5）卡簧钳：也称挡圈钳，分轴用和孔用两种，专门用于装拆安装在各种位置的挡圈，卡簧钳分为直嘴式和弯嘴式两种结构。

4. 拉拔器

拉拔器是拆卸轴或者轴上的零件的专用工具。分为三爪和两爪两种，如图6-2所示。

(a)两爪拉拔器　　　　　　　　　　　　　　(b)三爪拉拔器

图6-2　拉拔器

（1）三爪拉拔器：三爪拉拔器(JB/T 3411.51—1999)用于轴系零件的拆卸，如轮、盘、轴承等，其规格以拉拔零件的最大直径表示，例如：160、300。

（2）两爪拉拔器：两爪拉拔器(JB/T 3411.50—1999)主要用以拆卸轴上的轴承、轮盘等，也可以用来拆卸非圆零件。其规格用爪臂长表示，例如：160、250、380等。

5. 其他拆卸工具

常用的拆卸工具有铜冲、铜棒和钳工锤。铜冲和铜棒专门用于拆卸孔内的零件，如销钉。钳工锤有木锤、橡胶锤和铁锤，可用作一般锤击。

五、零部件的清洗

在零部件测绘中，对拆下来的零部件要进行清洗，去除油腻、积炭、水垢和铁锈。同时，通过清洗也可以发现零部件的缺陷和磨损情况。零部件的清洗方法对清洗质量有很大影响，不同材料、不同精度的零部件，应采用不同的清洗方法。

按照不同的分类，零部件清洗的方法有很多种。按照清洗的操作方式有手工清洗和机器清洗；按照清洗液对被洗件的作用方式有高压清洗、浸泡清洗和涂刷清洗等。每种清洗方法都有各自的特点，在操作中可根据实际情况进行选择。

1. 手工清洗

对于要用刮刀、手锯片和刷子等工具来清除污垢的零件，多用手工清洗。例如，清洗活塞、气门、气门导管、缸口、喷油嘴和燃烧室等零部件，由于上面有积炭、油漆、结胶和密封材料等，目前尚无好的清洗工具，因而多用手工清洗。在手工清洗过程中，可视需要用清洗剂在清洗箱或清洗盆中进行。

2. 高压喷射清洗

利用射流式高压喷射器提供的常温或加热的高压清洗溶液，对零件进行清洗。这种方法多用于体积较大的零部件，如汽缸体、汽缸盖和变速器壳体等。

3. 冷浸泡清洗

将需要清洗的零件放置在网状筐中或用铁丝悬吊，置于盛有冷浸清洗剂清洗箱中，上下运动几次，即可完成清洗。冷浸泡清洗能有效地清除胶质、油漆、积炭、泥和其他沉淀物在零件上的附着，特别适用于化油器等零件的清洗。

4. 热溶液浸泡清洗

将清洗液置于蒸煮池中，加热至 80 ~ 90℃，将零件放入浸泡。这种方法对清洗零件的油漆、油泥、铁锈和沉积物等有特效。

5. 蒸汽清洗

将清洗剂由水泵泵入加热盘管，盘管中的水被火焰喷射器加热至150℃左右，并经增压后由清洗轮的喷嘴喷射到零件上，在喷射摩擦力的作用下除掉零件上的脏物。

6. 超声波清洗

超声波是一种交变声压，当它在液体中振动传播时，能使液体介质形成疏密变化，产生超声空化效应。当超声波达到一定的频率和强度时，不断地形成足够数量的空腔，然后不断闭合，在无数个点上形成数百兆帕的爆炸力和冲击波。这种冲击波对油污和积炭有极大的剥离作用，加上清洗液的热力和化学作用，可获得良好的清洗效果。

第四节 零、部件草图的绘制

零件草图是徒手完成的一种工程图样，一般是在现场完成的。零件草图的绘制过程与尺规作图的过程大体相同，包括分析零件结构、确定绘图比例、选择表达方案、画零件草图、画尺寸线、测量并标注尺寸、注写技术要求和零件材料以及校核零件图等步骤。

零件草图绘制是零、部件测绘的基本任务之一，是绘制装配图和零件工作图的原始资料和主要依据。绘制零件草图也是工程师的一项基本技能之一。

一、零件草图绘制概述

草图也叫徒手图，是不借助于绘图工具，以目测来估计图形与实物比例绘制的图样。零件草图除对线型和尺寸比例不做严格要求外，其他要求与零件工作图的要求完全一致。在内容上，也是由一组视图、完整的尺寸标注、技术要求和标题栏四个部分组成。

在零部件测绘过程中，对零件草图的基本要求是：图形正确、表达清晰、尺寸完整、图面整洁、字体工整及技术要求符合规范。

草图并不等于潦草，草图上的线型、尺寸标注、字体和标题栏等均需按国家标准规定绘制。零件草图是在测绘现场徒手绘制的零件图，与尺规绘出的零件工作图的区别，仅在于目测比例和徒手绘制。在草图上的尺寸与实际尺寸之间不可能保持严格的比例关系，只要求图上尺寸与被测零件的实际尺寸大体上保持某一比例即可。

零部件测绘时，将部件解体后，应对所有非标准零件逐一测绘。由于零件间存在相互关联，零件的尺寸要相互参照，一般应按"基础件、重要零件、相关度高的零件和一般零件"的顺序进行测绘。基础件一般都比较复杂，与其他零件相关的尺寸较多，故应优先测绘。一些轴类零件，因其在部件中的重要作用，也应优先测绘。

二、零件草图绘制的方法与步骤

1. 了解和分析测绘对象

了解零件的名称、用途、材料及它在部件中的位置和作用，然后对该零件进行结构分析和制造工艺的分析。

（1）零件结构与表达方法分析

零件按照结构特点，分为轴（套）类、盘盖类、叉架类和箱体类。判断一个零件是何种结构是确定视图表达方案的前提，不同零件结构采用不同的表达方案。

（2）零件结构在部件中的作用分析

零件在机器或部件中的作用，决定了零件各表面在机器或部件中的重要程度，也决定了零件各个尺寸的重要程度，以及零件与其他零件间采用的配合方式和要求。

（3）零件结构与加工工艺分析

绘制零件图时必须考虑加工的工艺要求，合理标注零件尺寸，尽可能地减少加工误差。

2. 确定视图表达方案

根据形状特征的原则和位置原则，确定零件的主视图。按零件的内外结构特点，选用必要的其他基本视图、剖视图、剖面图和局部放大图等来表达。

例如：轴（套）类和盘盖类等回转体类零件，通常以加工位置，将轴线水平放置时的主视图来表达零件的主体结构，必要时配合局部剖视或其他辅助视图来表达局部的结构形状。

3. 目测零件尺寸与绘制零件草图

绘制零件草图时，先绘制全部图形，然后标出全部需要测量的尺寸（不包括尺寸数字），然后统一进行测量。

（1）视图选定后，要按图纸大小确定视图位置。草图应按比例绘制，以视图清晰、便于标注为准。在布置视图时，应尽量考虑到零件的最大尺寸，尽可能准确地确定视图的比例。

（2）在图纸上定出各视图的位置，画出主、左视图的对称中心线和作图基准线。

（3）目测零件轮廓各部分的尺寸，利用形体分析法，由大到小、由主体到局部、由外到内，逐个完成组成零件的各形体的视图。

（4）确定被测绘零件尺寸基准。按正确、完整、清晰的要求，合理标注零件的尺寸，仅画出全部尺寸界线、尺寸线和箭头，尺寸数字待测量后注出。

（5）进行全面检查后加深。此时完成的零件草图，尚未标注尺寸及公差，零件草图上的相关技术要求也需在确定完尺寸之后，进一步确定注出。

三、草图绘图技巧

1. 直线的画法

徒手绘制直线时，握笔的手要放松，手腕靠着纸面，沿着画线方向轻轻移动，保证图线画得直。眼睛要注意终点方向，便于控制图线。画短线，以手腕运笔，长线则以手臂动作，如图 6-3 所示。

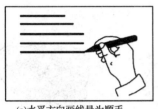 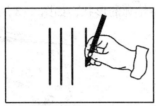 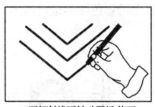

(a)水平方向画线最为顺手，　　(b)铅垂线要自上而下运笔　　(c)画倾斜线可转动图纸,使画
图纸可斜放　　　　　　　　　　　　　　　　　　　　　　的线正好处于顺手方向

图 6-3　直线的画法

2. 角度线的画法

画与水平线成30°、45°、60°斜线时，可利用两直角边的近似比例定出端点后，再连成直线，如图 6-4 所示。

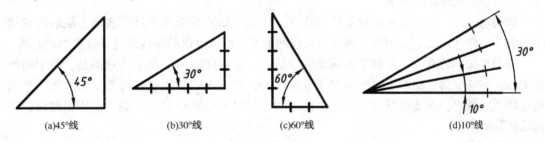

(a)45°线　　　　　(b)30°线　　　　　(c)60°线　　　　　(d)10°线

图 6-4　角度线的画法

3. 圆和圆弧的画法

画圆时，先徒手作两条相互垂直的中心线，确定圆心，再根据直径大小，在对称中心线上截取四点，然后徒手将各点连接成圆，如图 6-5 所示。画较大圆时，可通过圆心多画几条不同方向的线，再按照半径点连接成圆，如图 6-6 所示。

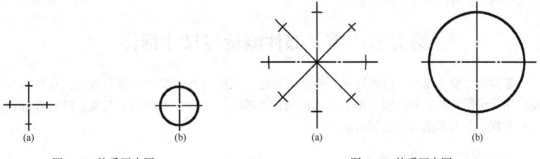

(a)　　　　　　(b)　　　　　　　　　　　(a)　　　　　　　　(b)

图 6-5　徒手画小圆　　　　　　　　　　图 6-6　徒手画大圆

4. 复杂轮廓的画法

（1）勾描法绘制轮廓

当复杂平面的轮廓能接触到纸面时，用铅笔沿轮廓画线，获得零件的轮廓，如图 6-7 所示。

（2）拓印法绘制轮廓

拓印时，可先在零件底部涂彩色，然后将零件底面轮廓印到图纸上，然后根据拓印到图纸上的彩色图形进行勾画，获得轮廓的形状，如图 6-8 所示。

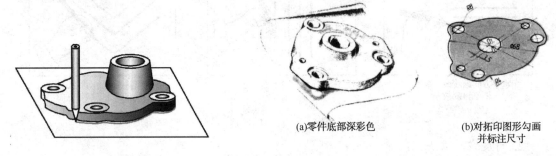

图 6-7 勾描画法

(a)零件底部深彩色　　　(b)对拓印图形勾画
　　　　　　　　　　　　　并标注尺寸

图 6-8 拓印画法

（3）用铅丝法绘制轮廓

取铅丝一段，利用铅丝比较柔软的特性，将铅丝贴放在被测零件的表面。然后将铅丝小心取下，放在图纸上，用铅笔描绘出铅丝的形状，所描绘出的曲线就是零件表面的曲线。

用铅丝法画轮廓线是一种非常简便的方法，但在实际运用中需要注意的是，由于铅丝较柔软、容易变形，在取下铅丝时必须非常小心，稍有不慎，铅丝就可能变形，使图形的精度降低。所以，在能用其他方法解决问题时，尽量不用铅丝法。若必须使用铅丝法，应选取较硬的铅丝。

5. 比例法画轮廓

尺寸的目测是工程师的基本功之一。平时应注意经常练习目测常用物品的尺寸，不断提高目测尺寸精度的能力。

比例法是在画出零件外形最大尺寸的基础上，通过估测零件各线段相对于外形的比例，确定各线段在图上的长度。常用的方法有二分法、三分法和五分法，即将某一被测零件分为二等份、三等份或五等份。

第五节 零、部件测量与尺寸标注

零件的测量主要有零件的尺寸、表面粗糙度、几何形状精度和位置精度等，这些内容是选用计量器具的主要依据。在实际选择测量工具时，还要考虑到测量对象、测量零部件之间的配合要求和测量精度等因素。

一、零件尺寸的测量

零件尺寸测量的准确与否将直接影响被测零件的产品质量，特别是对于某些关键零件的重要尺寸更是如此。零、部件测量过程是确定被测零、部件测量的方法和测量空间几何量值的实践过程。

一个完整的测量过程包括测量工具的选择、测量的方法、测量的技巧、对测量结果进行圆整与标准化处理等。

1. 尺寸测量的基本要求

测量前要做到"心中有数"，测量中要做到"测得准、记得细、写得清"。

（1）心中有数

在测绘过程中，对零件的每个尺寸都要进行测量。但如何测，用什么工具测，都必须在实际测量之前做到心中有数。

一般情况下，关键件、基础件、大零件的尺寸，以及一些非关键件的某些重要尺寸，如齿轮、花键、螺纹和弹簧等的主要几何参数，最好选择测量精度较高的测量工具进行测量。

（2）测得准、记得细、写得清

"测得准"就应在测量前确定测量方法，认真检验并校对量具。

"记得细"是指在测量过程中，要详细记录原始数据，不仅要记录测量读数，而且要记录测量方法及测量用具。对于非直接测量得到的尺寸，还应绘出测量简图，指明测量基准，换算方法并记下计算公式。

"写得清"是指要在测量草图或在专门设计好的数据记录表上，完成数据记录，测量数据写得清清楚楚、准确无误。

2. 尺寸测量中的注意事项

（1）尺寸的测量一般应按"基础件→重要零件→相关度高的零件→一般零件"的顺序进行，以便发现尺寸的矛盾，提高测量的效率。

（2）关键零件的尺寸和零件的重要尺寸应反复测量若干次，直到数据稳定可靠，然后记录其平均值。主要尺寸要直接测量，不能由几个尺寸叠加得来。

零件的功能尺寸（包括性能尺寸和配合尺寸和定位尺寸等），最好测到小数点后三位，至少也应测到小数点后两位。零件的非功能尺寸（即在图样上不需注出公差的尺寸）一般用普通量具测到小数点后一位即可。

（3）零件草图上一律标注实测数据。对于复杂的零件，为了便于检查测量尺寸的准确性，可由不同基面注成封闭的尺寸。

（4）要正确处理实测数据。在测量较大的孔、轴和长度等尺寸时，必须考虑其几何形状误差的影响，应多测几个点，取其平均数。对于各点差异明显的，还应记下其最大和最小值，但必须分清这种差异是全面性的，还是局部性的。例如，圆柱面在很短的段圆周出现凹凸现象、圆柱面端头的微小锥度等，只能视为局部差异。

（5）测量的数据要有专门的数据记录表及数据整理。对间接测得的尺寸数据，更应及时进行记录与整理，并将换算结果记录在草图上。对重要尺寸的测量数据，在整理过程中如有疑问或发现矛盾和遗漏，应立即进行重测或补测。

（6）对复杂零件（如叶片等）必须采用边测量、边画放大图的方法，以便及时发现问题。对配合面、型面，应随时考证数据的正确性。

（7）测量时，应确保零件处于自由状态，防止由于装夹、量具接触压力等造成零件变形而引起测量误差。

（8）两零件在配合或连接处，其形状结构可能完全一样，测量时亦必须各自测量，分别记录，然后相互检验确定其尺寸。

二、常用测量工具

测量工具是专门用来测量零件尺寸、检验零件形状和位置的工具。不同测量工具有不同的测量精度、范围与使用要求，在测绘中，合理选择并正确使用测量工具是非常重要的。

在零部件测量工具可分为游标类量具、螺旋式量具、机械式量仪和标准量具等。

1. 游标类量具

利用游标和尺身相互配合进行测量和读数类量具，具有结构简单、使用方便和测量范围大等特点，在机械领域应用极为广泛。

游标卡尺的种类很多，常见的有游标卡尺、高度游标卡尺、深度游标卡尺、尺厚游标卡尺，以及游标万能角度尺。游标类量具结构大同小异，可用于测量长度、高度、深度和角度等。

游标卡尺结构如图6-9(a)所示，其性能及用途见表6-5。

表6-5 游标卡尺性能及用途   mm

形式	测量范围	精度	用途
I	0~125，0~150		
II、III	0~200，0~300	0.02，0.05，0.10	适于测量工件内、外尺寸和深度尺寸
IV	0~500，0~1000		

游标读数方法，首先要搞清楚使用的游标卡尺的精度，数据的读取分为整数和小数值读取两部分。先在主尺上读出靠近副尺零线最近处左端所对应尺寸的整数值部分，再通过副尺读取小数值部分，整数与小数之和就是被测零件的尺寸。

如图6-9(b)所示，精度为0.02游标卡尺读数为例，其读数为：

24（主尺读取）+0.30（副尺读取）+0.02×3（副尺读取）= 24.36（mm）

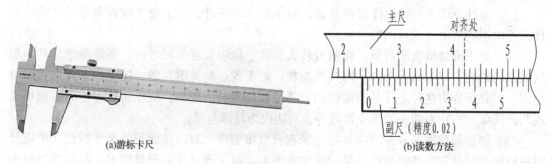

(a)游标卡尺   (b)读数方法

图6-9 游标卡尺及读数

深度游标卡尺和高度游标卡尺的读数方法同游标卡尺。

用于测量角度的游标万能角度尺结构如图6-10所示。

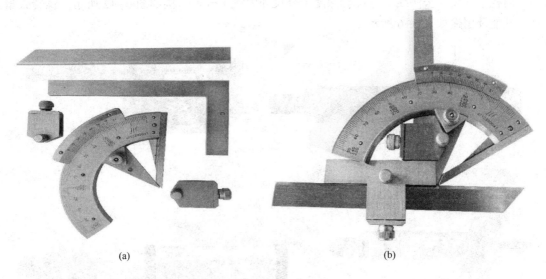

图 6-10 游标万能角度尺

2. 螺旋式量具

螺旋式量具是利用螺旋运动的原理进行测量和读数的一种测量工具。与游标量具比，具有测量精度高的特点，主要用于测量中等精度的零件尺寸。

常见的有外径千分尺、内径千分尺、深度千分尺、公法线千分尺和内测千分尺。

外径千分尺的结构如图 6-11 所示。读数方法：先读出固定套筒上与活动套筒端面（左端垂直端面）对齐的尺寸，在读数时应特别注意不要遗漏 0.5mm 的刻线值，再读出活动套筒上圆周上与固定套筒上的横线对齐处的数值，将这个数乘以尺的精度 0.01mm，最后将这两部分尺寸相加，就是被测物体的实测尺寸。

如图 6-11(b)所示的外径千分尺（精度为 0.01），其读数为：

1.5（固定套筒读取）+0.01（精度）×35（活动套筒读取）+0.01（精度）×0.5（活动套筒估读）= 1.855（mm）

特别注意：活动套筒上读取的 0.355 中，其中 0.005 是估读的。

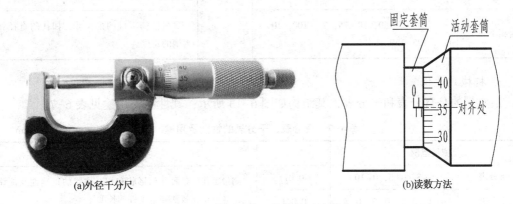

(a)外径千分尺 　　　　　　　　(b)读数方法

图 6-11　外径千分尺的构造及读数方法

内径千分尺、公法线千分尺、深度千分尺和内测千分尺结构如图6-12所示。螺转式量具的性能及用途如表6-6所示。

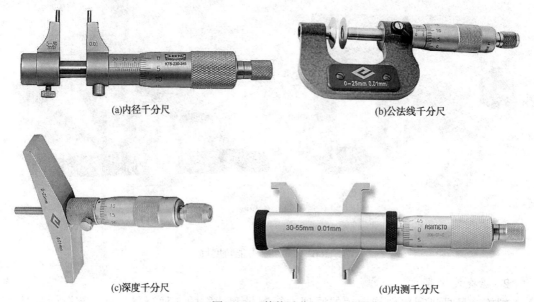

(a)内径千分尺

(b)公法线千分尺

(c)深度千分尺

(d)内测千分尺

图6-12　其他千分尺

表6-6　螺转式量具的性能及用途　　　　　　　　　　　　　　　　　　　mm

	测量范围	精度	用途
外径千分尺	0~25, 25~50, 50~75, 75~100		测量精密工件的外尺寸、长度和厚度
内径千分尺	最小测量范围 50, 100, 150, 250, 500, 1000, 5000		测量精密工件的内尺寸、槽宽
公法线千分尺	0~25, 25~50, 50~75, 75~100, 100~125, 125~150	0.01	测量圆柱齿轮的一般标准长度（如公法线长度）
深度千分尺	0~25, 0~100, 0~150		测量精度要求较高的通孔、盲孔、阶梯孔、槽的深度和台阶高度尺寸
内测千分尺	5~30, 25~50, 50~75, 75~100, 100~125, 125~150		测量精密零件的内尺寸，如孔的直径和沟槽的宽度

3. 机械式量仪

最常用的是百分表和千分表，其结构如图6-13所示，其性能与用途见表6-7。

表6-7　百分表、千分表的性能及用途　　　　　　　　　　　　　　　　mm

	测量范围	精度	用途
百分表	0~3, 0~5, 0~10	0.01	测量工作的各种几何形状和相互位置的正确性及位移量，并可用比较法测量工件的长度
千分表	0~1, 0~2, 0~3, 0~5	0.001	

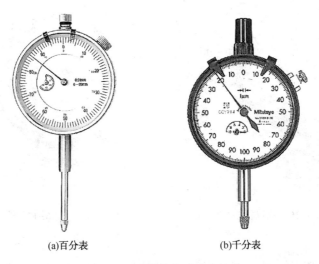

(a)百分表　　　　　　　　(b)千分表

图6-13　百分表和千分表结构

4. 标准量具

标准量具主要有量块、角度量块、多面棱体、螺纹样板、半径样板和塞尺等。这类量具的测量值是固定的，所以也称定值量具。

（1）量块

量块如图6-14所示，用于测量精密工件或量具的正确尺寸，或用于调整、校正和检验测量仪器，是技术测量中长度测量的基准。

（2）角度量块

角度量块如图6-15所示，用于检查零件的内、外角度。

图6-14　量块

图6-15　角度量块

（3）螺纹样板

螺纹样板是一种带有不同螺距的标准薄板，每套螺纹样板有很多片，用于测量普通螺纹的螺距，如图6-16所示。

（4）半径样板

半径样板用于测定工件凸凹圆弧面的半径。按测量半径尺寸分为1、2、3组，每组30~40片不等。每片尺寸相隔0.25mm、0.5mm或1mm，如图6-17所示。

图 6-16 螺纹样板

图 6-17 半径样板

（5）塞尺

塞尺如图 6-18 所示，由一组不同厚度级差的薄钢片的组成，是用来测量或者检验两零件表面的小间隙的工具。塞尺分为 A 型和 B 型两种，主要区别在塞尺的头部的形状不同。

（6）通止规

通止规用于检查有配合要求的孔或者轴的尺寸及公差是否合格。

通止规分为环规和塞规两种。塞规较为常用，塞规结构如图 6-19 所示，用于检查工件内孔的公差。塞规按照孔的基本尺寸分各种规格，每一把塞规有通端(T)和止端(Z)两端。检验时，若通端能从工件内孔通过，而止端不能通过，则工件的内孔为合格，反之则不合格。

图 6-18 塞尺

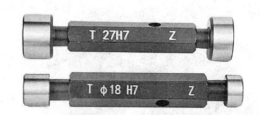

图 6-19 通止规(塞规)

（7）螺纹量规

螺纹量规分为环规和塞规两种，如图 6-20 所示。螺纹环规用于检验工件的外螺纹尺寸；螺纹塞规用于检验工件的内螺纹尺寸。每种规格分通规和止规两种，检验时，若通规能与工件螺纹旋合通过，而止规不能通过或部分旋合，则工件为合格，反之则不合格。

5. 其他量具

在零部件测绘中常用的量具还有直尺、卡钳等。主要用来测量一般精度的线性尺寸，如图 6-21 所示。

162

(a)螺纹塞规　　　　　　　　　　　　　　(b)螺纹环规

图 6-20　螺纹量规

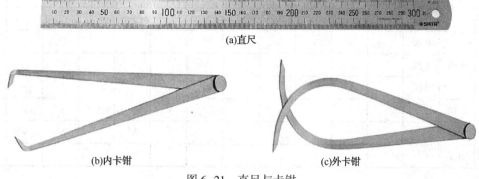

(a)直尺

(b)内卡钳　　　　　　　　　　　　(c)外卡钳

图 6-21　直尺与卡钳

（1）直尺

直尺是用不锈钢薄板制成的一种刻度尺，直尺的规格有 150mm、300mm、500mm、1000mm 四种，直尺的尺面上刻有公制刻线，刻线间隔般为 1mm，部分直尺刻线间隔为 0.5mm。

（2）卡钳

卡钳分为外卡钳和内卡钳两种。外卡钳用来测量工件的外径和平行面；内卡钳用来测量工件的内径和内槽。卡钳上没有刻度，是一种间接量具，必须与钢直尺或其他带有刻度的量具结合使用才能读出尺寸。

卡钳的规格有 100mm、125mm、200mm、250mm、300mm、400mm、450mm、500mm 和 600mm。

此外，还有用于测量的辅助工具，如平板、方箱和 V 形铁等。

二、测量工具的选用

测量的准确程度与测量工具的精确程度密切相关，量具的选择应该与零件上该尺寸的要求相适应，以满足精度要求为准。所以，在弄清草图上待测尺寸精度要求的基础上，选择合适的测量工具。

表 6-8 列出了千分表、千分尺及游标卡尺的合理使用范围，可供选择时参考。

（1）一般精度要求的长度尺寸可直接用钢直尺和外卡钳测量。对于精度要求较高的长度尺寸，可根据精度要求的不同选择游标卡尺或千分尺量取。

（2）直径尺寸常用游标卡尺进行测量，精密零件的内、外径则需用千分尺来测量。

（3）半径尺寸常用半径样板直接测量。此外还有一些间接测量半径的方法。

（4）两孔中心距可用游标卡尺、卡钳或直尺来测量。

表 6-8　千分表、千分尺及游标卡尺的合理使用范围

量具名称	单位刻度	量具精度	被测件的公差等级（IT）											
			5	6	7	8	9	10	11	12	13	14	15	16
千分表	0.001		√	√	√									
	0.005		√	√		√								
	0.01	0级		√	√	√								
		1级		√	√	√								
		2级			√	√	√	√						
千分尺	0.01	0级		√	√	√								
		1级				√		√						
		2级					√	√	√					
游标卡尺	0.02								√	√	√	√	√	√
	0.05									√	√	√	√	√
	0.1													√

（5）孔的中心高度可用高度游标卡尺测量，另外也可用游标卡尺、直尺和卡钳等测出一些相关数据，再运用几何计算方法求出。

（6）孔的深度可以用钢直尺、游标卡尺和深度游标卡尺和深度千分尺来测量。

（7）壁厚可用钢板直尺直接测量或钢板直尺和外卡钳、游标卡尺和量块结合进行测量。

（8）螺纹可使用螺纹样板和螺纹量规来测量和检验。如果没有螺纹量规、螺纹样板或者不能用螺纹量规和螺纹样板进行测量，可用游标卡尺测量大径，用薄纸压痕法测量其螺距。

（9）对于曲线和曲面，要求测量很精确时必须用专门的测量仪进行测量，如用三坐标仪进行测量。如果要求不十分精确时，可采用拓印法、铝丝法将被测曲线画到纸上，然后再进行测量。

三、测绘数据的处理

在测绘过程中，由于被测零件存在制造误差、测量误差及使用过程中磨损造成的误差，使得实测值常带有多位小数。这样的数值不仅加工和测量过程中都很难做到，而且没有实际意义，需要进行尺寸圆整。圆整后可以更多地采用标准刀具和量具，降低制造成本。重要尺寸还需进一步确定其尺寸公差，将处理后的尺寸标注在零件草图上。

（一）设计圆整法

设计圆整法是以零件的实测值为基本依据，通过比照同类产品或类似产品来确定被测零件的基本尺寸和尺寸公差。其配合性质及配合制基本上是在测量的前提下，通过分析来给定。这一方法的步骤大体上与设计的程序相类似，称为设计圆整法。

设计圆整法的圆整比较简单，它以基本尺寸是否需要保留小数为出发点，根据对一般零件基本尺寸的分析，按零件的具体结构要求和尺寸的重要性来对零件尺寸进行圆整。其

一般原则是：性能尺寸、配合尺寸和定位尺寸在圆整时，允许保留一位小数，个别重要和关键尺寸可以保留两位小数，其他尺寸取整数。

设计圆整法是根据尺寸的精确程度，将实测尺寸的小数圆整为整数或带有一、二位小数的数值，其尾数删除采用"四舍六入五单双"法，即在尾数删除时，逢四以下舍、逢六以上进，遇五则按保证偶数的原则决定进与舍。

例如：13.73 如果要求保留一位小数，则圆整为 13.7(逢 4 以下舍去)；13.76 圆整为13.8(逢 6 以上进 1 位)；13.85 当需要保留一位小数时，则圆整为 13.8(逢 5 保证圆整后的尺寸为偶数)。

国家标准推荐的尺寸值，其尾数多为 0、2、5、8 或其他偶数值。零件实际加工过程中，有可能加工到极限尺寸，所以在应用设计圆整方法时，必须把测量和设计计算结合起来，并在确定零件基本尺寸时，同时考虑给出其公差值。

（二）按国家标准推荐的尺寸数值进行尺寸圆整

当被测零件符合公制计量标准，且为标准化设计时，其公差与配合标准一般都符合国家标准。对这类零件的尺寸进行圆整时，应使其符合国家标准(GB/T 2822—2005)推荐的尺寸系列，该标准中规定了 0.01～20000mm 范围内的标准数值。机械制造业中常用的标准尺寸(直径、长度和高度等)系列，适用于有互换性或系列化要求的主要尺寸(如安装、连接尺寸，有公差要求的配合尺寸和决定产品系列的公称尺寸等)。其它结构尺寸也应尽量采用。对于由主要尺寸导出的因变量尺寸和工艺上工序间的尺寸，不受本标准限制。对已有专用标准规定的尺寸，可按专用标准选用。

表 6-9 列出了标准中尺寸 10～1000mm 的相关数值。选择系列及单个尺寸时，应首先在优先数系 R 系列中选用标准尺寸，其优选顺序为 R10、R20、R40 的顺序，优先选用公比较大的基本系列及其单值。如果必须将数值圆整，可在相应的 Ra 系列中选用标准尺寸，其优选顺序为 Ra10、Ra20、Ra40。

表 6-9　标准尺寸系列(10~1000mm)(摘自 GB/T 2822—2005) mm

R			Ra			R			Ra		
R10	R20	R40	Ra10	Ra20	Ra40	R10	R20	R40	Ra10	Ra20	Ra40
10.0	10.0 11.2		10	10 11		20.0	20.0 22.4	20.0 20.2 22.4 23.6	20	20 22	20 21 22 24
12.5	12.5 13.2 14.0 15.0		12	12 14	12 13 14 15	25.0	25.0 28.0	25.0 26.5 28.0 30.0	25	25 28	25 26 28 30
16.0	16.0 18.0	16.0 17.0 18.0 19.0	16	16 18	16 17 18 19	31.5	31.5 33.5	31.5 33.5	32	32 36	32 34 36 38

R			Ra			R			Ra		
R10	R20	R40	Ra10	Ra20	Ra40	R10	R20	R40	Ra10	Ra20	Ra40
40.0	40.0	40.0	40	40	40	250	250	250	250	250	250
		42.5			42			265			260
	45.0	45.0		45	45		280	280		280	280
		47.5			48			300			300
50.0	50.0	50.0	50	50	50	315	315	315	320	320	320
		53.0			53			335			340
	56.0	56.0		56	56		355	355		360	360
		60.0			60			375			380
63.0	63.0	63.0	63	63	63	400	400	400	400	400	400
		67.0			67			425			420
	71.0	71.0		71	71		450	450		450	450
		75.0			75			475			480
80.0	80.0	80.0	80	80	80	500	500	500	500	500	500
		85.0			85			530			530
	90.0	90.0		90	90		560	560		560	560
		95.0			95			600			600
100.0	100.0	100.0	100	100	100	630	630	630	630	630	630
		106.0			105			670			670
	112.0	112.0		110	110		710	710		710	710
		118.0			120			750			750
125	125	125	125	125	125	800	800	800	800	800	800
		132			130			850			850
	140	140		140	140		900	900		900	900
		150			150			950			950
160	160	160	160	160	160	1000	1000	1000	1000	1000	1000
		170			170						
	180	180		180	180						
		190			190						
200	200	200	200	200	200						
		212			210						
	224	224		220	220						
		236			240						

特别注意：Ra40 系列中有些数值没有与之相配合的轴承，所以选用 Ra40 系列数值时要特别留意。

（三）测量数据的圆整示例

1. 配合尺寸的圆整

圆整配合尺寸时，除合理地确定相互配合的轴与孔的基本尺寸外，还需确定配合性质及其类别，并根据原设计所用的配合制，进而确定尺寸的公差等级。

如图 6-22 所示，飞机上的一个活塞杆Ⅱ段直径与衬套孔配合。用外径千分尺和内径千分尺分别测得活塞杆段直径为 $\phi 13.482$，衬套孔的直径为 $\phi 13.510$，求孔、轴的基本尺寸、公差与配合。

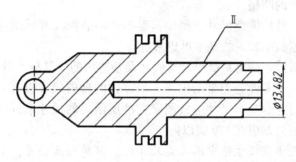

图 6-22 活塞杆

解：

（1）确定基本尺寸

活塞杆和活塞衬套的尺寸属于配合尺寸。按照尺寸圆整原则，衬套孔的实测值 $\phi 13.510$、活塞杆轴段的实测值 $\phi 13.482$，确定孔与轴的基本尺寸均为 13.5（保留一位小数）。

（2）确定配合制

由分析活塞杆的作用可知，该活塞杆在工作中要与多个零件相配合，理由是它由多个圆柱同轴组合而成，其各段直径均不相同。在这种情况下，设计上往往是通过改变轴的尺寸得到不同的配合。所以活塞杆和其他零件的配合采用的是基孔制，即衬套孔为基准孔。

（3）确定公差等级

该活塞杆属于航空产品，根据航空用产品一般加工精度要求较高和Ⅱ段表面粗糙度数值较小，及配合较重要等具体情况，取孔的公差等级为 IT7 级，即孔公差为 H7。与其配合的基准轴可以选与孔具有相同的公差等级 IT7 级或者选比孔高一级即 IT6 级。

（4）确定配合性质及配合种类

对活塞杆作用的分析可知，Ⅱ段是与活塞衬套相配合的，工作过程中，活塞杆作往复直线运动，由此可断定Ⅱ段与活塞衬套的配合只能是间隙配合。

$$实际间隙 \Delta = 13.510 - 13.482 = 0.028 (\text{mm})$$

首先，预选活塞杆的公差带代号为 g6 的间隙配合，配合代号为 13.5H7/g6，查表得出 $\phi 13.5\text{H}7\left(^{+0.018}_{0}\right)$，$\phi 13.5\text{g}6\left(^{-0.006}_{-0.017}\right)$，计算得知，活塞杆与活塞衬套之间的最大间隙为 0.035，最小间隙际为 0.006，而实测的间隙 0.028 在最大和最小间隙之间，活塞杆的实测值 13.482，超出了 13.5 g6 规定的轴的最小值极限值(13.5−0.017=13.483)。所以，认为轴选择 g6 配合是不合适的。

当选用 g7 间隙配合时配合代号为 13.5H7/g6，查表得出 ϕ 13.5H7($^{+0.018}_{0}$)，ϕ 13.5g7($^{-0.006}_{-0.024}$)，活塞杆与活塞衬套之间的最大间隙原为 0.042，最小间隙为 0.006，而实测的间隙 0.028 恰好在最大和最小间隙之间，且靠近中值，活塞杆的实测值 13.482 也在规定的公差范围内，且接近中值，所以，认为轴选 g7 是合适的。

2. 轴向尺寸及非配合尺寸的圆整

在零件中几乎大多数尺寸都属于这类尺寸。圆整时，根据尺寸作用的不同，依照以下原则进行。

(1) 轴向主要尺寸的圆整

轴向主要尺寸是一种功能性尺寸，例如：参与轴向装配尺寸链的尺寸。在对这类尺寸进行圆整时，可以根据概率理论的基本思想来进行。

概率论认为，制造误差是由系统误差与偶然误差造成的，其概率分布应符合正态分布，即零件的实际尺寸应位于零件公差带的中部。当零件的轴向尺寸仅有一个实测值时，可将其视为公差的中值，对它的基本尺寸应按国家标准所给定的尺寸系列圆整成整数。按这种方法进行圆整，所给的公差应在 IT9 级以内。

特别注意：当该尺寸在尺寸链中属孔类尺寸时，取单向正公差，当该尺寸属轴类尺寸时，取单向负公差；当该尺寸属长度尺寸时应采用双向公差。

例：某传动轴的轴向尺寸实测值为 84.99mm，试将其圆整。

解：

① 轴向尺寸实测值为 84.99mm，可确定基本尺寸为 85mm。

② 查标准公差数值表，基本尺寸在 80 ~ 120mm 时，公差等级 IT9 的公差值为 0.087mm。

③ 取公差值 0.080mm。

④ 将实测值 84.99mm 视为公差中值，得圆整方案(85±0.04)mm。

(2) 非功能尺寸的圆整

非功能尺寸包括除功能尺寸以外的所有轴向尺寸和非配合尺寸，这类尺寸在图纸上均不直接注出公差。其公差等级在不同行业有很大不同，如在机床制造业，尺寸精度可列出同时尺寸的实测值在圆整后的尺公差范围之内，定为 IT14 级。

圆整这类尺寸的基本思路是：圆整后的基本尺寸，应符合国家标准所给定的尺寸系列。同时，尺寸的实测值在圆整后的尺寸公差范围内，圆整后的尺寸通常取整数。

例如，可将 121.89 圆整为 122；84.07 圆整为 84；35.98 圆整为 36；7.53 圆整为 7.5。对有些尺寸的作用难以确定时，可从加工的经济性和可能性上来考虑，并适当提高精度。

(四) 标准件和常用件的尺寸确定

为了便于制造与使用，把一些应用广泛、使用量大的零件标准化，这些零件就是标准件和常用件。在测绘中，对于这样一些零件不必像其他零件那样精确测量其全部尺寸及其公差，只要测量其主要尺寸，经过查表和计算就可以得到全部数据。

1. 标准件的尺寸确定

常用的标准件包括螺栓、螺钉、螺母、垫圈、挡圈、键和销等，它们的结构形状、尺寸都已经标准化，并由专门工厂生产。因此，测绘时对标准件不需要绘制草图，只要将其主要尺寸测量出来，查阅有关设计手册，就能确定其规格、代号和标记等，然后填入明细表。

2. 常用件的尺寸确定

常用件仅有其中的部分要素由国家标准规定，因此，对常用件中的尺寸还是要进行些必要的测量和尺寸确定。例如：齿轮。

第六节 零件技术要求的确定

零件草图中除了图形和尺寸外，还有制造该零件时应满足的一些加工要求，统称为技术要求，如尺寸公差、表面粗糙度、几何公差以及材料的热处理等。

一、极限与配合的确定

为了实现零部件的设计功能，必须对零件的加工提出不同的要求。这些要求包括零、部件的确定尺寸与公差、表面粗糙度、形位公差等技术要求。在零、部件的测绘过程中，只能测得零件的实际尺寸，实际间隙或实际过盈，不能确定尺寸公差、配合制及形位公差，而这些内容在零件图中是必须注写的。

零件的尺寸公差是由很多方面的因素综合决定的。在通常情况下，确定零件的尺寸公差需要考虑方面的因素：基准制的选择、公差等级和配合。

（一）配合种类的选择

在生产实际中，选择配合也常使用类比法。使用类比法确定零件间的配合有两个前提：一是必须通过分析机器的功用、工作条件及技术要求来确定结合件的工作条件和使用要求；二是要掌握各种不同配合的特性和应用范围。

孔与轴之间的配合有间隙配合、过盈配合和过渡配合，根据功用进行选择。

间隙配合的特性是具有间隙。它主要用于结合件有相对运动的配合(包括旋转运动和轴向滑动)，也可用于一般的定位配合。

过盈配合的特性是结合紧密。它主要用于结合件没有相对运动的配合。当过盈不大，用键连接传递扭矩；过盈大时，靠孔、轴结合力传递扭矩。前者可以拆卸，后者不可拆卸。

过渡配合的特征是可能具有间隙，也可能具有过盈，但所得到的间隙和过盈量一般都比较小，主要用于定位精确并要求拆卸的相对静止的连接。

（二）配合基准制的选择

在工程实践中，基准制的选择要从工艺、经济、结构和采用标准件等多个方面来考虑，基孔制与基轴制在不同的视角下并不能完全等价。因此，在测绘中，必须根据实际情况来选不同的配合制度。

1. 优先选用基孔制

一般情况下，当选取配合制时，应优先选用基孔制配合。优先选用基孔制，主要是从加工工艺和经济性上来考虑的。基孔制常用配合有 59 种，其中优先配合有 13 种，具体见表 4-6。

2. 基轴制的应用场合

尽管基孔制有许多优点，但并不排除选择基轴制，一些特殊情况下选择基轴制。基轴制常用配合有 47 种，其中优先配合有 13 种，具体见表 4-7。

(1) 目前，机械制造用的冷拔圆钢型材，尺寸公差已经可以达到 IT7~T10 级，粗糙度达到 $Ra0.8~3.2$。如果用来做轴，已经可以满足农机、纺机、仪器中某些轴的精度要求。当这种圆钢可以不经加工或极少加工就能满足要求时，采用基轴制不仅在技术上合理，在经济上也是合算的。

(2) 如果在同一基本尺寸的轴上需要装配多个具有不同配合性质的零件，应选用基轴配合。

(3) 当两个相互配合的零件中有一个是标准件时，应以标准件作为基准。标准件通常由专门工厂批量生产，制造时其配合部分的基准制已确定。使用时，与之配合的轴或孔应服从标准件上既定的基准制。例如，与键相配合的键槽应为基轴制，与滚动轴承相配合的轴为基孔制。当选用标准件的基准为基准时，在装配图上只标注非标准件的配合代号即可。

(4) 对于特大件与特小件，也应考虑采用基轴制。

在综合考虑以上因素后，可以参见表 6-10 来选择优先配合。

表 6-10　优先配合的选用说明

优先配合		说明
基孔制	基轴制	
$\dfrac{H11}{c11}$	$\dfrac{C11}{h11}$	间隙非常大，用于很松、转动很慢的动配合
$\dfrac{H9}{d9}$	$\dfrac{D9}{h9}$	间隙很大的自由转动配合，用于精度要求不高，或有大的温度变化，高转速或大的轴颈压力时
$\dfrac{H8}{f7}$	$\dfrac{F8}{h7}$	间隙不大的转动配合，用于中等转速与中等轴颈压力的精确转动，也用于装配较容易的中等定位配合
$\dfrac{H7}{g6}$	$\dfrac{G7}{h6}$	间隙很小的滑动配合，用于不希望自由转动，但可自由移动和滑动并精密定位时，也可用于要求明确的定位配合
$\dfrac{H7}{h6}$ $\dfrac{H8}{h7}$ $\dfrac{H9}{h9}$ $\dfrac{H11}{c11}$	$\dfrac{H7}{h6}$ $\dfrac{H8}{h7}$ $\dfrac{H9}{h9}$ $\dfrac{H11}{c11}$	均为间隙定位配合，零件可自由装拆，而工作时，一股相对静止不动，最小间隙为零，最大间隙由公差等级决定

优先配合		说明
基孔制	基轴制	
$\dfrac{H7}{k6}$	$\dfrac{K7}{h6}$	过渡配合，用于精密定位
$\dfrac{H7}{n6}$	$\dfrac{N7}{h6}$	过渡配合，用于允许有较大过盈的更精密定位
$\dfrac{H7}{p6}$	$\dfrac{P7}{h6}$	过盈定位配合，即小过盈配合，用于定位精度特别重要时，能以最好的定位精度达到部件的刚性及对中性的要求
$\dfrac{H7}{s6}$	$\dfrac{S7}{h6}$	中等压入配合，适用于一般钢件，或用于薄壁件的冷缩配合，用于铸铁件可得到最紧的配合
$\dfrac{H7}{u6}$	$\dfrac{U7}{h6}$	压入配合，适用于可以承受高压入力的零件，或不宜承受大压入力的冷缩配合

3. 非标准型混合配合

在保证两个零件间的配合公差情况下，除了按标准型选择优先配合外，还可以采用非标准型的混合配合，即采用不同公差等级的混合配合或不同基准制的混合配合。

（1）采用不同公差等级的混合配合，可以降低两个配合零件之一的公差等级，从而达到所要求的配合公差。例如：$\dfrac{H8}{h6}$、$\dfrac{H8}{g6}$ 和 $\dfrac{H8}{f6}$ 等，降低了基准孔的公差等级，已达到需要的配合公差。

（2）采用不同基准制的混合配合以便于装配工作，例如：利用 $\dfrac{G7}{n6}$、$\dfrac{R7}{f6}$ 替代优先配合中的 $\dfrac{H7}{m6}$、$\dfrac{M7}{h6}$。

（三）公差等级的选择

1. 公差等级选择原则

公差等级的选择应在满足使用要求的前提下，尽量选择较低的公差等级。

在测绘中，可以从以下三个方面综合选择被测零件的公差等级。

（1）根据待定零件所在部件的精度高低、零件所在部位的重要性、配合表面的粗糙度等级来选取公差等级。若被测部件精度要求较高、被测部件所在的位置重要、配合表面的粗糙度数值较小，则应选择较高的公差等级。反之，则应选择较低的公差等级。公差等级与尺寸精确程度的对应关系见表6-11。公差等级的优先选择见表6-12。

（2）根据各个公差等级的应用范围和各种加工方法所能达到的公差等级进行选取。不同的加工方法可能达到的精度等级见表4-2。

（3）考虑孔和轴的工艺等价性。当基本尺寸不大于 500mm 时，公差等级不大于 IT8 时推荐选择轴的公差等级比孔的公差等级高一级；当基本尺寸大于 500m 或公差等级大于 IT8 时，推荐选择孔与轴相同的公差等级。

表 6-11　公差等级与尺寸精确程度的对应关系

应用	公差等级(IT)																		
	01	0	1	2	3	4	5	6	7	8	9	10	11	12	13	14	15	16	17	18
量块	√	√	√																	
量规			√	√	√	√	√	√	√											
配合尺寸							√	√	√	√	√	√	√	√						
特别精密配合				√	√	√	√													
非配合尺寸														√	√	√	√	√	√	√
原材料尺寸										√	√	√	√	√						

表 6-12　公差等级的优先选择

选择顺序	公差等级	说　明
优先选择	IT9	为基本公差等级。用于机构中的一般连接或配合；配合要求有高度互换性；装配为中等精度
	IT6 IT7	用于机构中的重要连接或配合；配合要求有高度均匀性和互换性；装配要求精确，使用要求可靠
	IT11	用于对配合要求不很高的机构
	IT7 IT8	应用场合与 IT6、IT7 的类似，但要求条件较低。基本上用在过渡配合
其次选择	IT12	用于要求较低机构中的次要连接或配合；虽间隙较大而不致影响使用。或无配合要求的场合或要求较高，未注公差尺寸的极限偏差
再次选择	IT10	应用场合与 IT9 的类似，但要求可较低
	IT5 IT6	用于机构中极精确的配合处；配合公差要求很小，而且形状精度很高
	IT14 IT15 IT16	用于粗加工的尺寸以及锻、热冲、沙模及硬模铸造、轧制及焊接所成的毛坯和半制成品的尺寸一般用于自由尺寸或工序间的公差

2. 公差等级确定方法

在测绘时公差等级常用类比法或计算法来确定。

(1)用类比法确定公差等级

类比法是指将两个不同的事物相对比的一种科学方法。在机械设计中，类比主要是将确定公差等级的零件与其他同类产品的类似零件相对比，或将待确定公差等级的零件与单中基本零件相对比。

在实际工作中，可以通过将待定公差等级的零件与表 6-13 中的各种应用情况进行对比来确定其公差等级。

表 6-13 各种加工方法所能达到的公差等级

公差等级	加工方法	应用
IT01、IT2	研磨	用于量块、量仪
IT3、IT4	研磨	用于精密仪表、精密机件的光整加工
IT5	研磨、珩磨、精磨、精铰、粉末冶金	用于一般精密配合，IT7~IT6 在机床和较精密的仪器、仪器制造中应用最广
IT6		
IT7	磨削、拉削、铰孔、精车、精镗、精铣、粉末冶金	用于一般要求，主要用于长度尺寸的配合处，如键和键槽的配合
IT8		
IT9	车、镗、铣、刨、插	
IT10		
IT11	粗车、粗镗、粗铣、粗刨、插、钻、冲压、压铸	尺寸不重要的配合，IT12、TT13 也用于非配合尺寸
IT12、IT13		
IT14	冲压、压铸	用于非配合尺寸
IT15~IT18	铸造、锻造	

(2)用计算法确定公差等级

配合件的公差等级也可以根据实测的间隙和过盈量的大小，通过计算来确定。

计算如下：

$$配合公差 = 孔公差 + 轴公差$$

$$T_{配合} = T_{孔} + T_{轴}$$

当用实测间隙或过盈量的大小来代替配合公差时，

$$T_{测量} = T_{孔} + T_{轴}$$

查标准公差数值表(见表 4-4)，便可确定被测件的公差等级。

例：实际测得 φ35 轴与孔的实际间隙为 25μm，试确定轴、孔的公差等级。

解：查标准公差数值表，当孔为 IT6 时，标准公差为 16μm，当轴为 IT5 时，标准公差为 11μm，此时孔、轴的配合公差为

$$T_{测量} = T_{孔} + T_{轴} = 16 + 11 = 27\,(\mu m)$$

该选择与实测间隙接近，故是正确的选择。

例：实测 $\phi 85$ 轴与孔的间隙为 $100\mu m$，试确定轴、孔的公差等级。

解：查标准公差数值表，IT7 为 $35\mu m$，IT8 为 $54\mu m$，

当孔、轴同为 IT8 时，其配合公差为

$$T_{测量} = T_{孔} + T_{轴} = 54 + 54 = 108\,(\mu m)$$

当孔用 IT8，轴用 IT7 时，其配合公差为

$$T_{测量} = T_{孔} + T_{轴} = 54 + 35 = 89\,(\mu m)$$

上述两种选择所得到的孔轴配合公差均与实测间隙接近，都可作为最终的选择。

二、表面粗糙度的确定

表面粗糙度是零件表面的微观几何形状误差，对零件的使用性能和耐用性具有很大影响。确定表面粗糙度的方法很多，常用的方法有比较法、仪器测量法、类比法。比较法和仪器测量法适用于测量没有磨损或磨损极小的零件表面。对于磨损严重的零件表面只能用类比法来确定。

1. 比较法

比较法是将被测表面与粗糙度样板相比较，通过人的视觉、触觉，或借助放大镜来判断被测表面粗糙度的一种方法。利用粗糙度样板进行比较时，表面粗糙度样板的材料、形状和加工方法与被测表面应尽可能相同，提高判断的准确性。

用比较法评定表面粗糙度虽然不能精确地得出被测表面粗糙度数值，但由于器具简单，使用方便且能满足一般生产要求，故常用于工程实际之中。

2. 仪器测量法

仪器测量法是利用测量仪器来确定被测表面粗糙度的一种方法，也是确定表面粗糙度最精确的方法。

光切显微镜是测量表面粗糙度的专用仪器之一，可用于测量车、铣和刨及其他类似方法加工的金属外表面，主要用于测定高度参数 Rz 和 Ra，Rz 测量范围为 $0.8 \sim 100\mu m$；

干涉显微镜主要用于测量高度参数 Rz 和 Ra，Rz 测量范围为 $0.05 \sim 0.8\mu m$；

电动轮廓仪是一种接触式测量表面粗糙度的仪器，主要用于测量 Ra，Ra 测量范围为 $0.01 \sim 50\mu m$。

3. 类比法

用类比法确定粗糙度的一般原则有以下几点：

（1）同一零件上，工作表面的粗糙度值应比非工作表面小。

（2）摩擦表面的粗糙度值应比非摩擦表面小；滚动摩擦表面的粗糙度值应比滑动摩擦表面小。

（3）运动速度高、单位面积压力大的表面及受交变应力作用的重要表面的粗糙度值都要小。

（4）配合性质要求越稳定，其配合表面的粗糙度值应越小；配合性质相同时，零件尺寸越小，粗糙度也应越小；同一精度等级，小尺寸比大尺寸、轴比孔的粗糙度要小。

（5）表面粗糙度参数值应与尺寸公差及形位公差相协调。一般来说，尺寸公差和形位公差小的表面，其粗糙度值也应小。

（6）防腐性、密封性要求高、外表美观等表面粗糙度值应较小。

（7）凡有关标准已对表面粗糙度要求做出规定的，都应按标准规定选取表面粗糙度，如轴承、量规和齿轮等。

在选择参数值时，应仔细观察被测表面的粗糙度情况，认真分析被测表面的作用、加工方法和运动状态等，再对比表4-2、表6-13做适当调整。

对于常见结构的粗糙度取值范围要有基本的认识。例如平键和半圆键键槽两个侧面的粗糙度 Ra 通常为 $1.6\sim3.2\mu m$，键槽底面和顶面的粗糙度值为 $6.3\mu m$。

三、形位公差的确定

零件的形状和位置误差同样对机器的工作精度、寿命和质量等有直接的影响，特别对于在高速、高压、高温、重载等条件下工作的机器，影响更大。形位公差的确定主要包括公差项目、基准要素和公差等级（公差值）的确定等方面的内容。

（一）选择形位公差项目

形位公差项目的确定要考虑零件的几何特征、使用要求和经济性等方面的因素。一般来说，在保证零件功能要求的前提下，应尽量少选形位公差项目，以方便加工和检测，提高经济效益。

1. 零件的几何形状特性决定形位公差项目

形位公差是针对形位和位置的误差而制订的，零件的几何形状特征是选择被测要素公差项目的基本依据。例如，圆柱形零件的外圆会出现圆度、圆柱度误差；圆柱的轴线会出现直线度误差；平面零件会出现平面度误差；槽类零件会出现对称度误差；阶梯轴（孔）会出现同轴度误差；凸轮类零件会出现轮廓度误差等。

2. 根据零件的使用要求来选择形位公差项目

零件种类繁多，功能要求各异，必须充分了解被测零件的功能要求、熟悉零件的加工工艺，才能对零件提出合理的形位公差项目。

同一零件会存在多种形位误差，从要素的形位误差对零件在机器中使用性能的影响入手，确定所要控制的形位公差项目。

例如：圆柱形零件，当仅需要顺利装配，或保证轴与孔之间在相对运动时磨损最小时，可只选轴线的直线度公差。如果轴与孔之间既有相对运动，又要求密封性能好，为保证在整个配合表面有均匀的小间隙，又要求具有良好的圆柱度。就要综合控制圆度、素线直线度和轴线的直线度。再如，减速箱上各轴承孔轴线间平行度误差，会影响齿廓接触精度和齿侧间隙的均匀性。为保证齿轮的正确啮合，需要对其规定轴线之间的平行度公差。

（二）确定基准要素

基准要素的选择包括零件上基准部位的选择和基准数量的确定两个方面。

1. 基准部位的选择

选择基准部位时，主要应根据设计、使用要求和零件的结构特征来确定。

（1）选用零件在机器中定位的结合面作为基准。例如，常用箱体的底平面和侧面、零件的轴线、回转零件的支承轴颈或支承孔等作为基准。

（2）基准要素应具有足够的刚度和尺寸，以保证定位要素稳定、可靠。

（3）选用加工精度较高的表面作为基准部位。

2. 基准数量的确定

基准的数量应根据公差项目的定向、定位和几何功能要求来确定。定向公差大多需要一个基准，而定位公差则需要一个或多个基准。

例如，平行度、垂直度、倾斜度等，一般只用一个平面或一条轴线做基准要素；对于位置度，就可能要用到两个或三个基准要素。

（三）形位公差值的选择

在形位公差值的选择时，在满足零件功能要求的前提下，选取最经济的公差值。

1. 公差值选择的原则

（1）选用几何公差等级时，应注意它与尺寸公差等级、表面粗糙度等之间的关系。一般情况下，形状误差约占直径误差的 50% 左右，对高精度的零件约占 30%，对精度低的零件约占 70%，表面粗糙度的数值占平面度误差值的 1/4~1/5。

（2）在通常情况下，零件被测要素的形状误差比位置误差小得多。

① 在同一要素上给出的形状公差值应小于位置公差值。如要求平行的两个表面，平面度公差值应小于平行度公差值。

② 圆柱形零件的形状公差值（轴线的直线度除外），一般应小于其尺寸公差值。

③ 平行度公差值应小于其相应的距离公差值。

（3）降低 1~2 级选用公差值。

下列情况，考虑到加工的难易程度，在满足零件功能的要求下，应降低 1~2 级选用公差值：

① 孔相对于轴；

② 细长的轴和孔；

③ 距离较大的轴和孔；

④ 宽度大于 1/2 长度的零件表面；

⑤ 线对线和线对面相对于面对面的平行度、垂直度。

（4）执行已有形位公差规定。

凡有关标准已对形位公差作出规定的，应执行规定的标准。例如，与滚动轴承相配的轴和孔的圆柱度公差、机床导轨的直线度公差、齿轮箱体孔轴线的平行度公差等。

2. 形位公差的等级

国家标准 GB/T 1184—1996 规定了直线度、平行度、垂直度、平面度、同轴度等公差等级，共分 1~12 级，圆度、圆柱度的公差等级分为 0~12 级。

直线度、平面度的公差值见表 6-14；圆度、圆柱度的公差值见表 6-15；平行度、垂直度、倾斜度的公差值见表 6-16；同轴度、对称度、圆跳动和全跳动的公差值见表 6-17。列出上述表格可供读者在读图和测绘时按需查表。

表 6-14 直线度、平面度的公差值

| 主参数 L 图例 | |

主参数	公 差 等 级											
L/mm	1	2	3	4	5	6	7	8	9	10	11	12
	公 差 值 /μm											
≤10	0.2	0.4	0.8	1.2	2	3	5	8	12	20	30	60
>10~16	0.25	0.5	1	1.5	2.5	4	6	10	15	25	40	80
>16~25	0.3	0.6	1.2	2	3	5	8	12	20	30	50	100
>25~40	0.4	0.8	1.5	2.5	4	6	10	15	25	40	60	120
>40~63	0.5	1	2	3	5	8	12	20	30	50	80	150
>63~100	0.6	1.2	2.5	4	6	10	15	25	40	60	100	200
>100~160	0.8	1.5	3	5	8	12	20	30	50	80	120	250
>160~250	1	2	4	6	10	15	25	40	60	100	150	300
>250~400	1.2	2.5	5	8	12	20	30	50	80	120	200	400
>400~630	1.5	3	6	10	15	25	40	60	100	150	250	500
>630~1000	2	4	8	12	20	30	50	80	120	200	300	600
>1000~1600	2.5	5	10	15	25	40	60	100	150	250	400	800
>1600~2500	3	6	12	20	30	50	80	120	200	300	500	1000
>2500~4000	4	8	15	25	40	60	100	150	250	400	600	1200
>4000~6300	5	10	20	30	50	80	120	200	300	500	800	1500
>6300~10000	6	12	25	40	60	100	150	250	400	600	1000	2000

表 6-15 圆度、圆柱度的公差值

主参数 $d(D)$图例													

主参数 $d(D)$/ mm	公差等级												
	0	1	2	3	4	5	6	7	8	9	10	11	12
	公差值/μm												
≤3	0.1	0.2	0.3	0.5	0.8	1.2	2	3	4	6	10	14	25
>3~6	0.1	0.2	0.4	0.6	1	1.5	2.5	4	5	8	12	18	30
>6~10	0.12	0.25	0.4	0.6	1	1.5	2.5	4	6	9	15	22	36
>10~18	0.15	0.25	0.5	0.8	1.2	2	3	5	8	11	18	27	43
>18~30	0.2	0.3	0.6	1	1.5	2.5	4	6	9	13	21	33	52
>30~50	0.25	0.4	0.6	1	1.5	2.5	4	7	11	16	25	39	62
>50~80	0.3	0.5	0.8	1.2	2	3	5	8	13	19	30	46	74
>80~120	0.4	0.6	1	1.5	2.5	4	6	10	15	22	35	54	87
>120~180	0.6	1	1.2	2	3.5	5	8	12	18	25	40	63	100
>180~250	0.8	1.2	2	3	4.5	7	10	14	20	29	46	72	115
>250~315	1.0	1.6	2.5	4	6	8	12	16	23	32	52	81	130
>315~400	1.2	2	3	5	7	9	13	18	25	36	57	89	140
>400~500	1.5	2.5	4	6	8	10	15	20	27	40	63	97	155

表 6-16 平行度、垂直度、倾斜度的公差值

主参数 L、d(D)图例												

主参数 L、d(D) /mm	公差等级											
	1	2	3	4	5	6	7	8	9	10	11	12
	公差值/μm											
≤10	0.4	0.8	1.5	3	5	8	12	20	30	50	80	120
>10~16	0.5	1	2	4	6	10	15	25	40	60	100	150
>16~25	0.6	1.2	2.5	5	8	12	20	30	50	80	120	200
>25~40	0.8	1.5	3	6	10	15	25	40	60	100	150	250
>40~63	1	2	4	8	12	20	30	50	80	120	200	300
>63~100	1.2	2.5	5	10	15	25	40	60	100	150	250	400
>100~160	1.5	3	6	12	20	30	50	80	120	200	300	500
>160~250	2	4	8	15	25	40	60	100	150	250	400	600
>250~400	2.5	5	10	20	30	50	80	120	200	300	500	800
>400~630	3	6	12	25	40	60	100	150	250	400	600	1000
>630~1000	4	8	15	30	50	80	120	200	300	500	800	1200
>1000~1600	5	10	20	40	60	100	150	250	400	600	1000	1500
>1600~2500	6	12	25	50	80	120	200	300	500	800	1200	2000
>2500~4000	8	15	30	60	100	150	250	400	600	1000	1500	2500
>4000~6300	10	20	40	80	120	200	300	500	800	1200	2000	3000
>6300~10000	12	25	50	100	150	250	400	600	1000	1500	2500	4000

表 6-17　同轴度、对称度、圆跳动和全跳动的公差值

| 主参数
$d(D)$、B、L
/mm | |

主参数 $d(D)$、B、L /mm	1	2	3	4	5	6	7	8	9	10	11	12
	公差值/μm											
≤1	0.4	0.6	1.0	1.5	2.5	4	6	10	15	25	40	60
>1~3	0.4	0.6	1.0	1.5	2.5	4	6	10	20	40	60	120
>3~6	0.5	0.8	1.2	2	3	5	8	12	25	50	80	150
>6~10	0.6	1	1.5	2.5	4	6	10	15	30	60	100	200
>10~18	0.8	1.2	2	3	5	8	12	20	40	80	120	250
>18~30	1	1.5	2.5	4	6	10	15	25	50	100	150	300
>30~50	1.2	2	3	5	8	12	20	30	60	120	200	400
>50~120	1.5	2.5	4	6	10	15	25	40	80	150	250	500
>120~250	2	3	5	8	12	20	30	50	100	200	300	600
>250~500	2.5	4	6	10	15	25	40	60	120	250	400	800
>500~800	3	5	8	12	20	30	50	80	150	300	500	1000
>800~1250	4	6	10	15	25	40	60	100	200	400	600	1200
>1250~2000	5	8	12	20	30	50	80	120	250	500	800	1500
>2000~3150	6	10	15	25	40	60	100	150	300	600	1000	2000
>3150~5000	8	12	20	30	50	80	120	200	400	800	1200	2500
>5000~8000	10	15	25	40	60	100	150	250	500	1000	1500	3000
>8000~10000	12	20	30	50	80	120	200	300	600	1200	2000	4000

四、零件材料的确认与热处理方法的确定

零件材料的选择和热处理也是测绘的重要内容。零件材料的确认和热处理的方法对机械零件制造的成本和机器的工作性能、使用寿命有很大影响，在选择材料和热处理方面，已经形成了一整套行之有效的方法，可供在零部件测绘中参考。

（一）被测零件材料的确认

在零部件测绘中，零件材料的确认往往比较困难。在对被测零件材料的进行确认的时候，通常采用经验法和科学实验法两种方法。

经验法是根据生活经验和工程经验来确认材料。如对金属材料的确认，根据生活经验就能较容易地分辨出零件材料是钢、铜还是铝，也可以分辨出纸、塑料、石棉等。如果具备一些工程经验，还可以分辨出钢和铸铁、纯铝和合金铝等。

科学实验法是利用仪器或实验手段鉴别材料的一类方法。与经验法比较，具有科学性、精确性的特点。

1. 经验法

通过观察零件的用途、颜色、声音、加工方法和表面状态等，再与类似机器上的零件材料进行对比，或者查阅有关图纸、材料手册等，就能大致确定出被测零件所用的材料。

用经验法确定零件材料的方法，能从宏观上确认材料的大体类别。该方法对个人经验的依赖很大，在没有其他手段时，也不失为一种可行的方法，也可作为其他方法的辅助方法。

（1）从颜色上来区分有色金属和黑色金属。例如，钢铁呈黑色、青铜颜色青紫、黄铜颜色黄亮、铜合金一般颜色红黄、铅合金及铝镁合金则呈银白色等。

（2）从声音上可区分铸铁与钢。当轻轻敲击零件时，如声音清脆有余音者为钢，声音闷实者为铸铁。

（3）从零件未加工表面上区分铸铁与铸钢。铸钢的未加工表面比较光滑，铸铁的未加工表面相对粗糙。

（4）从加工表面区分脆性材料(铸铁)和塑性材料。脆性材料的加工表面刀痕清晰，有脆性断裂痕迹；塑性材料刀痕不清晰，无脆性断裂痕迹。

（5）从有无涂镀确定材料的耐腐蚀性，耐腐蚀材料往往是无需涂镀的。

（6）从零件的使用功能并参考有关资料来确定零件的材料。

2. 科学实验法

实验法是用实验手段精确地鉴别材料的方法。如：火花鉴别法、化学分析法、光谱分析法、金相组织观察法和表面硬度测试法等。

（1）火花鉴别法

利用金属材料在砂轮上磨削产生的火花的流线和爆花的次数不同来判断钢的种类和近似的型号。因为钢中碳含量及合金因素对火花的流线和爆花的次数有影响。

（2）化学分析法

化学分析法是对零件进行取样和切片，并用化学分析的手段，对零件材料的组成、含量进行鉴别的方法。化学分析法是一种最可靠的材料鉴定方法，具有极高的可信度。但需

要对零件进行局部破坏或损伤。在实际检测中，用刀在非重要表面上刮下少许材料进行化验分析。

（3）光谱分析法

各种不同的化学元素，具有不同的光谱。光谱分析法是采用光谱分析仪，依靠组成材料中各元素的光谱不同，来分辨材料中各组成元素的一种分析方法。光谱分析法主要用来对材料中各组成元素进行定性的分析，而不能对其进行准确的定量鉴定。

（4）硬度鉴定法

硬度是材料的主要机械性能之一，一般在测绘中若能直接测得硬度值，就可大致估计零件的材料。硬度测定一般在硬度机上进行。用硬度机来确定零件表面硬度，常用的有布氏硬度（HBW）法、洛氏硬度（HRC）法、维氏硬度（HV）法和肖氏硬度（HS）法。

（二）热处理

热处理在机械制造业中的应用非常广泛。热处理是将固态金属加热到一定温度，保温一定时间，再在介质中以一定的速度冷却的一种工艺过程。常用的热处理方法有：退火、正火、淬火、回火、表面淬火及化学热处理等。零件经过热处理后，可以改善其机械性能、力学性能及工艺性能，提高零件的使用寿命，常见分热处理及其作用见表4-13。

在工程实践中，常用机械零件有些已经形成了一套固定的热处理方法，在零部件测绘中可以参考使用。轴的材料与热处理方法见表6-18。

表 6-18　轴的材料与热处理方法

工作条件	材料与热处理
用滚动轴承支承	45、40Cr，调制，220～250HBS；50Mn，正火或调质270～323HBS
用滑动轴承支承，低速轻载或中载	45，调制，225～255HBS
用滑动轴承支承，速度稍高，轻载或中载	45、50、40Cr、42MnVB，调制，228～255HBS；轴径表面淬火，45～50 HRC
用滑动轴承支承，速度较高，中载或重载	40Cr，调制，228～255HBS；轴径表面淬火，不小于54 HRC
用滑动轴承支承，高速中载	20、20Cr、20MnVB，轴径表面渗碳，淬火，低温回火，58～62HRC
用滑动轴承支承，高速重载，冲击和疲劳应力都高	20CrMnTi，轴径表面渗碳，淬火，低温回火，不小于59HRC
用滑动轴承支承，高速重载、精度很高（≤0.003mm），承受很高疲劳应力	38CrMoAlA，调质，248～286HBS，轴径渗氮，不小于900HV

在零部件测绘中，将确认的零件的材料填写在图纸的标题栏中，将零件的热处理方法用写在"技术要求"的文字说明中。

习题六

1. 简述零部件测绘的步骤，每一步要完成的主要工作是什么？
2. 在零、部件拆卸之前需要做好哪些准备工作？零、部件的拆卸原则有哪些？
3. 绘制出图 1-2 所示旋塞阀的装配示意图。
4. 测得 $\phi35$ 的轴与孔的实际间隙为 $25\mu m$，试确定轴、孔的公差等级。
5. 简述确定测绘零件的材料的方法有哪些？

第七章　零部件测绘实例

第一节　泵轴的测绘

轴类零件是组成机器的重要零件之一，主要作用是传递运动和扭矩，齿轮、带轮、叶轮等转动零件一般都装在轴上，轴类零件是测绘中经常见到的典型零件，以如图7-1所示悬臂离心泵泵轴为例，说明轴类零件的测绘步骤与方法。

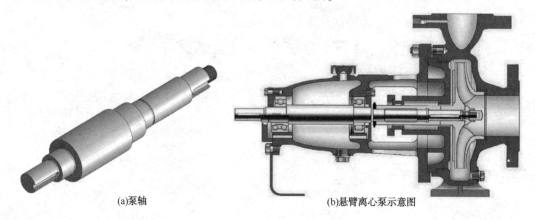

(a)泵轴　　　　　　　　(b)悬臂离心泵示意图

图7-1　泵轴及其工作场合示意图

该泵轴是一个悬臂离心泵的泵轴。测绘前，要充分了解和分析泵轴结构与功能。如图7-2所示，在充分考虑其结构与功能的基础上，分析泵轴的结构，将整个轴分段来研究。将该泵轴分为Ⅰ～Ⅷ，共八段。与泵轴配合的零部件主要有联轴器、轴承、密封轴套、叶轮以及固定螺母。

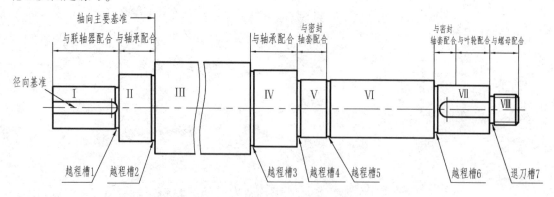

图7-2　泵轴结构功能分析示意图

第Ⅰ段：该轴段为与联轴器配合段，其上的键槽用于键与联轴器的连接，轴径与联轴器的连接有尺寸公差要求，其右端设置了砂轮越程槽 1。

第 II 段：该轴段为与轴承配合段，为轴承支撑的一端，轴径与轴承内圈有尺寸配合要求，右端设有砂轮越程槽 2。

第 III 段：该轴段为非配合段，但其左右端面均为轴承的轴向定位端面，这两个端面均为轴向尺寸主要基准。

第 IV 段：该轴段为与轴承支撑的另一端，与 II 段相同，左端设置有砂轮越程槽 3。

第 V 段：该轴段为密封安装段，该段轴径与密封轴套有配合要求，左端设置有砂轮越程槽 4。

第 VI 段：该轴段为非配合段。

第 VII 段：该轴段为密封套筒及叶轮两个部分的配合，轴径通过键与套筒和叶轮实现连接，左端设置了砂轮越程槽 6。

第 VIII 段：该轴段为螺纹连接段，通过与螺母的螺纹连接，实现叶轮的轴向定位与锁紧，螺纹的左端设置有螺纹退刀槽 7。

一、泵轴零件草图的绘制

（一）确定表达方案

泵轴主要加工工序是在车床和磨床上进行，因此主视图，依照加工位置原则，轴线水平放置。依照形状特征原则，轴上的键槽朝前对着观察者，如图 7-3 所示，两处键槽采用移除断面图来表达。

（二）确定绘图比例，绘制草图

尽量选用 1∶1 比例绘制草图，或采用国家标准相关规定，本次绘图泵轴，绘图比例采用为 1∶1。绘图时尽量确保线段之间的大概比例，由于是徒手草图，比例并不严格要求，但是尽量保持线段之间的大概比例关系。

（三）确定需标注尺寸，在草图中标注

认真分析零件的结构与功能，确定尺寸基准及需要标注的尺寸。

1. 确定尺寸基准

轴类零件其基准主要是轴向和径向两个方向。径向的基准为轴的水平轴线。轴向的一般选取用于配合定位的端面作为主要基准（设计基准），以及用于方便加工、测量的辅助基准（工艺基准）。

如图 7-2 所示，泵轴的径向的尺寸基准为轴的水平轴线。轴向的主要基准（设计基准）为第 III 段轴的左端面，因为这个端面是轴承的定位面。泵轴的左右两个轴头端面均为辅助基准（工艺基准）。

2. 尺寸标注

从轴向尺寸、径向尺寸及典型结构尺寸三个方面，考虑轴类零件的尺寸标注。这样将轴类零件的尺寸分类，思路清晰、不容易丢漏尺寸。

（1）泵轴径向尺寸标注

泵轴中除第 VIII 段为螺纹 M 之外，其他依次需要注出 $\phi_1 \sim \phi_7$，其中有配合要求的轴段为 ϕ_1、ϕ_2、ϕ_4、ϕ_5、ϕ_6 和 ϕ_7，除基本尺寸外，还需要进一步确定尺寸公差。

（2）泵轴轴向尺寸标注

主要轴向尺寸直接注出，例如：主要轴向尺寸 L_2、L_4、L_5 要直接注出，L_3 也是主要尺寸，用来为另一个与轴承配合的端面间接定位的尺寸。同时，在保证设计要求的前提下，轴向尺寸的标注，还要尽量考虑加工工艺的要求进行标注。

（3）典型结构的标注

轴类零件上常见的典型结构有倒角、倒圆、键槽、退刀槽、砂轮越程槽、螺纹以及各种孔(中心孔、销孔和螺纹孔)等，这些典型结构的尺寸标注都要熟练掌握。

泵轴上有 2 个键槽、6 处砂轮越程槽、1 处螺纹退刀槽、1 处倒角和 1 处外螺纹。这些结构都标准化了，在测量完成后，还要参照相关标准进行标准化处理，然后进行标注。

在泵轴零件草图上，标注出需测量尺寸(尚无尺寸数字)，如图 7-3 所示。

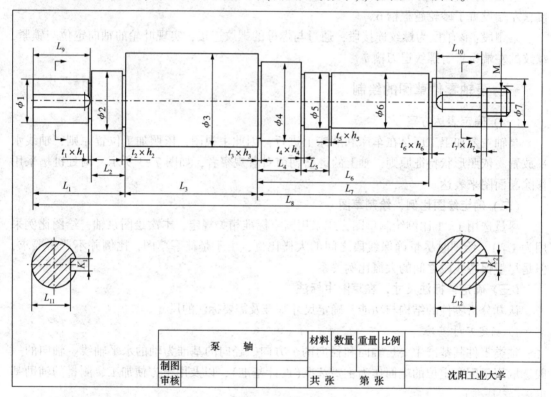

泵　　轴		材料	数量	重量	比例	
制图						沈阳工业大学
审核		共　张		第　张		

图 7-3　泵轴草图 1

二、泵轴尺寸测量及数据处理

1. 选择合适的测量工具

尺寸的性质不同，测量的精度要求也不同，合理选择测量工具，才能事半功倍。

泵轴的测量工具主要有直尺、游标卡尺、千分尺、角度尺和螺纹规等。直尺用于测量轴向尺寸初测和辅助测量；游标卡尺用于径向尺寸初测、轴向尺寸精测及各类典型结构，如键槽、越程槽的测量；千分尺用于径向尺寸的精测；螺纹规用于螺纹要素的测量。

2. 尺寸测量及数据处理

建立测量记录表，方便记录测绘数据。泵轴的测量与记录，仍建议将尺寸分为径向、轴向及典型结构分类完成。表 7-1 为泵轴径向尺寸测量表，表 7-2 为泵轴径向尺寸数据处理表，泵轴测绘记录表中带"*"的尺寸为主要尺寸(以下同)。

表 7-1 泵轴径向尺寸测量表　　　　mm

测量值	ϕ_1*	ϕ_2*	ϕ_3	ϕ_4*	ϕ_5*	ϕ_6	ϕ_7*	M
初测 (游标卡尺)	22.00	32.02	48.00	40.02	30.50	30.00	25.00	16
精测 (千分尺)	22.010	30.015	48.010	40.010	30.490	30.000	25.010	15.980
	22.010	30.010	48.015	40.010	30.485	30.000	25.015	15.960
均值	22.010	30.0125	48.0125	40.010	30.4875	30.000	25.0125	15.970

表 7-2 泵轴径向尺寸数据处理　　　　mm

	测量平均值	功能	功能需求	终值
ϕ_1*	22.01	与联轴器配合段	基孔制，过渡(过盈配合)或小过盈量过盈配合	$\phi22m6\left(\dfrac{0.021}{0.008}\right)$
ϕ_2*	30.0125	与轴承配合段	基孔制，过盈配合	$\phi30k6\left(\dfrac{0.015}{0.002}\right)$
ϕ_3	48.0125	非配合段		48
ϕ_4*	40.01	与轴承配合段	基孔制，过盈配合	$\phi40k6\left(\dfrac{0.018}{0.002}\right)$
ϕ_5*	30.4875	与密封轴套配合段	基轴制，小间隙配合	$\phi30.5h6\left(\dfrac{0}{-0.016}\right)$
ϕ_6	30.00	非配合段		30
ϕ_7*	25.0125	与密封轴套、叶轮	与轴套配合：基轴制，小间隙配合； 与叶轮配合：基孔制，小间隙配合	$\phi25m6\left(\dfrac{0.021}{0.008}\right)$
M	15.97	与螺母配合段	螺纹连接紧固	M16

(1) 径向尺寸测量及数据处理

泵轴径向尺寸测量数据记录表，见表 7-1。由于径向尺寸中有配合要求的重要尺寸比较多，测量精度要求比较高。依据经验，现场测量时，即使是精度要求高的主要尺寸，最好先利用游标卡尺完成初测，然后再利用千分尺进行精测，这样可以有效避免直接用千分尺测量读数出错的几率。因此，表中分初测和精测，平均值为精测的平均值。

径向尺寸完成测量后，对数据进行处理。在数据处理过程中，首先要从结构和作用出发判断每一轴段的作用。对配合段要进行配合基准制及配合类型的判断，并参照相关标准，进行数据标准化处理，最终确定基本尺寸及公差，

泵轴径向尺寸的数据处理详见表 7-2。

（2）轴向及典型结构尺寸的测量与数据处理

表 7-3 为泵轴轴向尺寸测量及数据处理表，表 7-4 为泵轴典型结构测量及数据处理表。

表 7-3　泵轴轴向尺寸测量及数据处理

mm

	L_1	L_2	L_3^*	L_4	L_5	L_6	L_7	L_8
测量值 （游标卡尺）	56.02	19.98	75.04	25.02	15.98	99.02	129.04	275.14
	56.02	20.00	75.04	25.00	15.98	99.00	129.02	275.16
	56.02	20.00	75.04	25.02	15.98	99.02	129.02	275.16
均值	56.02	19.993	75.04	25.0133	15.98	99.0133	129.0267	275.14
圆整及标准化	56	20	$75\left(^{+0.05}_{+0.03}\right)$	25	16	99	129	275
数据处理说明	L_3^* 实测均值为 75.04，由于该段左右两端为与之配合的轴承内圈的轴向定位端，为了确保轴承游隙的精度，该段轴向尺寸精度控制在 ±0.01，因此确定尺寸为 $75\left(^{+0.05}_{+0.03}\right)$							

表 7-4　泵轴典型结构测量及数据处理

mm

	键槽 1			越程槽						键槽 2			退刀槽 7	螺纹	倒角
	定位	深	宽	宽×深						定位	深	宽			
	L_9	L_{11}	K_1	$t_1×h_1$	$t_2×h_2$	$t_3×h_3$	$t_4×h_4$	$t_5×h_5$	$t_6×h_6$	L_{10}	L_{12}	K_2	$t_7×h_7$	螺距	C
测量值	35.00	18.50	6.00	2.00× 0.32	2.02× 0.30	2.04× 0.30	2.00× 0.30	2.02× 0.30	2.00× 0.30	27.04	20.80	7.98	2.50× 1.00	1.5	1
	35.00	18.48	5.98	2.00× 0.32	2.02× 0.30	2.02× 0.32	2.00× 0.30	2.00× 0.30	2.00× 0.30	27.04	20.80	7.98	2.50× 1.02	1.5	1
	35.00	18.48	5.98							27.04	20.80	8.00			
均值	35.00	18.487	5.987	2.00× 0.32	2.02× 0.30	2.03× 0.31	2.00× 0.30	2.01× 0.30	2.00× 0.30	27.04	20.80	7.987	2.50× 1.01		
圆整及标准化	35	18.50	6N9	2×0.3	2×0.3	2×0.3	2×0.3	2×0.3	2×0.3	27	21	8N9	2.5×1	1.5	1
数据处理	① 对于键槽、退刀槽、砂轮越程槽、中心孔等有结构，查阅相关国家标准与手册，进一步确定其尺寸 ② 泵轴的两处键槽宽的公差均为正常联结选择 N9														

测量数据处理完成后，完成泵轴的零件草图的尺寸标注，见图 7-4。

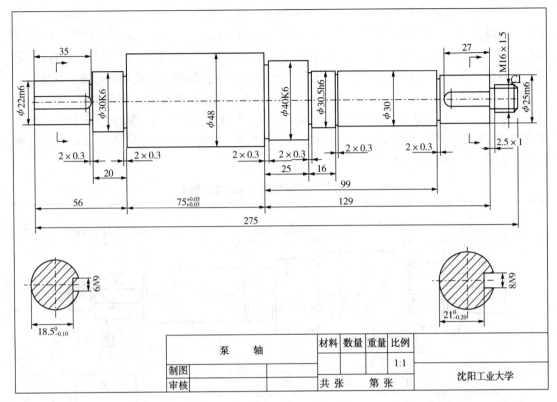

图 7-4　泵轴草图 2(完成标注尺寸)

三、泵轴粗糙度与形位公差的确定

(一) 粗糙度值的确定与注写

1. 粗糙度值的确定

工程实践中,在确定被测零件的表面粗糙度时,在仔细观察被测零件表面质量的基础上,认真分析被测表面的作用、加工方法、配合及运动状态,结合工作经验,用类比法,确定粗糙度值,如有条件可以使用粗糙度样板或者仪器进行测量,获得零件表面的粗糙度值。

确定的泵轴各表面的粗糙度 Ra,见表 7-5。

2. 粗糙度值的注写

按照国标规定,将确定好的粗糙度,正确地标注在泵轴的草图中。特别注意,所有未单独注出粗糙度要求的零件表面的粗糙度,统一标注在标题栏的上方,如图 7-5 泵轴草图 3 所示。

(二) 形位公差的确定与注写

1. 形位公差的确定

首先,必须了解被测零件的功能,熟悉加工工艺,从要素的形位公差对零件的使用性能的影响入手。对被测零件提出所要控制的形位公差项目,在满足零件的功能要求的前提下,选取最经济的公差值。

分析泵轴，泵轴第Ⅱ段和第Ⅳ段用于安装轴承，从功能角度，要保证这两段的轴径的同轴度。同时，用于轴向轴承定位的两个轴肩要保证与轴线的垂直度，确保一对轴承的正常工作。Ⅰ段和Ⅶ段的轴线对于Ⅱ、Ⅳ段联合基准 A-B 的同轴度也需要保证；另外，第Ⅰ段和第Ⅳ段的键槽，将来均需要与键配合，为保证正常的键传动，键槽的槽宽均需保证对称度。

选用几何公差等级时，应注意它与尺寸公差等级、表面粗糙度等之间的关系（具体参见第四章第三节）。经分析泵轴的所有的同轴度，公差等级均选取 6 级。轴向轴承定位的两个轴肩与轴线的垂直度，公差等级选取 5 级。两处键槽，以键宽为工程尺寸，选对称度公差等级为 8 级，具体见表 7-5。

表 7-5　泵轴的粗糙度和形位公差的确定

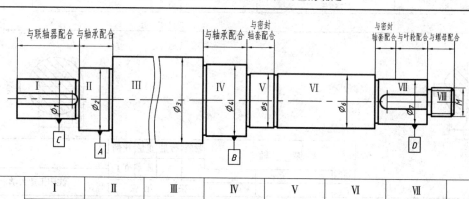

	Ⅰ	Ⅱ	Ⅲ	Ⅳ	Ⅴ	Ⅵ	Ⅶ	Ⅷ
	ϕ_1	ϕ_2	ϕ_3	ϕ_4	ϕ_5	ϕ_6	ϕ_7	M
粗糙度/ μm	ϕ_1 轴径: $Ra\ 1.6$ 键槽宽: $Ra\ 1.6$ 槽底: $Ra\ 3.2$	ϕ_2 轴径: $Ra\ 1.6$	左、右侧轴端面均为 $Ra\ 3.2$	ϕ_4 轴径: $Ra\ 1.6$	ϕ_5 轴径: $Ra\ 1.6$		ϕ_7 轴径: $Ra\ 1.6$ 键槽宽: $Ra\ 1.6$ 槽底: $Ra\ 3.2$	M 螺纹: $Ra\ 12.5$
	说明: 其余未单独标注粗糙度的表面, 粗糙度均为 $Ra\ 12.5$。							
形位公差/ mm	ϕ_1 的轴线对 A-B 基准的同轴度为 6 级, 值为 0.010	ϕ_2 的轴线对 Ⅳ 段的轴线的同轴度 6 级, 值为 0.010	ϕ_3 段的左、右端面分别对基准 A、B 垂直度为 5 级, 值为 0.012				ϕ_7 的轴线对 A-B 基准的同轴度为 6 级, 值为 0.010	
	键槽宽: 对称度 8 级, 值为 0.012						键槽宽对称度 8 级, 值为 0.015	

2. 形位公差的注写

按照国标规定，将确定好的形位公差正确地标注在泵轴的草图中，如图 7-5 所示。

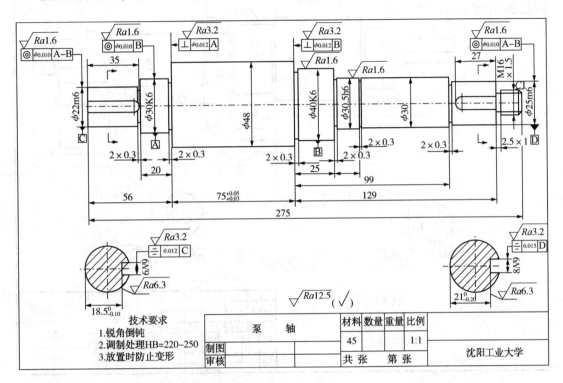

图 7-5 泵轴草图 3

四、材料及其他技术要求的确定

泵轴的材料经判定为 45 号优质碳素结构钢。45 号钢通常用作要求机械综合性能高的各种零件，用于制造轴、齿轮、齿条、螺栓、螺母、销钉、键和拉杆等零件。数字 45 表示钢中平均含碳量（质量分数），45 号钢即表示碳的平均含量为 0.45%。45 号钢通常经过正火或者调质处理，提高韧性及强度，重要的轴及丝杠等零件一般都需要进行调质处理。正火即将工件加热到临界温度以上，保温一段时间，然后在空气中冷却。调质处理为淬火后进行高温回火。

泵轴需要进行调质处理（HB220~250），泵轴表面还需去毛刺锐边，轴在放置过程中要防止变形。

零件的材料需要填注在标题栏中，热处理等相关技术要求文字部分，需要注写到草图中的"技术要求"中。完成后的泵轴最终的草图见图 7-5。

五、泵轴的零件工作图

在完成泵轴草图的基础上，可以利用图板或计算机完成泵轴工作图的绘制，利用 Auto-CAD 完成的泵轴的零件图，如图 7-6 所示，绘图方法参见第八章。

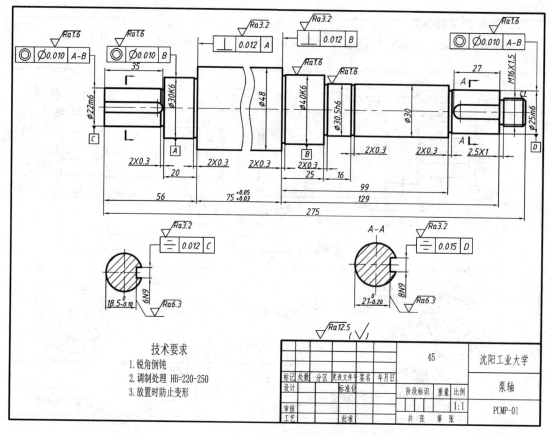

技术要求
1. 锐角倒钝
2. 调制处理 HB=220-250
3. 放置时防止变形

							45	沈阳工业大学
标记	处数	分区	更改文件号	签名	年月日			泵轴
设计			际准化			阶段标识	重量	比例
审核								1:1	PUMP-01
工艺			批准			共 张 第 张		

图 7-6　泵轴零件工作图

第二节　法兰盘的测绘

盘盖类零件是机器中常见的零件，主要起到支撑、轴向定位及密封作用。其基本形状为回转体，以车床加工为主。以图 7-7 所示法兰盘为例，说明盘盖类零件的测绘步骤与方法。

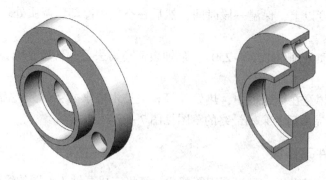

图 7-7　法兰盘三维模型

一、法兰盘零件草图的绘制

(一) 确定视图表达方案

法兰盘主要加工工序是在车床上加工，依照加工位置原则，即轴线水平放置，主视图常采用全剖视图，主要表达零件沿轴向的外部形状和内部结构。在轴线水平放置法兰盘时，尽量小端朝左，以确保左视图可见的部分最多。配置左视图，主要表达沿径向的外形及法兰盘上用于连接的径向分布的孔的情况。

法兰盘上的典型结构有：倒角、阶梯孔、倒圆和砂轮越程槽等。

选用1:1比例绘制草图，完成法兰盘的零件草图1，如图7-8所示。

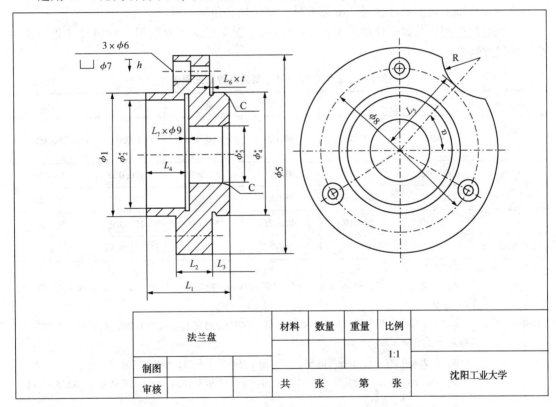

法兰盘		材料	数量	重量	比例	
					1:1	
制图						沈阳工业大学
审核		共 张		第 张		

图7-8 法兰盘零件草图1

(二) 确定需要测量尺寸，在草图上完成标注

1. 确定尺寸基准

法兰盘以回转体为主，因此有轴向和径向两个尺寸基准。

如图7-8所示，法兰盘的径向基准为水平回转轴线，轴向基准需要分析其功能才能确定。从主视图的3个均布的阶梯孔可知，该零件在机器中会以其阶梯孔所在的右端面为接触面，实现在机器或部件中的定位。因此，该端面为轴向主要基准，法兰盘的最右端面可以作为轴向的辅助基准，如图7-8所示。

2. 尺寸分析

从轴向尺寸、径向尺寸及典型结构尺寸三个方面，考虑法兰盘的标注尺寸。

径向尺寸要分成外部结构的径向尺寸和内部结构的径向尺寸两类来考虑,例如:外部径向尺寸有 ϕ_1、ϕ_4、ϕ_5,内孔径向尺寸有 ϕ_2 和 ϕ_3。

轴向尺寸也是如此,首先考虑外部形状的轴向尺寸,再考虑内部结构的轴向尺寸。

法兰盘典型结构的尺寸主要有 3 个均布的阶梯孔的定位与定形尺寸,2 处倒角,2 个越程槽以及圆缺结构的尺寸标注。

尺寸标注之后,要进一步分析检查定形、定位尺寸、总体尺寸是否齐全,在法兰盘零件草图上,标注出需测尺寸,如图 7-8 所示。

二、法兰盘尺寸测量与标注

法兰盘测量工具主要有直尺、游标卡尺、螺纹规和角度尺等。

法兰盘数据测量及数据处理见表 7-6~表 7-8,分为径向尺寸数据、轴向尺寸数据及典型结构尺寸数据。

表 7-6　法兰盘径向尺寸测量及数据处理表　　　　　　　　mm

测量值	ϕ_1	$\phi_2{}^*$	$\phi_3{}^*$	$\phi_4{}^*$	ϕ_5	ϕ_8
初测 (游标卡尺)	69.98	60.02	30.02	69.98	120.02	95.02
(精测) (千分尺)	69.980	60.010	30.010	69.990	120.020	95.040
	69.980	60.010	30.005	69.990	120.020	95.020
均值	69.980	60.010	30.0075	69.990	120.020	95.030
圆整与标准化	70	60H7	30H7	70k6	120	95
数据的标准化说明	$\phi_2{}^*$:为基孔制配合的基准孔,参照均值 60.010,确定基本尺寸为 60,查表确定为 IT7 级,即 ϕ60H7 $\phi_3{}^*$:为基孔制配合的基准孔,参照均值 30.0075,确定基本尺寸为 30,查表确定为 IT7 级,即 ϕ30H7 $\phi_4{}^*$:为基孔制配合,参照均值 69,990,确定基本尺寸为 70,查表确定为 ϕ70k6 ϕ_8:ϕ_8 为均布的三个阶梯孔的径向定位尺寸,该尺寸为间接测量尺寸(过程从略),数据为计算值					

表 7-7　法兰盘轴向尺寸测量及数据处理表　　　　　　　　mm

	L_1	L_2	L_3	L_4
测量值 (游标卡尺)	45.02	20.00	7.00	25.01
	45.02	20.00	7.005	25.01
	45.02	20.00	7.00	25.01
均值	45.02	20.00	7.00	25.01
圆整	45	20	7	25

表 7-8 法兰盘典型结构测量及数据处理表   mm

	阶梯孔			退刀槽	退刀槽	倒角		圆缺结构		
	ϕ_6	ϕ_7	h	$L_6 \times t$	$L_7 \times \phi_9$	外倒角	内倒角	L_5	$\alpha(°)$	R
测量值	11.02	18.04	10.02	2.00×0.50	4.02×ϕ62.00	C2.00	C2.00	50.02	45.04	30.0
	11.02	18.04	10.02	2.02×0.50	4.02×ϕ62.00	C2.00	C2.00	50.02	45.04	30.0
均值	11.02	18.04	10.02	2.01×0.50	4.02×ϕ62.00	C2.00	C2.00	50.02	45.04	30.0
圆整	11	18	10	2×0.5	4×ϕ62	C2	C2	50	45	30
说明	① $L_7 \times \phi_9$ 的值为非直接测量值 ② 圆缺半径 R 采用拓印法测量									

完成法兰盘的尺寸测量及数据处理后，在草图上完成尺寸标注，法兰盘草图 2 如图 7-9 所示。

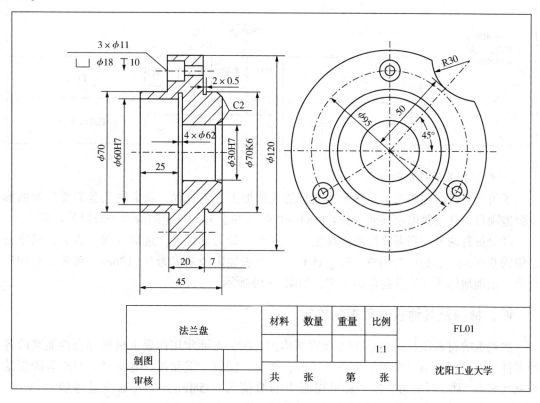

图 7-9 法兰盘零件草图 2(尺寸标注)

三、法兰盘粗糙度与形位公差的确定

1. 粗糙度值的确定与注写

分析法兰盘的功能，可知，有径向配合表面要求的表面粗糙度要求较高，即确定粗糙度为 $Ra3.2$ 和 $Ra6.3$。此外，轴向基准段面以及最右端的表面，表面质量要求也较高，确定为 $Ra3.2$，其他表面均为 $Ra12.5$。完成表面粗糙度注写的法兰盘草图 3，见图 7-10。

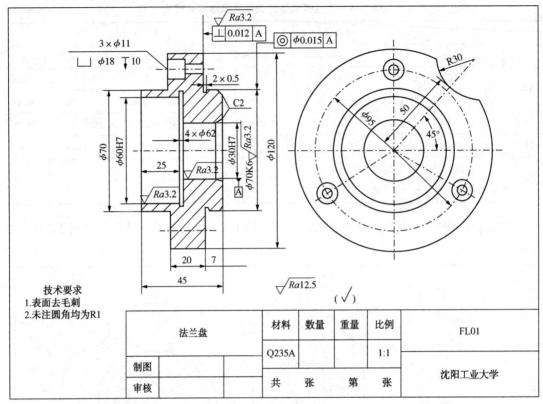

图 7-10　法兰盘零件草图 3

2. 形位公差的确定的注写

了解法兰盘的功能需求，熟悉法兰盘的大致加工工艺过程，确定法兰盘需要控制的形位公差项目，并按照国家标准 GB/T 1184—1996 形位公差的规定的级别来选择公差值。

经分析有两处分别需要给出形位公差。其中一处为同轴度，选取 6 级，查表，确定公差值为 0.015mm；另一处为垂直度，选 6 级，查表确定公差值为 0.012mm。将确定好的形位公差正确地标注在法兰盘草图 3 中，如图 7-10 所示。

四、材料及其他技术要求的确定

法兰盘的材料经判定为 Q235A 碳素结构钢。Q235A 通常用作要求机械综合性能高的各种零件，用于制造轴、齿轮、齿条、螺栓、螺母、销钉、键和拉杆等零件。"Q"为碳素结构钢屈服点"屈"的拼音，235 表示屈服点的数值为 235MPa，A 表示质量等级为 A 级。Q235A 碳素结构钢，在出厂状态下，一般不需要热处理。

法兰盘技术要求表面去毛刺锐边，以上技术要求需要注写到草图中的"技术要求"中，见图 7-10。

五、法兰盘零件工作图

在完成法兰盘零件草图的基础上。可以利用图板或计算机，完成法兰盘零件工作图的绘制，利用 AutoCAD 完成法兰盘的零件图，如图 7-11 所示。

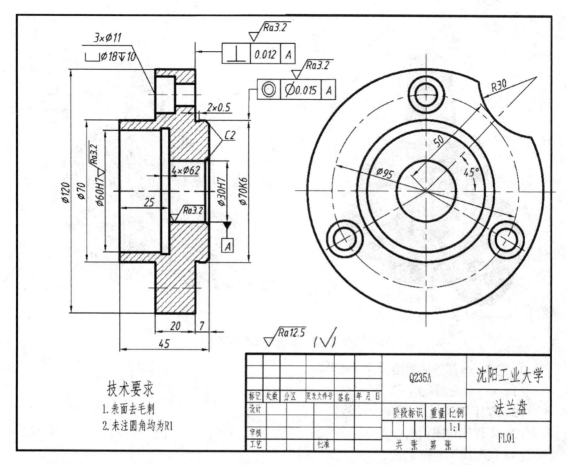

图 7-11 法兰盘零件图

第三节 安全阀的测绘

零部件测绘作为工科院校独立设置的综合能力训练环节，具有较强的实践性和实用性。

安全阀是安装在供油管路的安全装置，属于部件。以图 7-12 所示安全阀为例，说明部件测绘的方法和步骤。

一、零部件测绘工作的组织与管理

组织学生的测绘工作，首先教师要下达测绘实训任务书，教师组织学生依照任务书完成测绘，并完成测绘报告（包括图纸），然后组织答辩，教师综合给出成绩。

（一）测绘实训任务书

测绘任务书一般包括：测绘题目、测绘内容、测绘学时、测绘地点、指导教师学生和姓名等内容。

1. 测绘题目：×××部件测绘

2. 测绘内容：

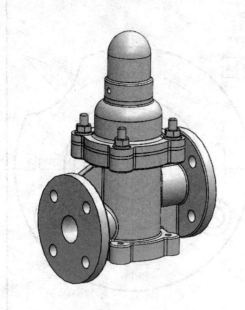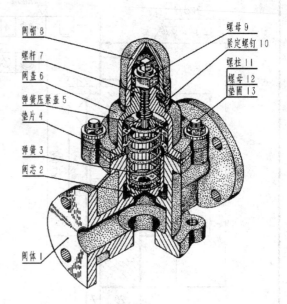

图 7-12　安全阀三维模型

3. 完成×××部件的测绘，并完成：

（1）×××装配图×张；

（2）零件草图×张；

（3）零件工作图×张；

（4）装配图示意图 1 张；

（5）测绘报告书 1 份

4. 测绘学时：×周

5. 测绘地点：

6. 指导教师：（签名）

7. 测绘时间：　年 月　日～年 月　日

（二）测绘实训报告

学生测绘完成后，要撰写实训报告。实训报告要统一装订成册，有统一的封皮格式，测绘实训报告主要包括：

1. 封皮

2. 测绘内容

3. 测绘过程

（1）零、部件作用或者工作原理分析；

（2）画出部件装配示意图；

（3）完成部件拆卸；

（4）测绘并绘制零件草图；

（5）绘制装配图；

（6）绘制零件图。

4. 测绘体会

5. 附件：所有图纸及记录表

（三）答辩

答辩是测绘实训的最后一个环节。让学生展示自己的测绘作品，全面分析检查测绘作业的长处与不足，培养学生解决工程实际问题的能力。答辩也是评定学生成绩的主要依据之一。

零、部件测绘实训答辩的过程，通常有以下几个步骤。

1. 展示测绘作业

学生要向答辩教师展示在测绘实训中绘出的全部图纸，以及所有测绘记录表。

2. 阐述规定问题

答辩一般都有必须回答的规定问题。这些问题主要包括：被测绘部件的作用与工作原理；主要零件的视图、装配图的表达方案是如何选择的，各视图重点表达的内容；各件间的装配关系，配合尺寸的选择与含义；技术要求的选择及其含义；尺寸的类型、基准和标注方法等。上述内容也是测绘报告书所分析论述的内容。

3. 抽签答辩

根据被测零、部件，组织答辩的教师通常会预先准备些题目，参加答辩的学生在回答完规定题目后，现场抽取二至三个答辩题，根据题目立即做出回答。

（四）成绩评定

包括平时成绩、测绘报告和答辩成绩几部分组成。所占比例可以自定或参照，平时成绩 10%、测绘报告 70%、答辩成绩 20%。

二、安全阀部件的分析

1. 工作原理分析

安全阀是用于油压回路中控制油的压力。当油压处于使用范围以内时，压力油从下部的管口流入，从左边的（低的一端）管口流出；当油压超过使用范围时，压力油克服弹簧 3 的压力，顶开阀芯 2，从右边（高的一端）管口流回油池，从而保持油压处于规定范围以内，如图 7-12 所示。

安全阀的工作油压可以通过螺杆 7 进行调节。调节时，先卸掉紧定螺钉 10，卸下阀帽 8 松开螺母 9，然后拧入（或旋出）螺杆 7 以调节弹簧 3 的压力，达到调整油压的目的。调好后，再拧紧螺母 9，防止螺杆松动，并盖上阀帽 8，装好紧定螺钉 10。

2. 装配关系分析

安全阀的装配干线有两条。

一条装配干线是由阀体 1、垫片 4、阀盖 6、双头螺柱 11、螺母 12、垫圈 13、阀帽 8，以及紧定螺钉 10 组成的。阀体 1 和阀盖 6 之间，加垫片 4 后，用四个双头螺柱 11、垫圈 13 和螺母 12 实现连接。阀帽 8 通过紧定螺钉 10 实现与阀盖 6 的定位与连接。

另一条装配线由阀芯 2、弹簧 3、弹簧压紧盖 5、螺杆 7 以及螺母 9 组成。阀芯 2 安放在阀体 1 的内腔的上部，将弹簧 3 垂直安放在阀芯 2 的圆柱筒体内。加弹簧压紧盖 5 后，用螺杆7穿过阀盖6的螺纹孔实现与弹簧压紧盖的装配。最后，用螺母9与螺杆7上的螺纹的配合实现对弹簧的压紧。

三、安全阀装配示意图的绘制

在拆卸前要画出装配示意图。装配示意图的绘制，常常不能在部件拆卸前全部完成，只能绘制部件的外形结构，一些内部结构和零件要一边拆卸一边绘制。开始可以先不对零件进行编号，直接注写文字，待拆卸完后，核对无误，再按照定顺序对零件进行编号。

完成的安全阀装配示意图如图7-13所示。图中阀体1采用轮廓画法、阀帽8和阀盖6采用单线画法、螺柱11、螺母12和垫片13采用符号画法。图中可见，安全阀共有13种零件，其中螺母、双头螺柱、垫圈、紧定螺钉4种属于标准件。

四、安全阀的拆卸

部件拆卸前，要准备好拆卸记录表，并选择合适的工具，在拆卸时要边拆卸边记录。如装配示意图未能在拆卸前完成，还要在拆卸的同时完成装配示意图。

拆卸过程是与装配过程相反的过程，先装配的后拆，后装配的先拆。对于复杂部件，通常分为几个不同的装配单元，把每个单元整体拆下，然后再拆卸单元内的各个零件。安全阀三维模型的爆炸图如图7-14所示。

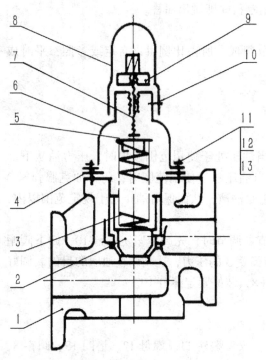

图 7-13　安全阀装配示意图

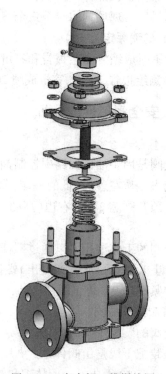

图 7-14　安全阀三维爆炸图

1—阀体；2—阀芯；3—弹簧；4—垫片；5—弹簧压紧盖；
6—阀盖；7—螺杆；8—阀帽；9—螺母；10—固定螺钉；
11—螺柱；12—螺母；13—垫圈

安全阀的拆卸顺序：紧定螺钉 10→阀帽 8→压紧螺母 9→螺杆 7→螺母 12→垫圈 13→螺柱 11→阀盖 6→垫片 4→弹簧压紧盖 5→弹簧 3→阀门 2→阀体 1。

对零件编号、标记并做好记录表对照画好的装配示意图的编号，做好带有号码的胶贴，零件拆卸下来后将其粘贴在对应的零件上。在拆卸过程中，做好相应的记录，有条件可以用摄像机记录整个拆卸过程。安全阀拆卸记录见表 7-9。

表 7-9　安全阀拆卸记录表

顺序	拆卸零件	遇到问题及注意事项	备注
1	紧定螺钉 10	紧定螺钉螺纹失效需更换	
2	阀帽 8		
3	压紧螺母 9		
4	螺杆 7		
5	螺母 12、垫圈 13、螺柱 11		
6	阀盖 6		
7	垫片 4	垫片有损坏，需更换	
8	弹簧压紧盖 5		
9	弹簧 3		
10	阀芯 2		
11	阀体 1		

操作人：　　　　　　　　　　记录人：　　　　　　　　　　年　　月　　日

对于标准件需要单独列出标准件明细表。在实际测绘过程中，其中的规格等内容，需要再测绘结束后才能完成，安全阀的标准件明细表，见表 7-10。

表 7-10　安全阀标准件明细表

零件序号	名称	规格(代号)	材料	数量	备注
9	(锁紧)螺母				
10	紧定螺钉				
11	螺柱				
12	螺母				
13	垫圈				

操作人：　　　　　　　　　　记录人：　　　　　　　　　　年　　月　　日

五、安全阀各零件草图的绘制

绘制安全阀中非标准件的所有零件的零件草图。

1. 阀体零件草图

安全阀部件的 13 种零件中，阀体是主要零件且结构较为复杂。分析阀体的结构形状，确定其表达方案，完成草图绘制，并标注出其尺寸(尺寸数字除外)。

阀体的三维模型如图 7-15 所示。阀体的主体工作腔为垂直的圆柱腔体，其上下端面，配有带有四个凸圆角的法兰结构。在主体工作的圆柱筒腔体的左、右端都接出一高、一低的两个圆柱筒腔体。这两个圆柱筒腔体的左、右端都有圆形法兰结构，为保证强度，用四个肋对垂直的主体圆柱筒和左、右两端的圆柱筒进行了连接。

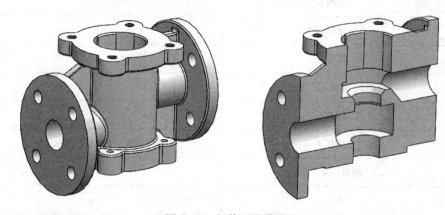

图 7-15　阀体三维模型

阀体为箱体类零件，按照工作位置放置，并将最反映形状特征的方向，作为主视方向。主视图采用全剖视图，主要表达其内部结构。由于阀体前后对称，因此，俯视图采用半剖视图，可以兼顾外形和内部结构的表达。B、C 局部视图，主要表达左、右两端的圆形法兰的形状，左、右两端的法兰形状相同。

完成草图的视图绘制后，开始标注尺寸的工作。首先确定基准，然后在零件草图上标注需要测量尺寸的位置，尺寸数值有待尺寸测量后再注写。阀体零件草图 1 见图 7-16，其中加注"＊"号的尺寸为有公差要求的尺寸，以下同。

2. 阀盖零件草图

阀盖属于盘盖类零件，阀盖的三维模型见图 7-17。

阀盖按照加工位置放置，即按照回转轴线水平方式。主视图采用全剖视图，主要表达内部结构。配置左视图，表达外形及径向孔的分布情况，完成的阀盖的零件草图，如图 7-18所示。

3. 阀帽零件草图

阀帽属于盘盖类零件，阀帽的三维模型如图 7-19 所示。

按照加工位置放置，即按照回转轴线水平方式。阀帽外形及内部结构都比较简单，主视图采用全剖视图，配合尺寸标注，就能表达清楚其形状与结构。完成的阀帽的零件草图，如图 7-21 所示。

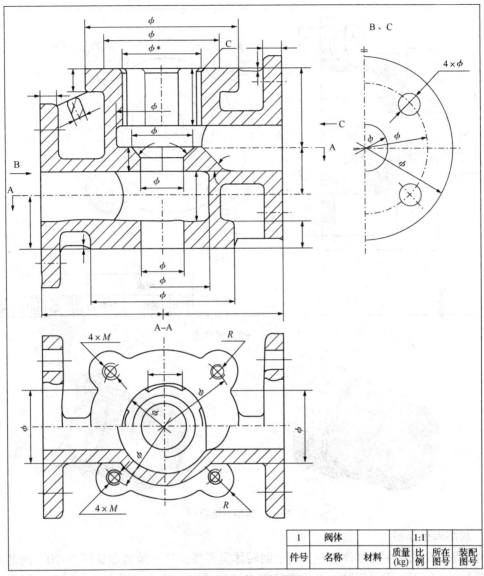

图 7-16 阀体零件草图 1

1	阀体				1:1		
件号	名称	材料	质量 (kg)	比 例		所在 图号	装配 图号

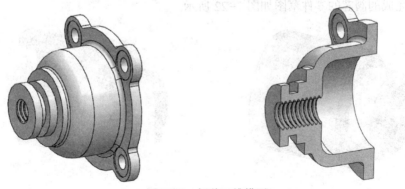

图 7-17 阀盖三维模型

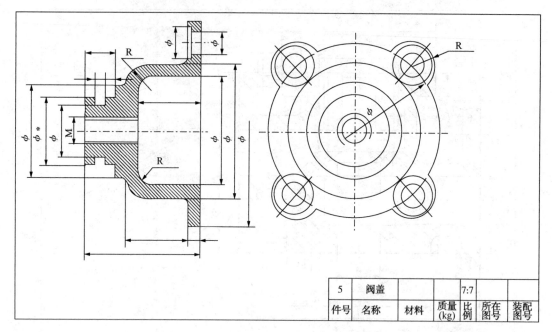

5	阀盖			7:7		
件号	名称	材料	质量(kg)	比例	所在图号	装配图号

图 7-18　阀盖零件图

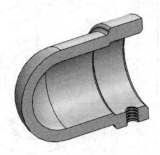

图 7-19　阀帽三维模型

4. 阀芯零件草图

阀芯是安全阀中主要零件之一，属于回转体类零件，其三维模型见图 7-20。阀芯主要在车床上完成加工，因此按照加工位置放置，即按照回转轴线水平方式。阀芯主视图采用全剖视图，完成的阀芯的零件草图如图 7-22 所示。

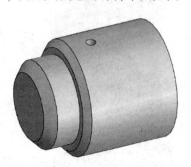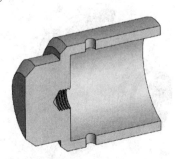

图 7-20　阀芯的三维模型

204

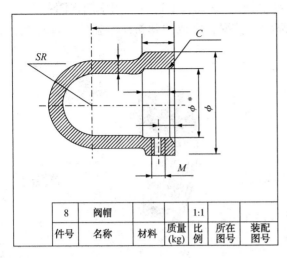

8	阀帽			1:1		
件号	名称	材料	质量(kg)	比例	所在图号	装配图号

图 7-21　阀帽零件草图

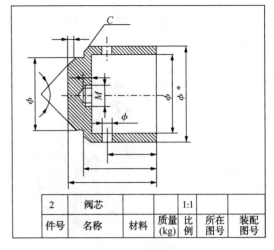

2	阀芯			1:1		
件号	名称	材料	质量(kg)	比例	所在图号	装配图号

图 7-22　阀芯零件草图

5. 螺杆零件草图

螺杆是安全阀中重要的零件之一，它属于轴类零件，按照加工位置放置，即回转轴线位于水平位置。其三维模型见图 7-23(a)。

主视图采用视图，用移出断面图来表示阀杆右端的方结构，完成的螺杆的零件草图如图 7-23(b)所示。

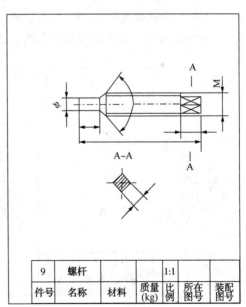

9	螺杆			1:1		
件号	名称	材料	质量(kg)	比例	所在图号	装配图号

(a)螺杆三维模型　　　　　　　　(b)螺杆零件草图

图 7-23　螺杆三维模型及草图

6. 弹簧压紧盖

弹簧压盖属于盘盖类零件，其三维模型见图 7-24。

弹簧压盖按照加工位置放置，即按照回转轴线水平方式。主视图采用全剖视图，主要表达内部结构。配置左视图，表达其外形及沟槽孔情况，完成的弹簧压紧盖的零件草图，如图7-25所示。

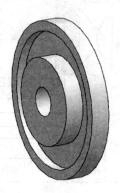

图7-24 弹簧压紧盖三维模型

7. 弹簧

弹簧属于常用件，在国标 GB/T 4459.4—2003 中规定了弹簧的画法，在国标 GB/T 2089—2009 中规定了弹簧的尺寸和参数。绘制弹簧的零件草图时，要注意参照这些标准的规定。

安全阀中所用的弹簧为圆柱螺旋压缩弹簧零件。弹簧只需要主视图采用全剖视图，需测量的主要尺寸主要有弹簧簧丝直径、自由高度、弹簧中径和节距，其他未尽参数等均需要"技术要求"中加以说明，完成的弹簧的草图，如图7-26所示。

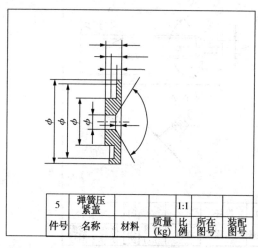

5	弹簧压紧盖			1:1		
件号	名称	材料	质量(kg)	比例	所在图号	装配图号

图7-25 弹簧压盖草图

3	弹簧			1:1		
件号	名称	材料	质量(kg)	比例	所在图号	装配图号

图7-26 弹簧草图

8. 垫片零件草图

垫片属于板状零件，其三维模型如图7-27(a)所示，只需要一个视图就能表达其结构，其厚度 t 在视图中直接标出即可。完成的垫片的零件草图，如图7-27(b)所示。

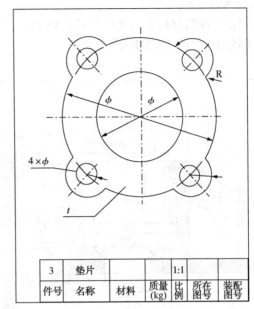

3	垫片			1:1		
件号	名称	材料	质量(kg)	比例	所在图号	装配图号

(a)垫片三维模型　　　　　　　　　　　　(b)垫片草图

图7-27　垫片三维模型与零件草图

六、尺寸测量与标注

全部非标准件的零件草图绘制完成后，建立每个零件的数据测量表，选择合适的测量工具，统一进行尺寸测量。然后对测量数据进行圆整和标准化处理，最后将尺寸标注在零件草图上，完成尺寸标注的安全阀的零件草图，见图7-28。

七、零件的技术要求的确定

技术要求中除了尺寸公差与配合在前面的尺寸测量中已经完成之外，所有零件的表面粗糙度、形位公差、材料的确定及热处理等方面的技术要求，均需要依照零件的结构及功用，进行确定。

1. 表面粗糙度及形位公差的确定

详细分析安全阀零件之间的装配和配合关系，确定各表面的粗糙度 Ra 的值，并正确地标注在草图中。

零件的配合表面通常是表面粗糙度要求比较高的表面，例如阀芯与阀体的 $90°$ 角处锥面的对研装配，表面粗糙度直接影响安全阀密封性能。因此，阀体和阀芯在此对应位置，粗糙度均选择 $Ra0.8$。此外，阀芯与阀体配合处 $34H7/g6$、螺杆的外螺纹与阀盖的内螺纹配合处 $26H11/h11$ 和紧定螺钉与阀帽螺纹连接处粗糙度均为 $Ra3.2$，其他表面的粗糙度在此就不详细讲解，具体见各零件的草图如图7-28所示。

安全阀无需形位公差的设置，从略。

207

2. 材料及热处理

安全阀各零件的材料及热处理等确定好之后，注写在草图的标题栏或者注写到技术要求的文字部分中，具体如图 7-28 所示。

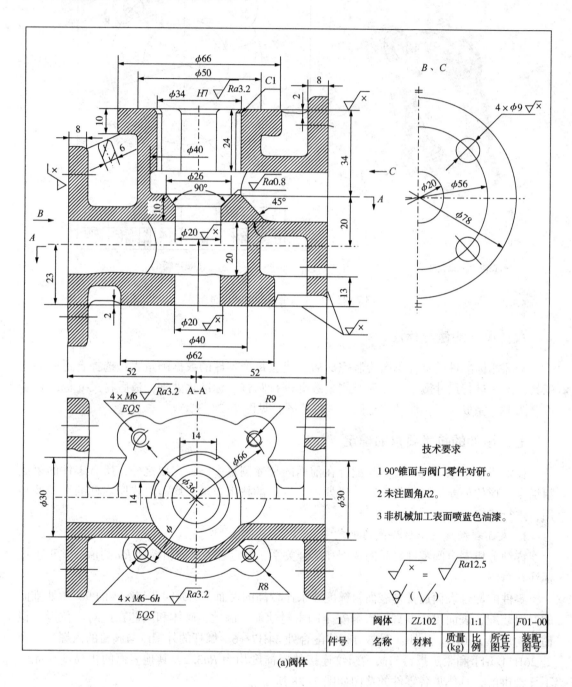

技术要求

1 90°锥面与阀门零件对研。

2 未注圆角 R2。

3 非机械加工表面喷蓝色油漆。

1	阀体	ZL102		1:1		F01-00
件号	名称	材料	质量(kg)	比例	所在图号	装配图号

(a)阀体

图 7-28　阀体零件草图

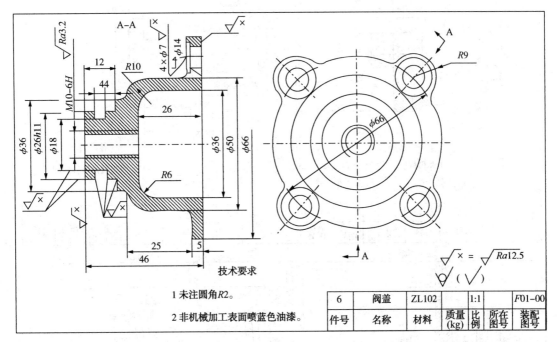

(b)阀盖

6	阀盖	ZL102		1:1		F01-00
件号	名称	材料	质量(kg)	比例	所在图号	装配图号

技术要求

1 未注圆角R2。

2 非机械加工表面喷蓝色油漆。

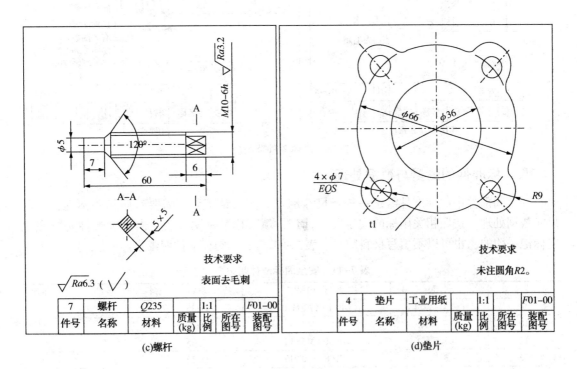

(c)螺杆

7	螺杆	Q235		1:1		F01-00
件号	名称	材料	质量(kg)	比例	所在图号	装配图号

技术要求

表面去毛刺

(d)垫片

4	垫片	工业用纸		1:1		F01-00
件号	名称	材料	质量(kg)	比例	所在图号	装配图号

技术要求

未注圆角R2。

图7-28 阀体零件草图(续)

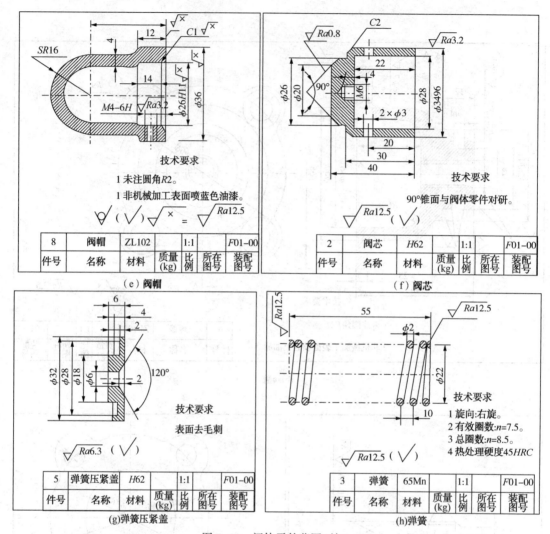

图 7-28　阀体零件草图(续)

八、标准件的测量与数据处理

安全阀部件中的标准件需统一进行尺寸测量。测量结束后，需要对照相关标准，完成尺寸数据处理，按照相关国标的规定写出标记，填写标准件明细表，由于标准件是按照规定标记采购的，也可以不填写材料牌号。表 7-11 为安全阀标准件明细表。

表 7-11　安全阀标准件明细表

件号	名称	规格(代号)	材料	数量	备注
9	(锁紧)螺母	GB/T 6170 M10	Q235	1	
10	紧定螺钉	GB 75 M4×8	Q235	1	
11	双头螺柱	GB 900 M6×15	Q235	4	
12	螺母	GB/T 6170 M6	Q235	4	
13	垫圈	GB/T 97.1 6	Q235	4	
操作人：林琳　立冠			记录人：立冠		2019 年 6 月 16 日

九、安全阀零件工作图与部件装配图

在完成全部非标准件的零件草图绘制后，需对所有图纸进行全面的检查和校核，确认无误后，开始绘制部件装配图和零件工作图。

装配图和零件图可以用图板绘图，随着计算机绘图软件的普及，工程实际中基本都利用 AutoCAD 等绘图软件，完成装配图和零件图的绘制。

随着计算机三维设计软件在工程实际中的广泛应用，也可以在完成测绘草图以及装配示意图的基础上，利用三维软件完成零件的三维建模，并完成部件的虚拟装配。如有需要可以利用这些三维软件的由三维模型生成二维图纸的功能，生成二维图纸，稍加编辑亦可获得符合国标的装配与零件图。

利用 AutoCAD 完成的安全阀装配图，如图 7-29 所示，安全阀相关零件工作图见第八章习题八。

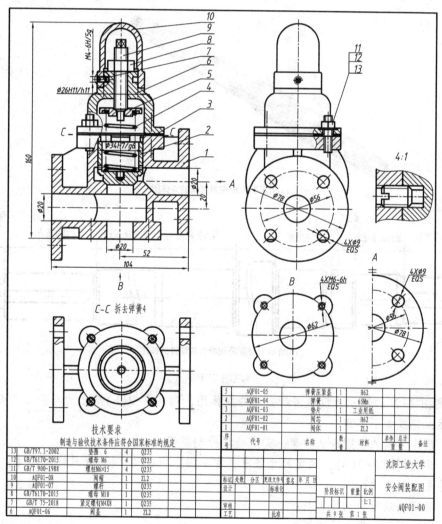

图 7-29　安全阀装配图

习题七

1. 参照离心泵轴结构题图7-1(a)及与泵轴其相配合的零件描述题图7-1(b)，完成如下工作：

(1) 确定泵轴视图表达方案，徒手绘制草图；

(2) 参照题图7-1(b)，确定尺寸基准，在草图上完成尺寸标注(只标注尺寸位置)；

(3) 确定测绘所需测绘工具；

(4) 完成测绘数据表的编写，确定哪些是主要尺寸；

(5) 分析确定给出泵轴的表面粗糙度、形位公差以及技术要求，注写在零件草图上。

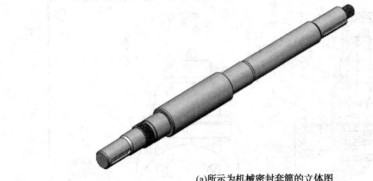

(a)所示为机械密封套筒的立体图

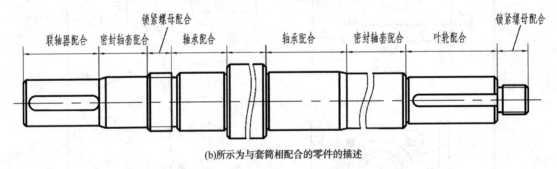

(b)所示为与套筒相配合的零件的描述

题图 7-1

2. 题图7-2(a)所示为机械密封套筒的立体图，题图7-2(b)所示为与套筒相配合的零件的描述，完成如下工作：

(1) 确定套筒的视图表达方案，完成徒手绘制草图；

(2) 参照题图7-2(b)，确定尺寸基准，在草图上完成尺寸标注(只标注尺寸位置)，并确定哪些是主要尺寸；

(3) 确定测绘所需测绘工具；

(4) 完成测绘数据表的编写；

(5) 分析确定给出套筒的表面粗糙度、形位公差以及技术要求，注写在零件草图上。

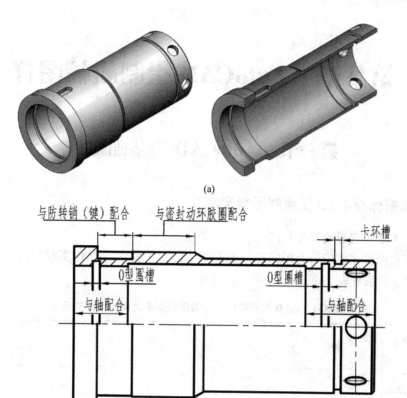

(a)

与防转销（键）配合　　与密封动环胶圈配合　　　　　　　卡环槽

O型圈槽　　　　　　　　　　O型圈槽

与轴配合　　　　　　　　　　　　　　与轴配合

(b)

题图 7-2

第八章　AutoCAD 绘制机械图样

第一节　AutoCAD 的基础知识

一、国家标准 CAD 工程制图规定简介

1. CAD 关于工程图的字体规定

CAD 工程图的字体应符合国家标准关于字体的相关要求，CAD 工程图的字体与图纸幅面之间的大小关系见表 8-1。

表 8-1　CAD 工程图的字体与图纸幅面之间的大小关系

字体 h ＼ 图幅	A0	A1	A2	A3	A4
字母数字		5			3.5	
汉字						

2. CAD 工程图的基本线形规定

CAD 工程图中使用的图线，应遵照 GB/T 17450 中的有关规定，CAD 工程图的基本线型见表 8-2。

表 8-2　CAD 工程图的基本线形

代码	基本线型	名称
01	———————————	实线
02	— — — — — — —	虚线
03	— · — · — · — · —	间隔画线
04	——————————	单点长画线
05	——————————	双点长画线
06	· · · —— · · · —— · · ·	三点长画线
07	··················	点线
08	————— — ————— —	长画短画线
09	——————————	长画双点画线
10	—— · —— · —— · ——	点画线

代码	基本线型	名称
11		单点双画线
12		双点画线
13		双点双画线
14		三点画线
15		三点双画线

3. CAD 关于基本图线颜色的规定

CAD 工程图在屏幕上的图线一般应按照表 8-3 中提供的颜色显示，相同类型的图线应采用同样的颜色。

表 8-3 CAD 工程图在屏幕上的图线的颜色规定

图线类型		屏幕上颜色
粗实线		白色
细实线		绿色
波浪线		绿色
双折线		绿色
虚线		黄色
细点画线		红色
粗点画线		棕色
双点画线		粉红色

4. CAD 工程图的图层管理

CAD 工程图的图层管理应按照表 8-4。

表 8-4 CAD 工程图的图层管理

层号	描述	图例
01	粗实线、剖切面的粗剖切线	
02	细实线 细波浪线 细折断线	
03	粗虚线	
04	细虚线	
05	细点画线、剖切面的剖切线	

续表

层号	描述	图例
06	粗点画线	▬ ▬ ▬ ▬
07	细双点画线	▬ ▬ ▬ ▬
08	尺寸线、投影连线、尺寸终端与符号细实线	⊢————⊣
09	参考线，包括引出线和终端(如箭头)	⟋————⟍
10	剖面符号	/////////
11	文本、细实线	ABCD
12	尺寸值和公差	432±1
13	文本、粗实线	KLMN
14、15、16	用户选用	

二、AutoCAD 操作界面

1. AutoCAD 经典工作界面

AutoCAD 2014 提供了"草图与注释、三维基础、三维建模和 AutoCAD 经典"四种工作界面。用户绘制二维图可以选择"草图与注释"或"AutoCAD 经典"界面。"AutoCAD 经典"工作界面是特意为老用户准备的，其风格与早先的版本一致，本书以 AutoCAD 经典界面进行讲解。

AutoCAD 经典工作界面如图 8-1 所示，主要由标题栏、菜单栏、工具栏、绘图窗口、命令窗口、状态栏、坐标系图标、模型、布局选项卡和滚动条等组成。

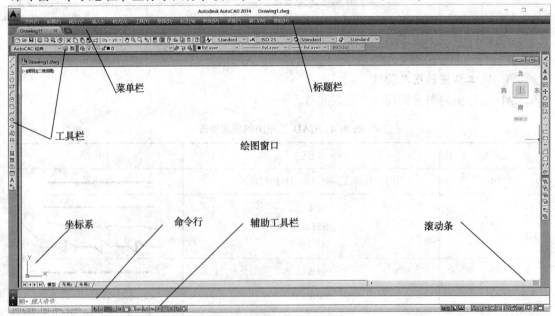

图 8-1 AutoCAD 经典界面

草图与注释工作界面如图 8-2 所示。

Autodesk AutoCAD 2014 Drawing1.dwg
默认 插入 注释 布局 参数化 视图 管理 输出 插件 Autodesk 360 精选应用
直线 多段线 圆 圆弧
移动 旋转 修剪 复制 镜像 圆角 拉伸 缩放 阵列
未保存的图层状态
文字 线性 引线 表格
插入 创建 编辑 编辑属性
ByLayer
组
定距等分
粘贴
绘图 修改 图层 注释 块 特性 组 实用工具 剪贴板

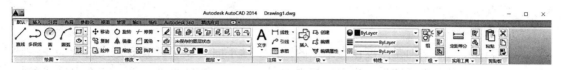

图 8-2 “草图与注释”工作界面

2. 工具栏

AutoCAD 提供了许多工具栏。在默认设置下，在工作界面上显示标准、样式、工作空间、图层、特性、绘图次序、绘图和修改等工具栏，如图 8-1 所示。

打开 AutoCAD 工具栏的操作方法：在菜单栏下选择“工具/工具栏/AutoCAD”后弹出一个列出所有工具栏目录的快捷菜单，如图 8-3 所示。在该快捷菜单下勾选即可打开相应的工具栏。

特别注意：AutoCAD 的工具栏都是浮动式的，用户可以将工具栏拖放到工作界面的任意位置。此外，用户还可以自定义工具栏。

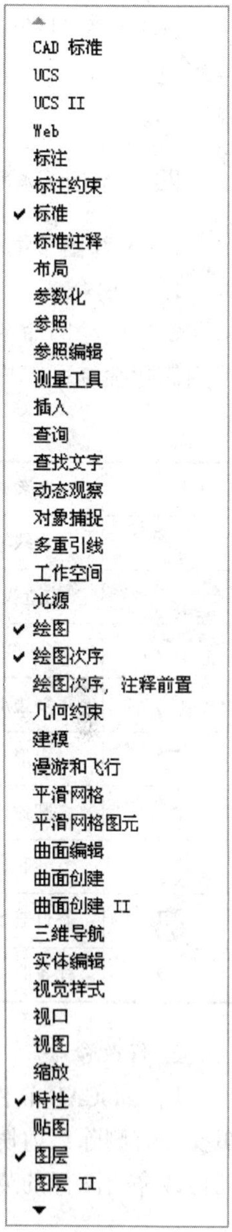
CAD 标准
UCS
UCS II
Web
标注
标注约束
✔ 标准
标准注释
布局
参数化
参照
参照编辑
测量工具
插入
查询
查找文字
动态观察
对象捕捉
多重引线
工作空间
光源
✔ 绘图
✔ 绘图次序
绘图次序，注释前置
几何约束
建模
漫游和飞行
平滑网格
平滑网格图元
曲面编辑
曲面创建
曲面创建 II
三维导航
实体编辑
视觉样式
视口
视图
缩放
✔ 特性
贴图
✔ 图层
图层 II

图 8-3 AutoCAD 的工具栏

三、AutoCAD 的坐标系和点的基本输入方式

1. 世界坐标系与用户坐标系

在 AutoCAD 中，坐标系分为世界坐标系（WCS）和用户坐标系（UCS）两类，默认为世界坐标系。世界坐标系（WCS）坐标原点位于图纸左下角，是常用的坐标系，它不能被改变。在特殊需要时，用户可以建立自己的坐标系（UCS）。两种坐标系都可以通过给定坐标（x，y）来精确定位点。

2. 坐标的表示法

所有的图形最终都涉及点。在 AutoCAD 中，点是以坐标的形式从键盘输入的。点的坐标可以使用直角坐标和极坐标，分为绝对直角坐标和相对直角坐标，绝对极坐标和相对极坐标。

（1）直角坐标：x，y 两个坐标分量之间只能且必须用逗号隔开。

例如：输入 10，20 <Enter>，表示点的坐标为（10，20）。

（2）极坐标：$r<a$ 距离和角度之间只能且必须用<隔开。

例如：输入 10< 45 表示，长度等于 10，与 x 轴正方向成 45°角的点。

（3）绝对坐标：相对原点的坐标，x，y 或 $r < a$。

例如：（10，20）或（10 < 45）

（4）相对坐标：相对参考点的坐标，@ dx，dy 或 @ $r<a$ 坐标前面的@ 是必须的。

例如 @ 10，20 或者 @ 10 < 45。

特别注意：AutoCAD 中缺省情况下，参考点总是前一点。

在使用相对极坐标时，角度总是指以参考点为圆心，从 x 轴水平朝右的方向开始，旋转到目标点所经过的角度。

(5) 角度

AutoCAD 中，缺省时是用度作为单位的，以 x 轴正向为 0°，并且规定逆时针为正，顺时针为负，输入角度数值即可。当用鼠标点取时，AutoCAD 则自动计算这两个点连线的角度作为输入。

(6) 位移量的输入

位移量是指一个图形从一个位置平移到另一个位置的距离，其提示为"指定基点或位移"。

四、AutoCAD 的基本命令与基本操作

(一) 绘图及编辑命令

1. 绘图命令

常用的绘图命令列举在"绘图"工具栏中。表 8-5 给出了常用绘图命令图标的名称对照，使用简化命令可以提高绘图速度。

表 8-5　常用绘图命令图标的名称对照

工具图标	中文名称	英文命令	简化命令	工具图标	中文名称	英文命令	简化命令
	直线	Line	L		椭圆	Ellipse	EL
	构造线	Xline	XL		椭圆弧	Ellipse	EL
	多段线	Pline	PL		插入块	Insert	I
	正多边形	Polygon	POL		创建块	Block	B
	矩形	Rectang	REC		点	Point	PO
	圆弧	Arc	A		图案填充	Bhatch	BH、H
	圆	Circle	C		面域	Region	REG
	修订云线	Revcloud			表格	Table	TB
	样条曲线	Spline	SPL		多行文字	Mtext	MT

2. 修改命令

用 AutoCAD 软件绘图，要经常对已有的实体如线段、圆弧等进行编辑操作，常用的编辑操作有删除、剪切、移动和复制等，修改命令位于"修改"工具栏中，表 8-6 列出了常用的修改命令图标的英文名称和简化命令。

表 8-6　常用修改命令图标的名称对照

工具图标	中文名称	英文命令	简化命令	工具图标	中文名称	英文命令	简化命令
	删除	Erase	E		修剪	Trim	TR

续表

工具图标	中文名称	英文命令	简化命令	工具图标	中文名称	英文命令	简化命令
	复制	Copy	CO、CP		延伸	Extend	EX
	镜像	Mirror	MI		打断与点	Break	B
	偏移	Offset	O		打断	Break	B
	阵列	Array	AR		合并	Join	J
	移动	Move	M		倒角	Chamfer	CHA
	旋转	Rotate	RO		圆角	Fillet	F
	缩放	Scale	SC		光顺曲线	Blend	
	拉伸	Strech	S		分解	Explode	X

（二）显示控制命令

AutoCAD 可以方便地以多种形式、不同角度观察所绘图形，改变图形的显示位置。表 8-7 给出了常用的缩放、平移、重生成和重画等几个命令。

表 8-7　常用显示控制命令

英文命令	中文名称	使用方法
Zoom	缩放	可以通过放大和缩小操作更改视图的比例。使用 ZOOM 不会更改图形中对象的绝对大小。它仅更改视图的比例。
Pan	平移	用户可以实时平移图形显示，鼠标放在起始位置，然后按下鼠标键，将光标拖动到新的位置。
Regen	重生成	在当前视口中重生成整个图形并重新计算所有对象的屏幕坐标。同时还可以重新生成图形数据库的索引，以优化显示和对象选择性能。
Redraw	重画	刷新当前视口中的显示。删除由 VSLIDE 和当前视口中的某些操作遗留的临时图形

（三）辅助绘图工具命令

为了提高绘图精度和速度，AutoCAD 提供了一些辅助绘图工具，见表 8-8，帮助用户快速、准确绘图。这些辅助工具位于界面下方的状态栏中，如图 8-1 所示。常用的有正交、对象捕捉、对象追踪等。这些命令均为透明命令，即在使用其他命令的过程中可以使用。

表 8-8　辅助工具栏名称对照

工具图标	中文名称	工具图标	中文名称	工具图标	中文名称
	推断约束		对象捕捉		显示/隐藏线宽
	捕捉模式		三维对象捕捉		显示/隐藏透明度
	栅格显示		对象捕捉追踪		快捷特性

工具图标	中文名称	工具图标	中文名称	工具图标	中文名称
	正交模式		允许/禁止动态 UCS		选择循环
	极轴追踪		动态输入		注释监视器

鼠标停留在"对象捕捉"图标处，右击鼠标，通过"设置"可以完成捕捉对象模式的设定。启用对象捕捉可以根据用户的要求进行设置，设置界面如图 8-4 所示。

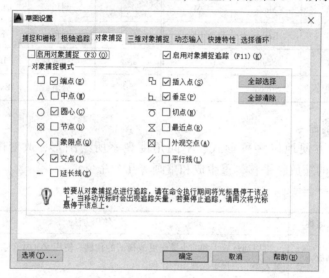

图 8-4　对象捕捉设置

常用的"对象捕捉"方式有捕捉直线的端点、中点、交点和垂足等，以及圆心、切点、象限点等，如表 8-9 所示。

表 8-9　常用对象捕捉命令

工具图标	中文名称	英文命令	工具图标	中文名称	英文命令
	临时追踪点	tt		象限点	qua
	捕捉自	from		切点	tan
	端点	End		垂足	per
	中点	mid		平行	par
	交点	int		插入点	ins
	外观交点	appint		节点	nod
	延长线	ext		最近点	nea
	圆心	cen		无捕捉	non

（四）常用其他命令

"标准"工具栏中提供了文件操作最常用的命令，例如：文件保存、打开、打印等，标准工具栏如图 8-5 所示，其中主要介绍特性匹配和特性命令。

图 8-5　标准工具栏

1. 新建文件

单击左上角快速工具栏上的"新建"文件图标 ，系统将弹出如图 8-6 所示对话框。

新建文件时，可选择已有的样板或建立一个无样板文件开始绘图。

样板文件是指该 AutoCAD 文件中已含有有关图形文件的多种格式设定，比如单位制、工作范围、文字样式、尺寸样式、图层设置和图框标题栏等等。样板文件的扩展名是 .dwt。AutoCAD 提供了多种文件样板，存放在 AutoCAD 安装目录的下一级目录 \ \ template 下，用户可以自行选用。用户也可根据需要自己定制样板文件，然后保存在该目录下备用，用户定制自己的样板文件的方法在后面章节详细介绍。

用户也可以新建一个无样板文件开始绘图，建立无样板公制文件的方法，按照图 8-6 中的提示即可。

图 8-6　新建文件的方法

2. 打开文件

选择"文件"/"打开"命令（OPEN），或在"标准"工具栏中单击"打开"按钮，可以打开已有的图形文件。

3. 保存文件

在 AutoCAD 中，可以使用多种方式将所绘图形以文件形式存入磁盘。例如，可以选择"文件"/"保存"命令（QSAVE），或在"标准"工具栏中单击"保存"按钮，以当前使用的文件名保存图形。也可以选择"文件"/"另存为"命令（QSAVE），将当前图形以新的名称保存。

在保存文件时，默认的文件扩展名为 .dwg，文件的扩展名有多种选择，用户可根据实际自行选择。

特别注意： AutoCAD 还可以将文件保存成比当前运行的版本低的 AutoCAD 版本的文件形式，在点击"保存"或"另存为"时，可以进行选择。

4. 特性匹配

"特性匹配"命令在"标准"工具栏中，其图标为 ，其功能是将选定对象的特性应用到其他对象，这些对象特性包括颜色、图层、线型、线宽、线型比例、字体样式、打印样式及其他指定的特性。这样方便快速编辑绘图对象的特性。

5. 特性

"特性"命令在"标准"工具栏中，其图标为 🖫，可以显示和控制(修改)选定对象的特性。例如：将一个绘制好的圆作为选定对象，可以通过"特性"，了解或控制(修改)关于这个圆的相关特性，如图 8-7 所示。

（五）图样的打印输出

打印输出图形是计算机绘图中的一个重要环节。在 AutoCAD 中，可从将所绘制 AutoCAD 图形通过打印设备打印输出成纸质图纸，也可以将 AutoCAD 文件输出成 PDF 格式。

以下介绍从模型空间输出图形的方法。

1. 打印对话框的打开

点击菜单栏"文件"/"打印"，或者单击"标准"工具栏中的打印图标 🖶，弹出如图 8-8 所示打印对话框，完成"打印机/绘图机"、"图纸尺寸"、"打印区域"、"打印偏移"和"打印比例"等参数的设置。

图 8-7 圆的特性

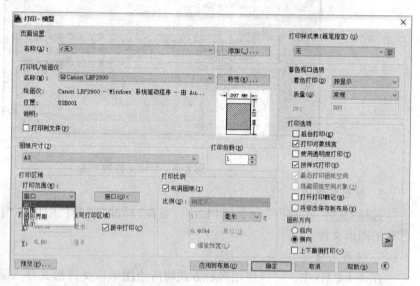

图 8-8 打印对话框

2. 打印参数的设置

（1）打印机/绘图仪的选择

选择联机的打印机/绘图仪的型号，就可以在绘图仪或者打印机上打印出纸质图样。

　　特别注意：可选用 AutoCAD 自带的虚拟打印机，实现 AutoCAD 文件打印到文件。例如：在"打印机/绘图仪"下选择虚拟打印机"Microsoft Print to PDF"，就可以将 AutoCAD 文件输出成 PDF 格式。

　　(2) 图纸尺寸的选择

　　可以根据用户的要求进行常用图幅的选择，也可以自定义大小。

　　(3) 打印范围的选择

　　"界限"选项钮：选中它，将打印 Limits 命令所建立图界内的所有图形。

　　"范围"选项钮：选中它，将打印当前图形中所有实体。

　　"显示"选项钮：选中它，将打印当前所看到的图面。

　　"窗口"选项钮：选中它将打印指定窗口内的图形部分。其应配合右边的"窗口"按钮进行。

　　(4) 打印偏移

　　可以指定原点打印，或者居中打印，通常指定"居中"打印，图形会位于图纸的正中。

　　(5) 打印比例

　　可以选择布满图纸，或者指定比例的打印。用户在绘图时，最好首先确定好图幅大小，完成绘图后，在打印时选择图幅的图纸尺寸选择 1：1 比例或者布满图纸打印。

　　特别注意：例如：如果绘制的 AutoCAD 图样是三号图纸 A3，打印时就应该按照 A3 图幅，也就是画多大就打印多大，达到最佳效果。

　　(6) 其他参数的设置

　　其他参数的设置，如"横向"、"纵向"打印，可以单击图 8-8 对话框右下角的箭头按钮⊙，在弹出的对话框中进行设置。

　　AutoCAD 提供了"打印预览"功能，可以在打印前对打印效果进行预览，方便用户高效、准确完成打印。

第二节　符合国标的 AutoCAD 样板文件的建立

　　利用 AutoCAD 绘图前，首先要完成绘图环境的设置工作，才能绘制出符合国家或者行业标准的工程图样。

　　绘图环境的设置包括：绘图单位、绘图界限、文字样式、标注样式，及表格样式等方面的设置，这些设置命令都是在菜单栏中的"格式"里，如图 8-9 所示。完成绘图环境的设置后，将其保存为自己的样板文件(扩展名为 .dwt)，方便以后使用。通过样板创建新图形，可以避免一些重复性操作，提高绘图效率保证工程图样的标准性和一致性。

　　绘图环境设置的正确与否直接影响绘图的效率和质量。下面介绍符合国家标准的机械图样样板文件的建立过程。

一、绘图单位及绘图界限的设置

1. 绘图单位的设置

绘图前用户要根据所绘图形的精度要求，进行绘图单位的设置。

选择菜单栏的"格式"/"单位"命令，即执行 UNITS 命令，在打开的"图形单位设置"对话框，依据所绘图形精度确定长度尺寸和角度尺寸的单位格式，以及对应的精度。

机械制图中，长度的类型一般选择小数，精度为整数。角度的类型为十进制度数，精度设置要参照具体图样的要求，此处精度设置为整数。如图 8-10 所示。

2. 绘图界限的设置

绘图界限的设定，就是制定一个有效的绘图区域，将图形绘制在指定区域内。图形界限范围的指定是通过给定矩形的两个角点确定的。选择菜单栏的"格式"/"图形界限"命令，即执行 LIMITS 命令。如图 8-11 所示。为了使所设绘图范围有效，还需要利用 LIMITS 命令的"开(ON)/关(OFF)"进行控制。

图 8-9　格式工具栏

图 8-10　绘图单位设置

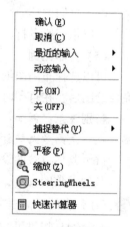

图 8-11　界限的开与关

例如：完成 A3 图纸的图幅界限的设置。由于 A3 幅面尺寸是 420×297。选择"格式"/"图形界限"命令，给定两个角点，用于确定一个长为 420，宽为 297 的矩形，即完成了 A3 图幅的界限设定。

二、图层的设置

用于进行图层管理的命令是 LAYER。单击"图层"工具栏中的"图层特性管理器"按钮，或选择菜单栏"格式"/"图层"命令，即执行 LAYER 命令，打开"图层特性管理器"对话框，如图 8-12 所示。

图层的基本操作包括新建图层、图层的重命名、删除图层和指定当前层。

1. 机械图样的图层设置

绘制机械图时，用到多种线型，如粗实线、细实线、点划线和虚线等。用 AutoCAD 绘图时，实现线型管理方法，就是建立一系列控制线型、线宽和颜色的图层。绘图时，将具有同一线型的图形对象放在同一图层中。

在"图层特性管理器"中，通过按钮 ✍ 可以新建图层、按钮 ✖ 可以删除图层、按钮 ✔ 可以指定当前图层等操作。

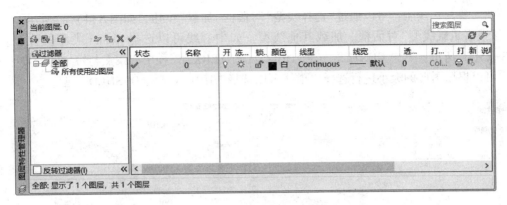

图 8-12　图层特性管理器

（1）新建"粗实线"图层

建立一个颜色为白色、线型为 Continuous、线宽为 0.6mm 的粗实线图层。

点击新建按钮 后，新建一个图层名为"粗实线"的图层，并为图层选择颜色、线型以及线宽，如图 8-13 所示，其中粗实线的线宽选 0.6mm 或 0.7mm。颜色和线宽的选择见图 8-14。

图 8-13　"粗实线"图层的建立

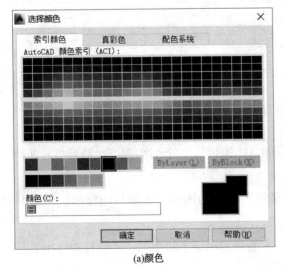

(a)颜色

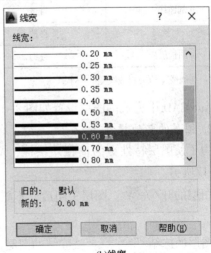

(b)线宽

图 8-14　颜色和线宽的选择

225

如需要其它线型，可以通过"选择线型"对话框"加载"按钮，如图8-15（a）所示，打开"加载或者重载线型"对话框。加载其他线型，如中心线可以选择Center类型的线型，如图8-15（b）所示，其中CENTER、CENTER2、CENTERX2三种中心线点与短划的密度不同，用户可以根据图形的大小进行选择。虚线可以选择HIDDEN或者DASHED线型。

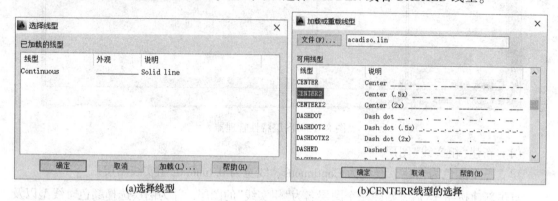

(a)选择线型　　　　　　　　　(b)CENTERR线型的选择

图8-15　其他线形的加载

（2）机械图样常用图层的建立

表8-10推荐了机械图样常用的图层设置。

表8-10　机械图样的图层设置

图层名称	颜色	AutoCAD线型	线宽（mm）
粗实线	白色	Continuous	0.6或0.7
细实线	红色	Continuous	0.25或0.3
虚线	黄色	DASHE 或 HIDDEN	0.25或0.3
中心线	红色	CENTER	0.25或0.3
尺寸标注	自选	Continuous	0.25或0.3
剖面线	自选	Continuous	0.25或0.3
文字	自选	Continuous	0.25或0.3
图框层	自选	Continuous	0.25或0.3

注：细线线宽约为粗线线宽的一半。

AutoCAD中完成的图层设置如图8-16所示。

2. 图层的其他操作

为了使图层特性更为简便、快捷，AutoCAD提供了一个"图层"与"特性"工具栏。如图8-17所示。

图层的开/关👁：图层关闭后，不能显示图层上的图形，不能打印输出。但参与显示运算。

图层的冻结/解冻☀：被冻结的图层，不能显示图层上的图形，不能打印输出。且不参与显示运算。

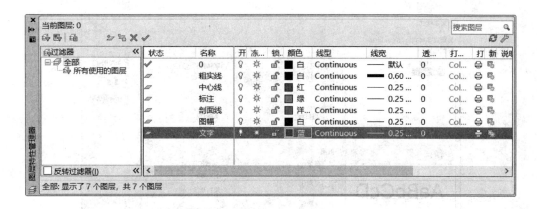

图 8-16 图层的设置

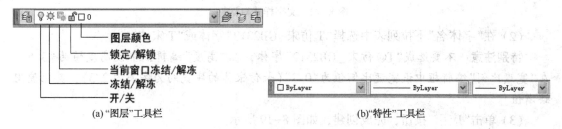

(a)"图层"工具栏　　　　　　　　　　　　(b)"特性"工具栏

图 8-17 图层和特性工具栏

图层的锁定/解锁 🔓：图层锁定后不影响该图层图形的显示，但不能编辑该图层的图形，可以在该图层上绘制图形。

特别注意：在"特性"工具栏中将颜色、线型和线宽均设置为"随层（By Layer）"，才会将图层设置好的各项属性赋予图层内的对象。

三、建立符合国标的文字样式

绘制机械图样时，需要为图形标注尺寸，还需注写文字，如技术要求、填写标题栏等。下面介绍如何在 AutoCAD 中定义符合国标要求的文字样式，并进行单行和多行文字的注写。

制图国家标准规定汉字用长仿宋体。AutoCAD 提供了符合国标的中文字体，如 "T 仿宋_GB2312"或"T 宋体"的中文字体；国家标准规定尺寸标注时的数字为斜体字，AutoCAD 中符合国标的数字样式为 gbetic. shx 和 gbenor. shx 等字体。

1. 建立符合国标的汉字样式

用于定义文字样式的命令是 STYLE。单击菜单栏中"格式/"文字样式"打开"文字样式"对话框，如图 8-18 所示。

在对话框中，选择"新建"按钮，定义指定文字样式的样式名称。

建立"国标汉字"文字样式用于在工程图中注写符合国家技术制图标准规定的汉字。创建字长仿宋体，字高为 3.5mm 即 3.5 号字的过程如下：

（1）单击"新建"按钮，弹出"新建文字样式"对话框，输入"国标汉字"文字样式名，单击"确定"按钮，返回"文字样式"对话框。

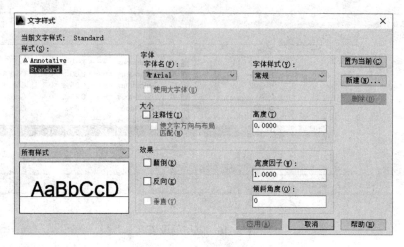

图 8-18　文字样式对话框

（2）在"字体名"下拉列表中选择"T 仿宋_GB2312"字体或"T 宋体"。

特别注意：不要选成"T@仿宋_GB2312"字体，在"高度"编辑框中设高度值为"3.5"；在"宽度比例"编辑框中设宽度比例值为"0.7"（长仿宋体的字宽约为字高的 2/3），其他使用缺省值。

（3）单击"应用"按钮，完成创建，如图 8-19 所示。

（4）如不再创建其他样式，单击"关闭"按钮，退出"文字样式"对话框，结束命令。

2. 建立符合国标的数字样式

建立"尺寸数字"（斜体字、3.5 号字）文字样式，用于工程图的尺寸数字标注。

其创建过程如下：

（1）单击"新建"按钮，弹出"新建文字样式"对话框，输入"尺寸数字"文字样式名，单击"确定"按钮，返回"文字样式"对话框。

（2）在"字体名"下拉列表中选择"gbeitc.shx"字体，在"高度"编辑框中设高度值为"3.5"，在"宽度比例"编辑框中输入"1"，其他使用缺省值。

（3）单击"应用"按钮，完成创建，如图 8-20 所示。

（4）单击"关闭"按钮，退出"文字样式"对话框，结束命令。

图 8-19　建立符合国标的汉字样式

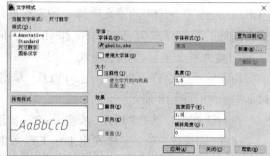

图 8-20　建立符合国标的数字样式

3. 单行文字的注写与编辑

在注写文字前，首先要选择或者确认当前文字样式是否正确，然后通过"绘图"/"文字"/"单行文字"，注写单行文字。

通过完成"指定文字的起点或[对齐(J)/样式(S)]"、"指定高度"、"指定文字的旋转角度"、"输入文字等信息行的提示"完成输入。输入后一次回车，可进行下一行输入，两次回车，结束当前文字的输入。

双击已经注写的单行文字，可以对注写的内容进行编辑。

一些特殊字符不能在键盘上直接输入，AutoCAD 用控制码来实现，常用的控制码如表 8-11 所示。

表 8-11　特殊字符与控制码

符号	代号	示例	文本
°	%%d	25%%d	25°
±	%%p	%%p0.012	±0.012
φ	%%c	%%c25	φ25

特别注意：AutoCAD 提供了方便观察当前样式的"样式"工具栏，如图 8-21 所示，依次为文字样式控制、标注样式、表格样式和多重引线样式控制工具栏。

图 8-21　"样式"工具栏

4. 多行文字的注写与编辑

多行文字是以一个段落的方式输入文字，它具有控制所注写文字字符格式及段落文字特性等功能。

从"绘图"工具栏中单击："多行文字"按钮 **A**，或者从下拉菜单选取："绘图"/"文字"/"多行文字"均可。

多行文字是通过在绘图区域拖动一个窗口作为书写文字的指定区域。如图 8-22 所示，在指定区域可以注写多行文字。

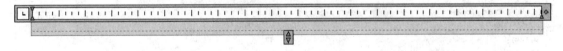

图 8-22　多行文字编辑器对话框

若要编辑"多行文字编辑器"中显示的段落文字，双击已经注写完成的多行文字，弹出"多行文字编辑器"对话框，对其进行编辑。

四、建立符合国标的尺寸标注样式

制图的国家标准对尺寸标注的格式有具体的规定，如尺寸界线、尺寸线、尺寸文字和尺寸终端等。以下介绍如何定义符合制图标准的尺寸标注样式。

（一）建立符合制图标准的尺寸标注样式

1. 定义"制图国标"尺寸标注样式

定义尺寸标注样式的命令为 DIMSTYLE。单击菜单栏中"格式"工具栏中的"标注样式"按钮，或单击菜单"标注"/"标注样式"，即执行 DIMSTYLE 命令，打开"标注样式管理器"对话框，如图 8-23 所示。

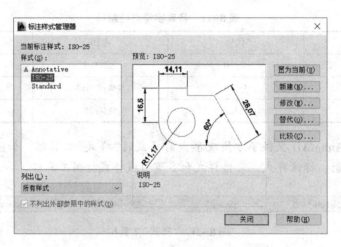

图 8-23 "标注样式管理器"对话框

在 AutoCAD 自带的 ISO-25 基础样式基础上，建立样式名为"制图国标"的尺寸标注样式：单击对话框中的"新建"按钮，打开"创建新标注样式"对话框，如图 8-24(a) 所示。在"新样式名"文本框中输入"制图国标"，其余设置采用默认状态，如图 8-24(b) 所示。然后单击"继续"按钮，弹出新建的尺寸样式对话框，该对话框共有直线、符号和箭头等七个选项卡，通过对这七个选项卡的设置，完成新建尺寸样式中尺寸线、尺寸界线、符号、箭头和文字等方面的设置。

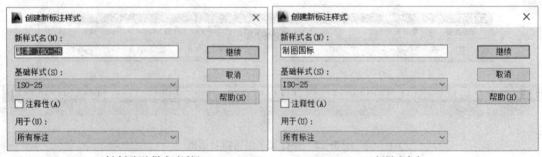

(a)创建新标注样式对话框　　　　　　　　　　(b)新样式命名

图 8-24 "制图国标"尺寸标注样式的建立

2. 尺寸标注选项卡的设置

（1）"线"选项卡

尺寸线和尺寸界线的参数设置，如图 8-25 所示。

（2）"符号和箭头"选项卡

参数设置如图 8-26 所示，其中箭头的大小的取值为 3 或 4 即可。

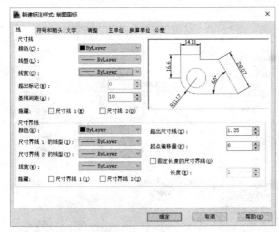

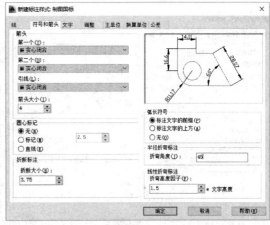

图 8-25　线选项卡的设置　　　　　　　　图 8-26　符号和箭头选项卡的设置

（3）"文字"选项卡

参数设置见图 8-27，所使用的尺寸数字字体需单独设置，此处为预先设置好的"尺寸数字"样式。在设置符合国标的尺寸样式之前，应先建立符合国标的尺寸数字样式。

（4）"调整"选项卡

为了保证小尺寸的正确标注，参数设置可参照图 8-28 所示。

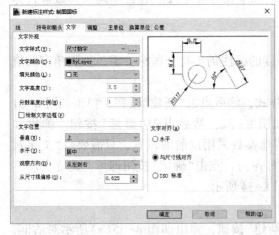

图 8-27　文字选项卡的设置　　　　　　　　图 8-28　调整选项卡的设置

（5）"主单位"选项卡

尺寸标注的数字的精度要依照所绘图形确定，此处设置长度和角度均为整数，如图 8-29所示。

特别注意： 采用1:1比例绘图时，测量单位的比例因子选1。否则，依据绘图比例进行相应倍数的放大或者缩小。例如绘图比例为1:2时，此时测量单位比例因子应为2。

（6）"换算单位"和"公差"选项卡均采用缺省设置。

所有选项卡参数设置完成后，点击"确定"按钮，完成尺寸样式的设置，设置如图8-30所示，可以通过预览区域进行尺寸样式的预览。

图8-29 主单位选项卡的设置

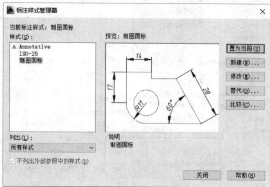

图8-30 完成的尺寸样式设置

特别注意： 在完成的"制图国标"尺寸标注样式中，通过图8-30中的预览可以发现，"角度数字"的方向的不符合国标(国标规定角度数字为水平方向)，进一步通过建立尺寸的子标注样式来完成符合国标的设置。

3. 建立子标注样式

子标注样式可以使标注尺寸时，角度、直径和半径等尺寸按照各自不同的参数进行标注，从而满足国标的要求。

（1）角度子标注样式

上述完成的"制图国标"的尺寸样式中，角度的标注仍不符合国标，需单独将角度数值设置成水平方向。

如图8-30所示，选中"制图国标"的尺寸样式，然后点击"新建"按钮，弹出如图8-31对话框，在"用于"列表中选"角度标注"，如图8-32，然后点击"继续"按钮。弹出如图8-33所示对话框后，选择"文字"选项卡，其他参数采用以前的设置，只需要将"文字对齐"方式改为"水平"(原来的方式为与"尺寸线对齐")，点击"确定"按钮即可。建立角度标注子样式后的"制图国标"的尺寸标注样式如图8-34所示。

（2）半径和直径标注子样式

选中"制图国标"的尺寸样式，然后点击"新建"按钮，弹出如图8-35(a)所示对话框，在"用于"一栏点选"半径标注"，然后点击"继续"按钮，在弹出如图8-35(b)所示对话框后，选择"文字"选项卡，其他参数采用以前的设置，选"文字"选项卡，将文字对齐方式改为"ISO标准"，点击"确定"按钮即可。

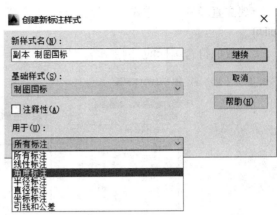

图 8-31　创建子标注样式对话框　　　　　　图 8-32　用于/角度标注

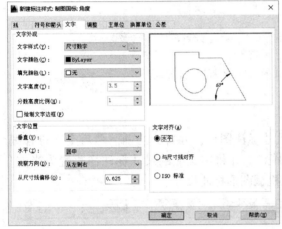

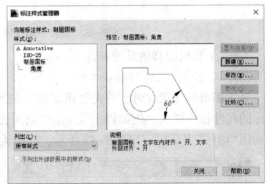

图 8-33　角度文字对齐方式的调整　　　　　　图 8-34　角度子样式的建立

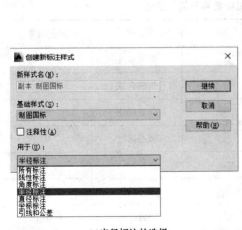

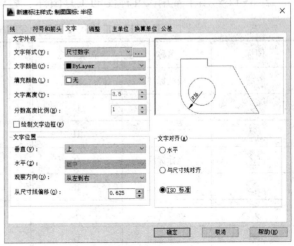

(a)半径标注的选择　　　　　　　　　(b)文字对齐方式的设置

图 8-35　半径子样式的建立

233

建立直径标注子样式与半径标注子样式基本相同，只是"用于"一栏中选择"直径标注"即可。

完成的符合国标的"制图国标"标注样式，如图 8-36 所示。

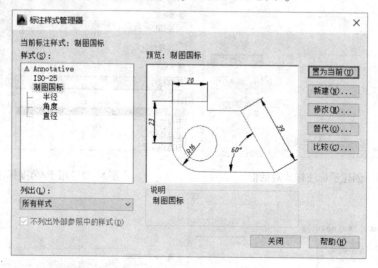

图 8-36 带有子标注样式的"制图国标"尺寸样式

(二) 机械图样的尺寸标注

1. 尺寸标注之前的准备工作

为图形标注尺寸时，首先要建立相应的尺寸标注图层，并置为当前。然后定义符合国标的尺寸标注样式，例如以上完成的"制图国标"，并将定义完的尺寸标注样式置为当前。利用"标注"工具栏，如图 8-37 所示，开始为机械图形标注尺寸。

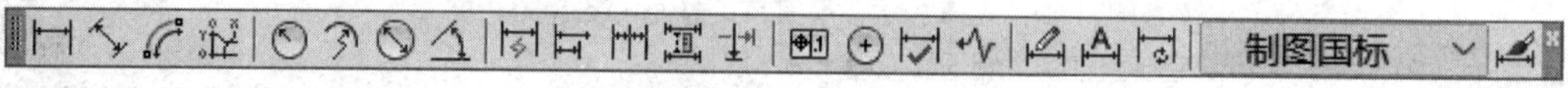

图 8-37 "标注"工具栏

表 8-12 列出了常用尺寸标注的工具图标、名称和简化命令。

表 8-12 常用尺寸标注命令的图标名称与简化命令

图标	名称	简化命令	图标	名称	简化命令
	线性标注	L		等距标注	P
	对齐标注	G		折断标注	K
	弧长标注	H		公差标注	T
	坐标标注	O		圆心标记	M
	半径标注	R		检验	I
	折弯标注	J		折弯线性	J
	直径标注	D		编辑标注	DIMED

续表

图标	名称	简化命令	图标	名称	简化命令
△	角度标注	A	⊿	编辑标注文字	X
⊢⊣	快速标注	QDIM	⊢⊡	标注更新	U
⊢	基线标注	B	⊿	标注样式	S
⊩⊩	连续标注	C			

图中 8-38 列出了线性尺寸、对齐尺寸、圆和角度等常用尺寸标注示例。

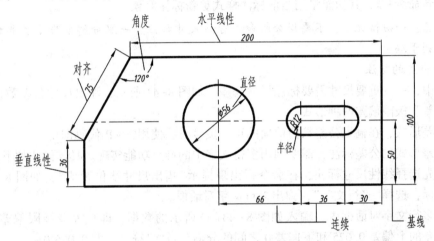

图 8-38　尺寸标注示例

2. 尺寸标注的编辑

当尺寸标注完成后，还可以通过尺寸标注的编辑命令对尺寸进行编辑。尺寸的编辑命令有编辑标注、编辑标注文字以及标注更新。其命令按钮位于尺寸标注工具栏，具体见图 8-37。

（1）编辑标注

编辑标注命令 ⊿，其功能是编辑标注文字和尺寸界限。可以修改、恢复和旋转尺寸数字，更改尺寸线的倾斜角度。如图 8-39 所示。

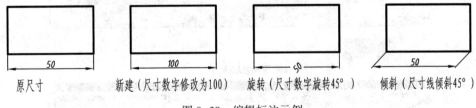

图 8-39　编辑标注示例

（2）编辑标注文字

编辑标注文字命令 ⊿，其功能是移动和旋转标注文字，及重新定位尺寸线位置，如图 8-40 所示。

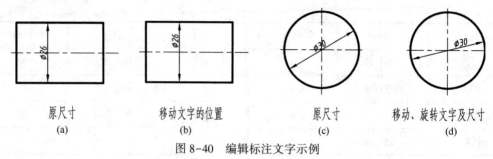

原尺寸　　　　　　移动文字的位置　　　　　　原尺寸　　　　移动、旋转文字及尺寸

(a)　　　　　　　　　(b)　　　　　　　　　(c)　　　　　　　　(d)

图 8-40　编辑标注文字示例

（3）标注更新

标注更新命令 ![icon]，其功能将用当前标注样式更新标注对象。

特别注意：一般情况下，不要用分解命令分解尺寸标注，一旦分解就失去了其标注的关联性，不利于编辑。

3. 尺寸公差的标注

零件图中，一些重要尺寸需要标注尺寸公差。如图 8-41 所示，注出尺寸公差数值的形式有对称公差和极限偏差两种形式。

对称公差形式，在输入公差数值前面的正、负号时，使用%%P 代码即可。

极限偏差形式的公差标注，需要利用多行文字中的堆叠功能实现。具体做法如下：

（1）首先选择线性尺寸标注，在命令行出现提示"指出尺寸线位置或"，如图 8-42 所示，右击鼠标，选择"多行文字"，弹出多行文字对话框。

（2）在多行文字对话框中，输入如图 8-43（a）所示的数据，即尺寸及极限偏差数据，注意极限偏差的上偏差 0.025 和下偏差 0 之间的分隔符号"^"符号，即 0.025^0。

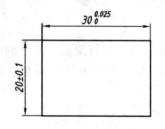

指定尺寸线位置或

[多行文字(M)/文字(T)/角度(A)/水平(H)/垂直(V)/旋转(R)]：

图 8-41　尺寸公差的标注　　　　　　　图 8-42　多行文字的选择

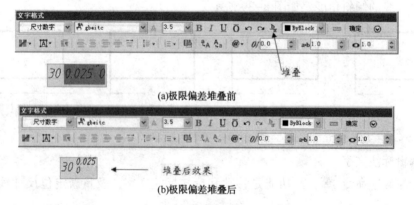

(a)极限偏差堆叠前

(b)极限偏差堆叠后

图 8-43　极限偏差的堆叠

（3）然后选中极限偏差部分即"0.025^0"，单击上面的"堆叠"图标，完成上下偏差的堆叠，完成尺寸公差的标注如图 8-43（b）所示。

4. 形位公差的标注

零件图的技术要求中，除尺寸公差外，还要标注出形位公差，形位公差的标注主要内容如图 8-44 所示。

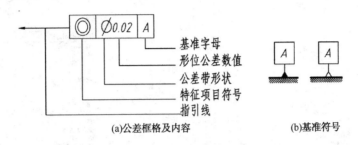

（a）公差框格及内容　　　　（b）基准符号

图 8-44　形位公差代号

（1）形位公差的标注方法一

① 点击"标注"工具栏上的"公差"图标 ⊞1，弹出"形位公差"对话框，如图 8-45（a）所示，在该对话框中，完成特征控制框指定符号和数值。

② 依照形位公差的各项要求，点击选择或输入符号、公差、基准等内容，然后点击"确定"，完成形位公差的设置，如图 8-45（b）所示。

③ 上述方法得到的形位公差没有指引线，需要利用"引线"命令，另行绘制指引线。

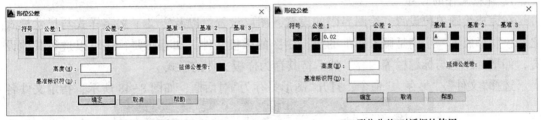

（a）形位公差对话框　　　　　　　　　　（b）"形位公差"对话框的使用

图 8-45　形位公差对话框

（2）形位公差的标注方法二

使用"快速引线"（QLEADER）命令，可以完成标注带引线的形位公差。

命令行输入快速引线的快捷命令"LE"，执行快速引线 QLEADER 命令，选择"设置"，弹出"引线设置"对话框，如图 8-46 所示，"注释"选项卡中的"注释类型"，默认设置是"多行文字"，将其改为"公差"，按照提示就可完成带指引线的形位公差的标注。具体示例见图 8-61。

（3）基准符号的绘制

基准符号包括带基准字母的基准方格和空心或实心基准箭头，如图 8-44（b）所示。

带基准字母的基准方格，利用尺寸标注里的"公差"，即可实现绘制。点击"公差" ⊞1 按钮，符号、公差值等内容都不要填写，只需在基准的白色空格内填写基准符号，点击"确定"即可。

空心或实心基准箭头，通过"快速引线"命令，打开"引线设置"对话框，对其中的"引线和箭头"选项卡进行设置，将"箭头"设置为基准三角形或实心基准三角形，如图 8-47 所示。具体示例见图 8-62。

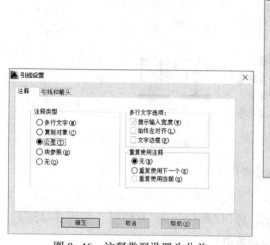

图 8-46　注释类型设置为公差

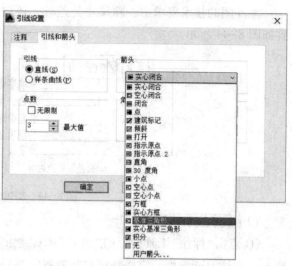

图 8-47　箭头类型设置为基准三角形

五、样板文件的保存与使用

1. 样板文件的保存

在完成绘图单位设置、绘图界限的设置、图层设置，以及定义了文字样式与尺寸样式之后，就形成了一个满足国家标准的机械制图的样板文件。如有必要，还可以进行其他设置，如增加图框与标题栏等内容，然后将其存为样板文件的形式。

选择"文件"/"另存为"命令，打开"图形另存为"对话框，如图 8-48 所示，指定文件名

图 8-48　样板图的保存

为"制图样板"，通过"文件类型"下拉列表将文件保存类型选择为"AutoCAD 图形样板（*.dwt）"选项，这样"制图样板.dwt"文件就会默认保存在 AutoCAD 安装文件夹下的 Template 文件夹中。该文件夹中有许多 AutoCAD 提供的样板文件，可以酌情选用。

AutoCAD 样板文件上，除了包含与绘图相关的标准（或通用）设置，如图层、文字标注样式及尺寸标注样式的设置等，也可包括一些通用图形对象，如图幅框、标题栏和块等内容。

2. 样板文件的使用

打开建立好的样板图文件，例如"制图样板.dwt"，然后点击"文件"/另存为（.dwg）的文件格式，即可开始绘制新图形。当用户基于某一样板文件绘制新图形并以.dwg 格式保存后，所绘图形对原样板文件无影响。

第三节　绘制机械图样

一、平面图形的绘制

绘制平面图形是绘制工程图样的基础，平面图形包括直线和圆弧连接，可以利用 AutoCAD 提供的绘图工具、编辑工具以及对象捕捉工具完成准确绘图。下面通过绘制如图 8-49 所示的平面图形，说明绘图的方法和步骤。

如第八章所述，绘图环境的设定主要包括绘图单位、绘图界限、文字样式、标注样式以及图层的设置等等。打开"制图样板.dwt"文件，将该文件另存为"平面图形.dwg"，开始绘图。

（1）绘制中心线

首先将"中心线"图层置为当前，在该图层内绘制如图 8-50 所示各中心线，个别中心线的长度可在完成图形后，利用"夹点"的移动功能调节其长度。

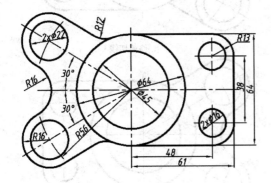

图 8-49　平面图形

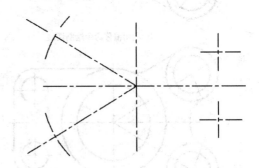

图 8-50　中心线的绘制

（2）绘制已知线段

将粗实线图层置为当前，完成以下各已知线段的绘制。

所谓已知线段是指定型尺寸和定位尺寸齐全的线段，这些线段可最先绘出。如图 8-51

（a）所示，其中 $R16$ 的圆弧先按照圆绘制，之后通过修剪获得圆弧。

（3）绘制中间线段及绘制连接弧

如图 8-49 所示，与 $R16$ 和 $R12$ 相切的直线为中间线段，靠近水平轴线左侧 $R16$ 的公切弧及圆弧 $R13$ 均为连接弧。

$R16$ 的公切弧利用"相切、相切、半径"画圆的方法绘制，然后"修剪"即可，也可使用"倒圆角"命令绘制该圆弧，$R13$ 的圆弧用"倒圆角"命令完成，如图 8-51（b）所示。

与 $R16$ 和 $R12$ 相切的直线，利用"偏移"命令将轴线偏移，如图 8-51（c）所示，然后"修剪"，将其转换到粗实线图层即可，如图 8-51（d）所示。

利用"倒圆角"命令，完成如 $R12$ 圆弧的绘制，如图 8-51（e）所示。

检查整理图线，完成如图 8-51（f）所示平面图形的绘制。

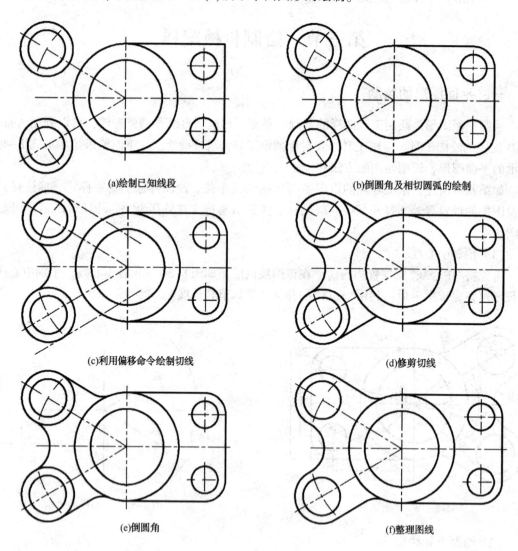

(a)绘制已知线段

(b)倒圆角及相切圆弧的绘制

(c)利用偏移命令绘制切线

(d)修剪切线

(e)倒圆角

(f)整理图线

图 8-51　平面图形的绘制

（4）标注尺寸

平面图形画完后，需按照正确、完整、清晰的要求来标注尺寸。将"尺寸标注"图层置为当前，完成定形尺寸和定位尺寸标注。

（5）检查与整理图形

检查图形绘制是否正确，图线是否在所在图层，由于中心线或者定位轴线往往是最先绘制的，后期可能需要调整其长度，如图 8-51 所示。

检查尺寸标注是否正确，尺寸分布等是否合理等等。

二、零件图的绘制

打开文件名为"制图样板.dwt"的样板图以后，将该文件另存为"离心泵泵轴.dwg"，开始绘制泵轴零件图。

绘制图 8-52 所示的泵轴零件图。

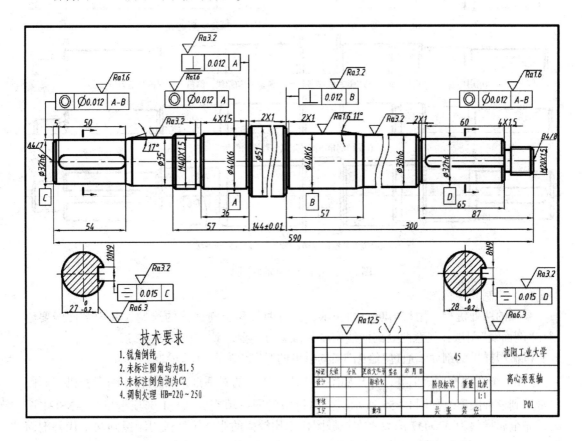

图 8-52　离心泵泵轴零件图

（1）绘制图幅及标题栏

根据图形尺寸，选择绘图比例，确定图幅后绘制图框及标题栏，通常需要为图框与标题栏设置一图层，用于图框线、标题栏和标题栏文字的注写。绘图比例为 1：1。

（2）绘制定位线

将"中心线"图层层置为当前，绘制长约 550mm 的点画线，如图 8-53（a）所示。

（3）绘制基本视图

①"粗实线"置为当前图层，用"直线"命令，按尺寸绘制轴的上半主要轴段，如图 8-53（a）所示。

②利用"直线"、"偏移"及"修剪"命令，绘制各轴段的典型结构（斜线、倒角、越程槽与退刀槽），如图 8-53（b）所示。

③利用"倒角"命令，完成各轴段的倒角，如图 8-53（c）所示。

④利用"镜像"等命令，完成图形的上、下镜像，并绘制键槽、螺纹及两处断开画法，如图 8-53（d）所示。

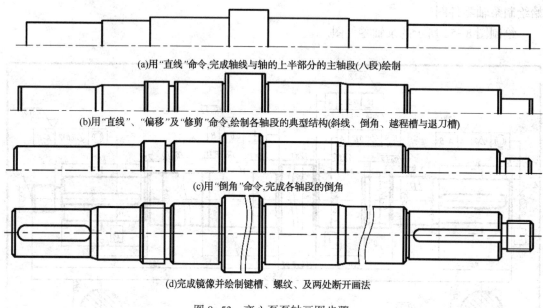

(a)用"直线"命令,完成轴线与轴的上半部分的主轴段(八段)绘制

(b)用"直线"、"偏移"及"修剪"命令,绘制各轴段的典型结构(斜线、倒角、越程槽与退刀槽)

(c)用"倒角"命令,完成各轴段的倒角

(d)完成镜像并绘制键槽、螺纹、及两处断开画法

图 8-53　离心泵泵轴画图步骤

（4）绘制其他视图

泵轴的两处键槽，用移出断面图表示，完成两处移出断面图的绘制，其中剖面线要绘制在"剖面线"图层，注意两处剖面线密度与倾斜方向要一致，如图 8-52 所示。

机械图样里的剖面线通过"绘图"工具栏里的"图案填充"实现绘制。

点击"图案填充"按钮▨，打开如图 8-54（a）所示的对话框。首先选择图案，机械制图中常用到三种图案，如图 8-55 所示，金属材料的图案填充为 ANSI 选项卡里的 ANSI31 图案，非金属材料为 ANSI37 图案，在机械图样中比较薄的非金属材料用涂黑画法来代替剖面线，可以选择"其他预定义"选项卡里的 SOLID 的图案填充实现涂黑。

填充边界的选择可以为"拾取点"或"选择对象"，根据不同情况进行选择。如图 8-56 所示。

"继承特性"可以在图中拾取已有的图案填充，获取其已有的图案、比例、角度等设置。

完成轴上两处键槽的移除断面图绘制，如图 8-57 所示。

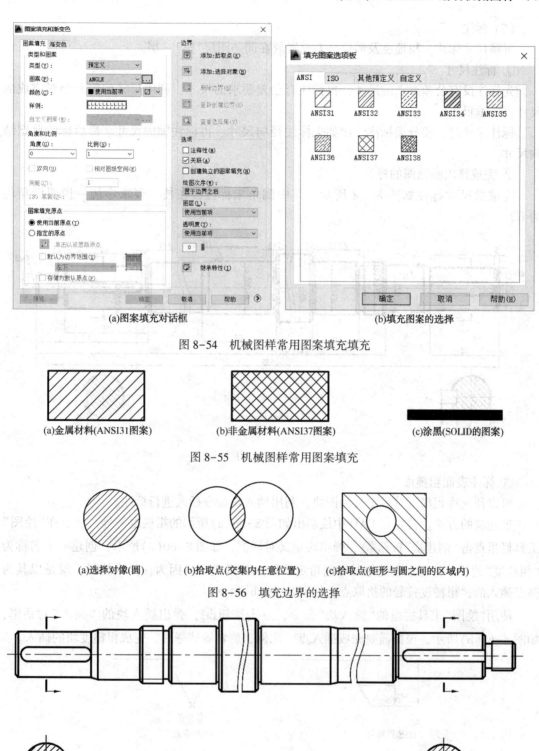

(a)图案填充对话框　　　　　　　　　　　(b)填充图案的选择

图 8-54　机械图样常用图案填充填充

(a)金属材料(ANSI31图案)　　　　(b)非金属材料(ANSI37图案)　　　　(c)涂黑(SOLID的图案)

图 8-55　机械图样常用图案填充

(a)选择对像(圆)　　　(b)拾取点(交集内任意位置)　　　(c)拾取点(矩形与圆之间的区域内)

图 8-56　填充边界的选择

图 8-57　绘制两处键槽的移出面图

（5）标注

可将尺寸标注、粗糙度及形位公差设置放在同一图层"标注"层。

① 标注尺寸

先标注没有公差要求的尺寸，再标注有公差要求的尺寸，利用尺寸编辑命令对完成的尺寸进行编辑。

标注尺寸时，要分类标注。比如先标注径向尺寸、再标注轴向尺寸、最后标注典型结构尺寸。

② 完成移出断面图的标注

完成的尺寸标注如图 8-58 所示，其中倒角未标注，在技术要求中统一说明倒角均为 C2。

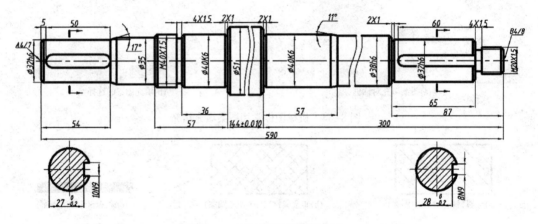

图 8-58 完成泵轴的尺寸标注

③ 标注表面粗糙度

可以预先将粗糙度符号定义为图块，利用插入块命令插入进行标注。

创建块的方法。首先在 CAD 中绘制出如图 8-59(a) 所示的粗糙度符号，然后在"绘图"工具栏里点击"创建块"按钮，弹出块定义对话框，如图 8-60(a) 所示，创建一个名称为"粗糙度"的块，注意在创建块时正确指定拾取点非常重要，因为在插入块时，就是以其为基点插入的，粗糙度符号的拾取点，如图 8-59(b) 所示。

使用"绘图"工具栏里的"插入块"命令，点击按钮，弹出插入块的"插入"对话框，如图 8-60(b) 所示，根据需要完成插入点、比例、旋转等选择后，完成粗糙度块的插入。

(a)选择对象   (b)拾取点

图 8-59 填充边界的选择

当前定义的"粗糙度"块，只能在当前图形里调用，若需要在别的图形中也能使用，需要通过"写块"命令（Wblock），完成块的公用定义。

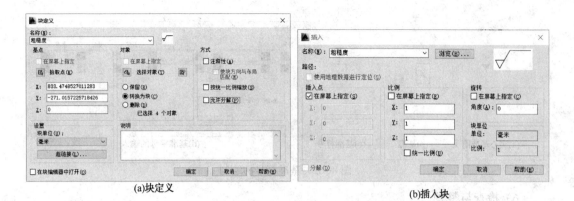

(a)块定义　　　　　　　　　　　　　　(b)插入块

图 8-60　"粗糙度符号"块的定义与插入

完成粗糙度标注的泵轴零件图见图 8-52。

④ 形位公差的标注

泵轴零件图中有同轴度、垂直度、对称度等形位公差需要标注。利用引线命令标注形位公差。

在命令行输入快速引线的快捷命令"LE"，选择"设置"，将弹出"引线设置"对话框，将"注释"选项卡中的"注释类型"设置为"公差"。按照提示，完成指引线的绘制，如图 8-61(a)所示，在随后弹出的形位公差对话框中，完成形位公差的各项的输入，如图 8-61(b)所示。

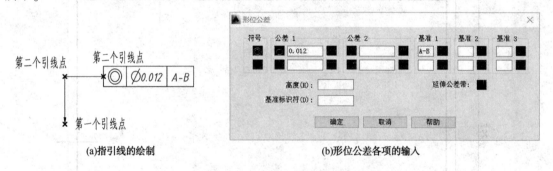

(a)指引线的绘制　　　　　　　　　　　(b)形位公差各项的输入

图 8-61　形位公差的标注

基准符号的绘制。基准符号的实心基准箭头，可以通过快速引线命令"LE"绘制，选择"设置"，在打开的"引线设置"对话框中，将"引线和箭头"选项卡中，"箭头"设置为"实心基准三角形"，绘制出如图 8-62(a)所示的实心基准箭头。

基准字母的基准方格，利用尺寸标注工具栏中的"公差" 按钮，弹出"形位公差"对话框，符号、公差值等内容都不要填写，只需在基准的白色空格内填写基准符号字母，如图 8-62(d)所示，即可绘制出带字母的基准方格，如图 8-62(b)所示，最终形成完整的基准符号，如图 8-62(c)所示。

⑤ 注写技术要求文字

泵轴零件图中的"技术要求"文字的注写，是通过用多行文字命令 **A** 完成注写的，多行文字方便注写成段的文字且便于编辑。

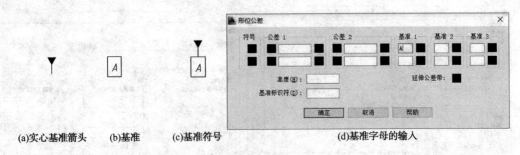

(a)实心基准箭头　　(b)基准　　(c)基准符号　　　　　(d)基准字母的输入

图 8-62　基准符号的绘制

(6) 检查与整理

整理中心线与轴线长度、检查视图、尺寸标注和技术要求等内容，完成图形后，填写标题栏中的比例、材料和图号等内容，并保存文件。

习题八

1. 绘制 A3 图框及标题栏，并将文件保存成 A3.dwg(标题栏为学生作业用简化格式)(题图 8-1)。

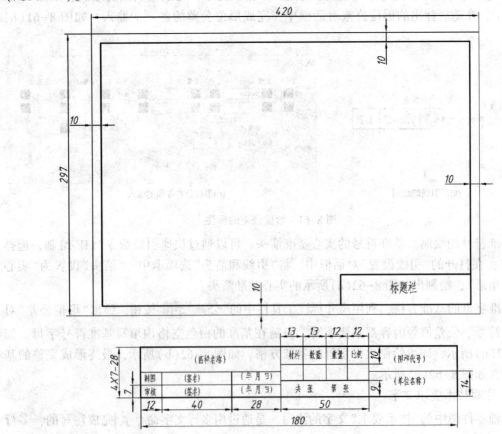

题图 8-1

2. 绘制平面图形(题图 8-2)。

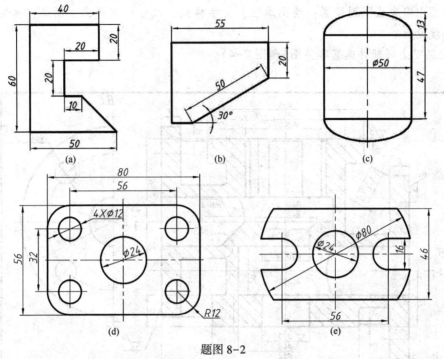

题图 8-2

3. 绘制平面图形(题图 8-3)。

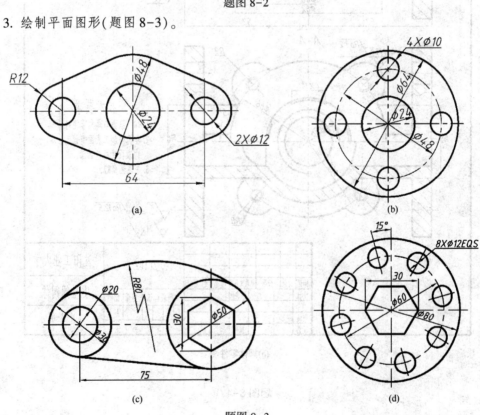

题图 8-3

4. 建立符合机械制图国标要求的样板文件，文件保存为"制图样板 . dwt"的文件

样板图中应完成下列设置：绘图单位、文字样式、尺寸标注样式、图层、标题栏图块等绘图环境设置。

5. 绘制安全阀部件成套零件图(题图 8-4)。

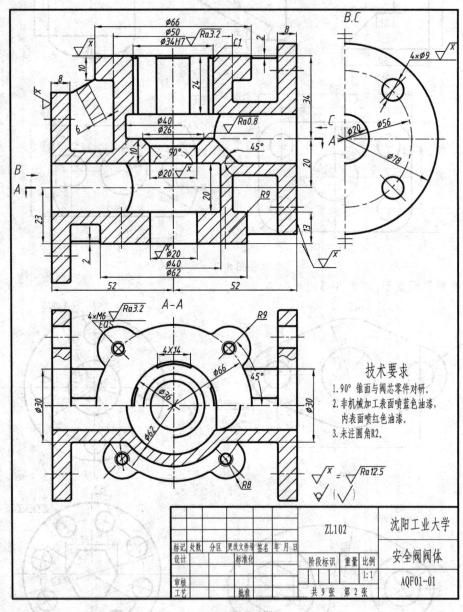

(a)阀体零件图

题图 8-4

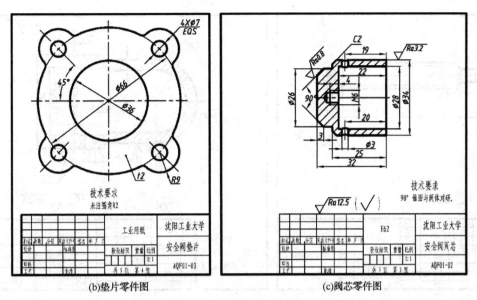

(b)垫片零件图　　　　　(c)阀芯零件图

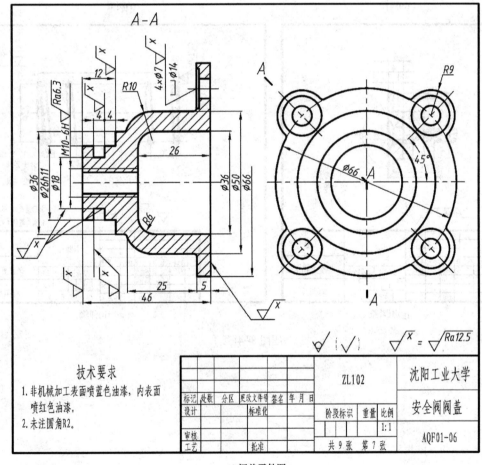

(d)阀盖零件图

题图 8-4(续)

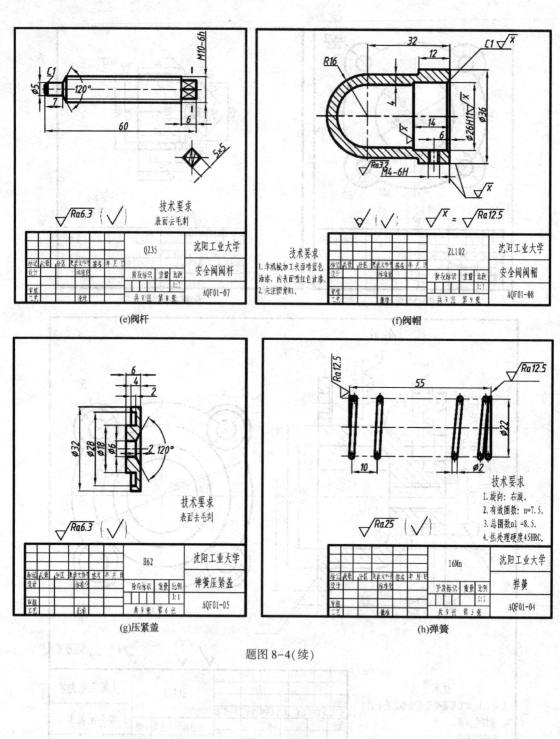

(e)阀杆

(f)阀帽

(g)压紧盖

(h)弹簧

题图 8-4(续)

附录

附录一　常用螺纹紧固件

一、螺栓

六角头螺栓—C 级（GB/T 5780—2016）　　　六角头螺栓—A 和 B 级（GB/T 5782—2016）

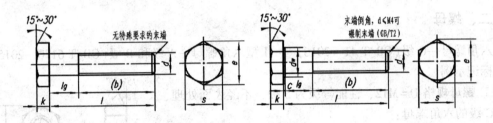

标记示例：

螺纹规格为 M12 、公称长度为 $l＝80mm$、性能等级为 8.8 级，表面氧化、产品等级为 A 级的六角头螺栓：

螺栓　GB/T 5782　M12×80

附表 1-1　六角头螺栓　　　　　　　　　　　　　mm

螺纹规格 d			M3	M4	M5	M6	M8	M10	M12	M16	M20	M24	M30	M36	M42
b 参考	$l≤125$		12	14	16	18	22	26	30	38	46	54	66	—	—
	$125<l≤200$		18	20	22	24	28	32	36	44	52	60	72	84	96
	$l>200$		31	33	35	37	41	45	49	57	65	73	85	97	109
c			0.4	0.4	0.5	0.5	0.6	0.6	0.6	0.8	0.8	0.8	0.8	0.8	1
d_w	产品等级	A	4.57	5.88	6.88	8.88	11.63	14.63	16.63	22.49	28.19	33.61	—	—	—
		B、C	4.45	5.74	6.74	8.74	11.47	14.47	16.47	22	27.7	33.25	42.75	51.11	59.95
e	产品等级	A	6.01	7.66	8.79	11.05	14.38	17.77	20.03	26.75	33.53	39.98	—	—	—
		B、C	5.88	7.50	8.63	10.89	14.20	17.59	19.85	26.17	32.95	39.55	50.85	60.79	72.02
k 公称			2	2.8	3.5	4	5.3	6.4	7.5	10	12.5	15	18.7	22.5	26
r			0.1	0.2	0.2	0.25	0.4	0.4	0.6	0.6	0.8	0.8	1	1	1.2

续表

螺纹规格 d	M3	M4	M5	M6	M8	M10	M12	M16	M20	M24	M30	M36	M42
s 公称	5.5	7	8	10	13	16	18	24	30	36	46	55	65
l(商品规格范围)	20~30	25~40	25~50	30~60	40~80	45~100	50~120	65~160	80~200	90~240	110~300	140~360	160~400
l 系列	12, 16, 20, 25, 30, 35, 40, 45, 50, (55), 60, (65), 70, 80, 90, 100, 110, 120, 130, 140, 150, 160, 180, 200, 220, 240, 260, 280, 300, 320, 340, 360, 380, 400, 420, 440, 460, 480, 500												

注：1. A 级用于 d≤24mm 和 l≤10d 或 l≤150mm 的螺栓；B 级用于 d>24mm 和 l>10d 或 l>150mm 的螺栓。

2. 螺纹规格 d 范围：GB/T 5780 为 M5~M64，GB/T5782 为 M1.6~M64。

3. 公称长度 l 范围 GB/T5780 为 25~500，GB/T5782 为 12~500。尽可能不用 l 系列中带括号的长度。

4. 材料为钢的螺栓性能等级有 5.6、8.8、9.8、10.9 级，其中 8.8 级为常用。

二、螺母

六角螺母—C 级（GB/T 41—2016）　　I 型六角螺母—A 级和 B 级（GB/T 6170—2015）

标记示例：

① 螺母规格 D＝M12、性能等级为 5 级、不经表面处理、

C 级的六角螺母：

　　螺母 GB/T 41　　M12

② 螺母规格 D＝M12、性能等级为 8 级、不经表面处理、

A 级的 I 型六角螺母：

　　螺母 GB/T 6170　　M12

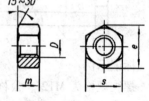

附表 1-2　螺母　　　　　　　　　　　　　　　　　　　mm

螺纹规格 D		M3	M4	M5	M6	M8	M10	M12	M16	M20	M24	M30	M36
e	GB/T41—2016	—	—	8.63	10.89	14.20	17.59	19.85	26.17	32.95	39.55	50.85	60.79
	CB/T6170—2015	6.01	7.66	8.79	11.05	14.38	17.77	20.03	26.75	32.95	39.55	50.85	60.79
s	GB/T41—2016	—	—	8	10	13	16	18	24	30	36	46	55
	GB/T6170—2015	5.5	7	8	10	13	16	18	24	30	36	46	55
m	GB/T41—2016	—	—	5.6	6.1	7.9	9.5	12.2	15.9	18.7	22.3	26.4	31.5
	GB/T6170—2015	2.4	3.2	4.7	5.2	6.8	8.4	10.8	14.8	18	21.5	25.6	31

注：A 级用于 D≤M16；B 级用于 D>M16。

三、螺钉

1. 开槽圆柱头螺钉（GB/T 65—2016）

标记示例：

螺纹规格 d＝M5、公称长度 L＝20mm、性能等级为 4.8 级、

不经表面处理的 A 级开槽圆柱头螺钉：

　　　　　　螺钉 GB/T 65　　M5×20

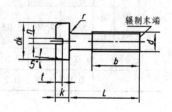

附表 1-3　开槽圆柱头螺钉　　　　　　　　　　　　　mm

螺纹规格 d	M3	M4	M5	M6	M8	M10
P(螺距)	0.5	0.7	0.8	1	1.25	1.5
b	25	38	38	38	38	38
d_k	5.5	7	8.5	10	13	16
k	2	2.6	3.3	3.9	5	6
n	0.8	1.2	1.2	1.6	2	2.5
r	0.1	0.2	0.2	0.25	0.4	0.4
t	0.85	1.1	1.3	1.6	2	2.4
公称长度 L	4~30	5~40	6~50	8~60	10~80	12~80
L 系列	2, 2.5, 3, 4, 5, 6, 8, 10, 12, (14), 16, 20, 25, 30, 35, 40, 45, 50, (55), 60, (65), 70, (75), 80					

注：1. 括号内的规格尽可能不采用。

　　2. 螺纹规格 d=M1.6~M10，公称长度 L=2mm ~80 mm。d<M3 的螺钉未列入。

　　3. 公称长度 L≤40 mm 时，制出全螺纹。

　　4. 材料为钢的螺钉，性能等级有 4.8、5.8 级，其中 4.8 级为常用。

2. 开槽盘头螺钉(GB/T 67—2016)

标记示例：

螺纹规格 d=M5、公称长度 L=20 mm、性能等级为 4.8 级、不经表面处理的 A 级开槽盘头螺钉：

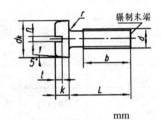

螺钉 GB/T 67　M5 ×20

附表 1-4　开槽盘头螺钉　　　　　　　　　　　　　mm

螺纹规格 d	M3	M4	M5	M6	M8	M10
P(螺距)	0.5	0.7	0.8	1	1.25	1.5
b	25	38	38	38	38	38
d_k	5.6	8	9.5	12	16	20
k	1.8	2.4	3	3.6	4.8	6
n	0.8	1.2	1.2	1.6	2	2.5
r	0.1	0.2	0.2	0.25	0.4	0.4
t	0.7	1	1.2	1.4	1.9	2.4
公称长度 L	4~30	5~40	6~50	8~60	10~80	12~80
L 系列	4, 5, 6, 8, 10, 12, (14), 16, 20, 25, 30, 35, 40, 45, 50, (55), 60, (65), 70, (75), 80					

注：1. 括号内的规格尽可能不采用。

　　2. 螺纹规格 d=M1.6~M10，公称长度 2~80mm。d<M3 的螺钉未列入。

　　3. M1.6~M3 的螺钉，公称长度 L≤30mm 时，制出全螺纹。

　　4. M4~M10 的螺钉，公称长度 L≤40mm 时，制出全螺纹。

　　5. 材料为钢的螺钉，性能等级有 4.8、5.8 级，其中 4.8 级为常用。

3. 紧定螺钉

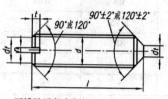 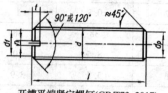 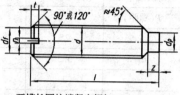

开槽锥端紧定螺钉(GB/T71–2018)　　开槽平端紧定螺钉(GB/T73–2017)　　开槽长圆柱端紧定螺钉(GB/T75–2018)

标记示例：

螺纹规格为 M5，公称长度 $l=12$mm、性能等级为 12H 级、表面氧化的开槽锥端紧定螺钉：

螺钉 GB/T 71　M5 ×12-12H

附表 1-5　紧定螺钉

mm

螺纹规格 d		M1.2	M1.6	M2	M2.5	M3	M4	M5	M6	M8	M10	M12
螺距 P		0.25	0.35	0.4	0.45	0.5	0.7	0.8	1	1.25	1.5	1.75
n 公称		0.2	0.25			0.4	0.6	0.8	1	1.2	1.6	2
t		0.52	0.74	0.84	0.95	1.05	1.42	1.63	2	2.5	3	3.6
d_t		0.12	0.16	0.2	0.25	0.3	0.4	0.5	1.5	2	2.5	3
d_p		0.6	0.8	1	1.5	2	2.5	3.5	4	5.5	7	8.5
z	GB/T75		1.05	1.25	1.5	1.75	2.25	2.75	3.25	4.3	5.3	6.3
公称长度 l	GB/T71	2~6	2~8	3~10	3~12	4~16	6~20	8~25	8~30	10~40	12~50	14~60
	GB/T73	2~6	2~8	3~10	4~12	4~16	6~20	6~25	8~30	8~40	10~50	12~60
	GB/T75	–	2.5~8	4~10	5~12	6~16	8~20	10~25	12~30	16~40	20~50	25~60
l 系列		2, 2.5, 3, 4, 5, 6, 8, 10, 12, (14), 16, 20, 25, 30, 35, 40, 45, 50, (55), 60										

注：GB/T75 没有 M1.2 规格。

四、双头螺柱

$b_m = 1d$（GB/T 897—1988）

$b_m = 1.25d$（GB/T 898—1988）

$b_m = 1.5d$（GB/T 899—1988）

$b_m = 2d$（GB/T 900—1988）

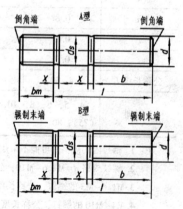

标记示例：

① 两端均为粗牙普通螺纹，$d=10$mm，$l=50$mm，性能等级为 4.8 级，不经表面处理，B 型，$b_m = 1d$ 的双头螺柱：

螺柱　GB 897　M10×50

② 旋入端为粗牙普通螺纹，紧固端为螺距 $P=1$mm 的细

$d_s \approx$ 螺纹中径（仅适用于 B 型）

牙普通螺纹，$d=10$mm，$l=50$mm，性能等级为 4.8 级，不经表面处理，A 型，$b_m=1.25d$ 的双头螺柱：

螺柱　GB 898　AM10×50

附表 1-6　双头螺柱 　　　　　　　　　　　　　　　mm

螺纹规格 d	b_m 公称		d_s		x Max	b	l 公称
	GB 897-88	GB 898-88	Max	Min			
M5	5	6	5	4.7		10	16～(22)
						16	25～50
M6	6	8	6	5.7		10	20、(22)
						14	25、(28)、30
						18	(32)～(75)
M8	8	10	8	7.64		12	20、(22)
						16	25、(28)、30
						22	(32)～90
M10	10	12	10	9.64		14	25、(28)
						16	30、(38)
						26	40～120
						32	130
M12	12	15	12	11.57	1.5P	16	25～30
						20	(32)～40
						30	45～120
						36	130～180
M16	16	20	16	15.57		20	30～(38)
						30	40～50
						38	60～120
						44	130～200
M20	20	25	20	19.48		25	35～40
						35	45～60
						46	(65)～120
						52	130～200

注：1. 本表未列入 GB/T 899—1988、GB/T 900-1988 两种规格。

　　2. P 表示螺距。

255

五、垫圈

小垫圈　A 级（GB/T 848—2002）

平垫圈 倒角型　A 级（GB/T 97.2—2002）

平垫圈　A 级（GB/T 97.1—2002）

标记示例：

标准系列、公称规格 8mm，由钢制造的硬度等级为 200HV 级，不经表面处理、产品等级为 A 级的平垫圈：

垫圈　GB/T 97.1 8

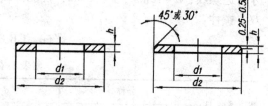

附表 1-7　垫圈

mm

公称规格（螺纹大径）d		1.6	2	2.5	3	4	5	6	8	10	12	16	20	24	30	36
d_1	GB/T 848—2002	1.7	2.2	2.7	3.2	4.3	5.3	6.4	8.4	10.5	13	17	21	25	31	37
	GB/T 97.1—2002	1.7	2.2	2.7	3.2	4.3	5.3	6.4	8.4	10.5	13	17	21	25	31	37
	GB/T 97.2—2002	–	–	–	–	–	5.3	6.4	8.4	10.5	13	17	21	25	31	37
d_2	GB/T 848—2002	3.5	4.5	5	6	8	9	11	15	18	20	28	34	39	50	60
	GB/T 97.1—2002	4	5	6	7	9	10	12	16	20	24	30	37	44	56	66
	GB/T 97.2—2002	–	–	–	–	–	10	12	16	20	24	30	37	44	56	66
h	GB/T 848—2002	0.3	0.3	0.5	0.5	0.5	1	1.6	1.6	1.6	2	2.5	3	4	4	5
	GB/T 97.1—2002	0.3	0.3	0.5	0.5	0.8	1	1.6	1.6	2	2.5	3	3	4	4	5
	GB/T 97.2—2002	–	–	–	–	–	1	1.6	1.6	2	2.5	3	3	4	4	5

注：1. 硬度等级有 200HV、300HV 级；材料有钢和不锈钢两种。

2. d 的范围：GB/T 848 为 1.6~36mm，GB/T 97.1 为 1.6~64mm，GB/T 97.2 为 5~64mm。

六、标准型弹簧垫圈

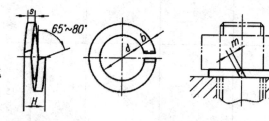

标记示例：

规格 16mm，材料为 65Mn，表面氧化的标准型弹簧垫圈：

垫圈　GB 93—87　16

附表 1-8　标准型弹簧垫圈

mm

公差规格（螺纹大径）	3	4	5	6	8	10	12	(14)	16	(18)	20	(22)	24	(27)	30
d	3.1	4.1	5.1	6.1	8.1	10.2	12.2	14.2	16.2	18.2	20.2	22.5	24.5	27.5	30.5
H	1.6	2.2	2.6	3.2	4.2	5.2	6.2	7.2	8.2	9	10	11	12	13.6	15
$s(b)$	0.8	1.1	1.3	1.6	2.1	2.6	3.1	3.6	4.1	4.5	5	5.5	6	6.8	7.5
$m \leqslant$	0.4	0.55	0.65	0.8	1.05	1.3	1.55	1.8	2.05	2.25	2.5	2.75	3	3.4	3.75

注：1. 括号内的规格尽可能不采用。

2. m 应大于零。

附录二　键

一、平键和键槽

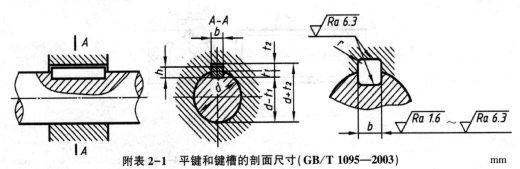

附表 2-1　平键和键槽的剖面尺寸（GB/T 1095—2003）　　　mm

键尺寸 $b×h$	键槽										
	宽度 b					深度				半径 r	
	基本尺寸	极限偏差				轴 t_1		毂 t_2			
		正常联结		紧密联结	松联结		基本尺寸	极限偏差	基本尺寸	极限偏差	min	max
		轴 N9	毂 JS9	轴和毂 P9	轴 H9	毂 D10	基本尺寸	极限偏差	基本尺寸	极限偏差	min	max
2×2	2	−0.004 −0.029	±0.0125	−0.006 −0.031	+0.025 0	+0.060 +0.020	1.2		1.0		0.08	0.16
3×3	3						1.8	+0.1 0	1.4	+0.1 0		
4×4	4	0 −0.030	±0.015	−0.012 −0.042	+0.030 0	+0.078 +0.030	2.5		1.8			
5×5	5						3.0		2.3		0.16	0.25
6×6	6						3.5		2.8			
8×7	8	0 −0.036	±0.018	−0.015 −0.051	+0.036 0	+0.098 +0.040	4.0		3.3			
10×8	10						5.0		3.3			
12×8	12	0 −0.043	±0.0215	−0.018 −0.061	+0.043 0	+0.120 +0.050	5.0		3.3			
14×9	14						5.5		3.8		0.25	0.40
16×10	16						6.0	+0.2 0	4.3	+0.2 0		
18×11	18						7.0		4.4			
20×12	20	0 −0.052	±0.026	−0.022 −0.074	+0.052 0	+0.149 +0.065	7.5		4.9			
22×14	22						9.0		5.4			
25×14	25						9.0		5.4		0.40	0.60
28×16	28						10.0		6.4			
32×18	32	0 −0.062	±0.031	−0.026 −0.088	+0.062 0	+0.180 +0.080	11.0		7.4			
36×20	36						12.0		8.4			
40×22	40						13.0		9.4		0.07	1.00
45×25	45						15.0		10.4			
50×28	50						17.0		11.4			
56×32	56	0 −0.074	±0.037	−0.032 −0.106	+0.074 0	+0.220 +0.100	20.0	+0.3 0	12.4	+0.3 0		
63×32	63						20.0		12.4		1.20	1.60
70×36	70						22.0		14.4			
80×40	80						25.0		15.4			
90×45	90	0 −0.087	±0.0435	−0.037 −0.124	+0.087 0	+0.260 +0.120	28.0		17.4		2.00	2.50
100×50	100						31.0		19.5			

二、矩形花键的尺寸

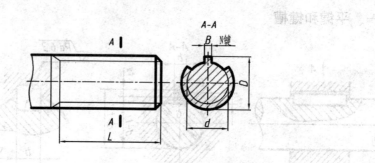

附表 2-2　矩形花键公称尺寸（GB/T 1144—2001）　　　　　　　　mm

小径 d	轻系列				中系列			
	规格 N×d×D×B	键数 N	大径 D	键宽 B	规格 N×d×D×B	键数 N	大径 D	键宽 B
11					6×11×14×3		14	3
13					6×13×16×3.5		16	3.5
16	—	—	—	—	6×16×20×4		20	4
18					6×18×22×5		22	5
21					6×21×25×5	6	25	
23	6×23×26×6		26		6×23×28×6		28	6
26	6×26×30×6		30	6	6×26×32×6		32	
28	6×28×32×7	6	32	7	6×28×34×7		34	7
32	8×32×36×6		36	6	8×32×38×6		38	6
36	8×36×40×7		40	7	8×36×42×7		42	7
42	8×42×46×8		46	8	8×42×48×8		48	8
46	8×46×50×9		50	9	8×46×54×9	8	54	9
52	8×52×58×10	8	58		8×52×60×10		60	
56	8×56×62×10		62	10	8×56×65×10		65	10
62	8×62×68×12		68		8×62×72×12		72	
72	10×72×78×12		78	12	10×72×82×12		82	12
82	10×82×88×12		88		10×82×92×12		92	
92	10×92×98×14	10	98	14	10×92×102×14	10	102	14
102	10×102×108×16		108	16	10×102×112×16		112	16
112	10×112×120×18		120	18	10×112×125×18		125	18

三、矩形花键键槽的尺寸

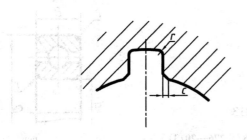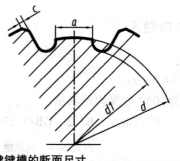

附表 2-3　矩形花键键槽的断面尺寸　　　　　　　　　　　　　　　　　mm

轻系列					中系列				
规格	c	r	参考		规格	c	r	参考	
$N×d×D×B$			d_{1min}	a_{min}	$N×d×D×B$			d_{1min}	a_{min}
					6×11×14×3	0.2	0.1		
					6×13×16×3.5				
	0.2	0.1			6×16×20×4			14.4	1.0
					6×18×22×5	0.3	0.2	16.6	1.0
					6×21×25×5			19.5	2.0
6×23×26×6			22	3.5	6×23×28×6			21.2	1.2
6×26×30×6			24.5	3.8	6×26×32×6			23.6	1.2
6×28×32×7			26.6	4.0	6×28×34×7			25.8	1.4
8×32×36×6	0.3	0.2	30.3	2.7	8×32×38×6	0.4	0.3	29.4	1.0
8×36×40×7			34.4	3.5	8×36×42×7			33.4	1.0
8×42×46×8			40.5	5.0	8×42×48×8			39.4	2.5
8×46×50×9			44.6	5.7	8×46×54×9			42.6	1.4
8×52×58×10			49.6	4.8	8×52×60×10	0.5	0.4	48.6	2.5
8×56×62×10			53.5	6.5	8×56×65×10			52.0	2.5
8×62×68×12			59.7	7.3	8×62×72×12			57.7	2.4
10×72×78×12	0.4	0.3	69.6	5.4	10×72×82×12			67.4	1.0
10×82×88×12			79.3	8.5	10×82×92×12			77.0	2.9
10×92×98×14			89.6	9.9	10×92×102×14	0.6	0.5	87.3	4.5
10×102×108×16			99.6	11.3	10×102×112×16			97.7	6.2
10×112×120×18	0.5	0.4	108.8	10.5	10×112×125×18			106.2	4.1

附录三　滚动轴承

一、深沟球轴承

标记示例：

内圈孔径 $d=60$mm

尺寸代号为(0)2 的深沟球轴承：

滚动轴承　6212　GB/T 276—2013

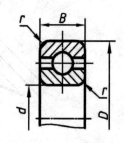

附表 3-1　沟球轴承（GB/T 276—2013）

mm

轴承代号	尺寸			轴承代号	尺寸		
	d	D	B		d	D	B
尺寸系列代号(1)0				尺寸系列代号(0)3			
606	6	17	6	633	3	13	5
607	7	19	6	634	4	16	5
608	8	22	7	635	5	19	6
609	9	24	7	6300	10	35	11
6000	10	26	8	6301	12	37	12
6001	12	28	8	6302	15	42	13
6002	15	32	9	6303	17	47	14
6003	17	35	10	6304	20	52	15
6004	20	42	12	63/22	22	56	16
60/22	22	44	12	6305	25	62	17
6005	25	47	12	63/28	28	68	18
60/28	28	52	12	6306	30	72	19
6006	30	55	13	63/32	32	75	20
60/32	32	58	13	6307	35	80	21
6007	35	62	14	6308	40	90	23
6008	40	68	15	6309	45	100	25
6009	45	75	16	6310	50	110	27
6010	50	80	16	6311	55	120	29
6011	55	90	18	6312	60	130	31
6012	60	95	18				

尺寸系列代号(0)2				尺寸系列代号(0)4			
623	3	10	4	6403	17	62	17
624	4	13	5	6404	20	72	19
625	5	16	5	6405	25	80	21
626	6	19	6	6406	30	90	23
627	7	22	7	6407	35	100	25
628	8	24	8	6408	40	110	27
629	9	26	8	6409	45	120	29
6200	10	30	9	6410	50	130	31
6201	12	32	10	6411	55	140	33
6202	15	35	11	6412	60	150	35
6203	17	40	12	6413	65	160	37
6204	20	47	14	6414	70	180	42
62/22	22	50	14	6415	75	190	45
6205	25	52	15	6416	80	200	48
62/28	28	58	16	6417	85	210	52
6206	30	62	16	6418	90	225	54
62/32	32	65	17	6419	95	240	55
6207	35	72	17	6420	100	250	58
6208	40	80	18	6422	110	280	65
6209	45	85	19				
6210	50	90	20	注:表中"( )",表示该数字在轴承代号中省略。			
6211	55	100	21				
6212	60	110	22				

二、圆锥滚子轴承

标记示例:

内圈孔径 $d=35\text{mm}$

尺寸代号为 03 的圆锥滚子轴承:

　　滚动轴承　30307 GB/T 297—2015

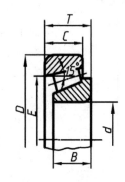

附表 3-2　圆锥滚子轴承 (GB/T 297—2015)　　　　　　　　　mm

轴承代号	尺寸					轴承代号	尺寸				
	d	D	T	B	C		d	D	T	B	C
尺寸系列代号 02						尺寸系列代号 23					
30202	15	35	11.75	11	10	32303	17	47	20.25	19	16
30203	17	40	13.25	12	11	32304	20	52	22.25	21	18
30204	20	47	15.25	14	12	32305	25	62	25.25	24	20
30205	25	52	16.25	15	13	32306	30	72	28.75	27	23
30206	30	62	17.25	16	14	32307	35	80	32.75	31	25
302/32	32	65	18.25	17	15	32308	40	90	35.25	33	27
30207	35	72	18.25	17	15	32309	45	100	38.25	36	30
30208	40	80	19.75	18	16	32310	50	110	42.25	40	33
30209	45	85	20.75	19	16	32311	55	120	45.5	43	35
30210	50	90	21.75	20	17	32312	60	130	48.5	46	37
30211	55	100	22.75	21	18	32313	65	140	51	48	39
30212	60	110	23.75	22	19	32314	70	150	54	51	42
30213	65	120	24.75	23	20	32315	75	160	58	55	45
30214	70	125	26.75	24	21	32316	80	170	61.5	58	48
30215	75	130	27.75	25	22						
30216	80	140	28.75	26	22						
30217	85	150	30.5	28	24						
30218	90	160	32.5	30	26						
30219	95	170	34.5	32	27						
30220	100	180	37	34	29						
						尺寸系列代号 30					
						33005	25	47	17	17	14
						33006	30	55	20	20	16
						33007	35	62	21	21	17
						33008	40	68	22	22	18
						33009	45	75	24	24	19
						33010	50	80	24	24	19
						33011	55	90	27	27	21
尺寸系列代号 03						33012	60	95	27	27	21
						33013	65	100	27	27	21
						33014	70	110	31	31	25.5
						33015	75	115	31	31	25.5
						33016	80	125	36	36	29.5
						尺寸系列代号 31					

轴承代号	尺寸					轴承代号	尺寸				
	d	D	T	B	C		d	D	T	B	C
30302	15	42	14.25	13	11	33108	40	75	26	26	20.5
30303	17	47	15.25	14	12	33109	45	80	26	26	20.5
30304	20	52	16.25	15	13	33110	50	85	26	26	20
30305	25	62	18.25	17	15	33111	55	95	30	30	23
30306	30	72	20.75	19	16	33112	60	100	30	30	23
30307	35	80	22.75	21	18	33113	65	110	34	34	26.5
30308	40	90	25.25	23	20	33114	70	120	37	37	29
30309	45	100	27.25	25	22	33115	75	125	37	37	29
30310	50	110	29.25	27	23	33116	80	130	37	37	29
30311	55	120	31.5	29	25						
30312	60	130	33.5	31	26						
30313	65	140	36	33	28						
30314	70	150	38	35	30						
30315	75	160	40	37	31						
30316	80	170	42.5	39	33						
30317	85	180	44.5	41	34						
30318	90	190	46.5	43	36						
30319	95	200	49.5	45	38						
30320	100	215	51.5	47	39						

三、推力球轴承

标记示例：

内圈孔径 d＝30mm

尺寸代号为 13 的圆锥滚子轴承：

滚动轴承　51306　GB/T 301—2015

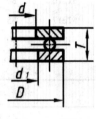

附表 3-3　推力球轴承（GB/T 301—2015）　　　　mm

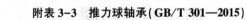

轴承代号	尺寸					轴承代号	尺寸				
	d	D	T	d_1	D_1		d	D	T	d_1	D_1
尺寸系列代号 11						尺寸系列代号 13					
51104	20	35	10	21	35	51304	20	47	18	22	47
51105	25	42	11	26	42	51305	25	52	18	27	52
51106	30	47	11	32	47	51306	30	60	21	32	60
51107	35	52	12	37	52	51307	35	68	24	37	68
51108	40	60	13	42	60	51308	40	78	26	42	78
51109	45	65	14	47	65	51309	45	85	28	47	85
51110	50	70	14	52	70	51310	50	95	31	52	95
51111	55	78	16	57	78	51311	55	105	35	57	105
51112	60	85	17	62	85	51312	60	110	35	62	110
51113	65	90	18	67	90	51313	65	115	36	67	115
51114	70	95	18	72	95	51314	70	125	40	72	125
51115	75	100	19	77	100	51315	75	135	44	77	135
51116	80	105	19	82	105	51316	80	140	44	82	140
51117	85	110	19	87	110	51317	85	150	49	88	150
51118	90	120	22	92	120	51318	90	155	50	93	155
51120	100	135	25	102	135	51320	100	170	55	103	170

轴承代号	尺寸					轴承代号	尺寸				
	d	D	T	d_1	D_1		d	D	T	d_1	D_1
尺寸系列代号 12						尺寸系列代号 14					
51204	20	40	14	22	40	51405	25	60	24	27	60
51205	25	47	15	27	47	51406	30	70	28	32	70
51206	30	52	16	32	52	51407	35	80	32	37	80
51207	35	62	18	37	62	51408	40	90	36	42	90
51208	40	68	19	42	68	51409	45	100	39	47	100
51209	45	73	20	47	73	51410	50	110	43	52	110
51210	50	78	22	52	78	51411	55	120	48	57	120
51211	55	90	25	57	90	51412	60	130	51	62	130
51212	60	95	26	62	95	51413	65	140	56	68	140
51213	65	100	27	67	100	51414	70	150	60	73	150
51214	70	105	27	72	105	51415	75	160	65	78	160
51215	75	110	27	77	110	51416	80	170	68	83	170
51216	80	115	28	82	115	51417	85	180	72	88	177
51217	85	125	31	88	125	51418	90	190	77	93	187
51218	90	135	35	93	135	51420	100	210	85	103	205
51220	100	150	38	103	150	51422	110	230	95	113	225

附录四　挡圈

一、螺钉紧固轴端挡圈

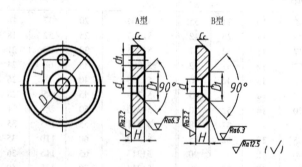

标注示例：

D=45

材料：Q235

挡圈 GB/T 891-86-45

（若为 B 型，加注 B 字）

附表 4-1 螺钉紧固轴端挡圈（GB 891-86）

mm

轴径 ≤	公称直径 D	H		L		d	d_1	D_1	c	螺钉 GB 819-85 （推荐）	圆柱销 GB/T 119—2000 （推荐）
		公称尺寸	极限偏差	公称尺寸	极限偏差						
14	20	4	0 -0.30	—		5.5	2.1	11	0.5	M5×12	A2×10
16	22	4		—							
18	25	4		—							
20	28	4		7.5	±0.11						
22	30	4		7.5							
25	32	5		10		6.6	3.2	13	1	M6×16	A3×12
28	35	5		10							
30	38	5		10							
32	40	5		12							
35	45	5		12							
40	50	5		12	±0.135						
45	55	6		16		9	4.2	17	1.5	M8×20	A4×14
50	60	6		16							
55	65	6		16							
60	70	6		20							
65	75	6		20							
70	80	6		20	±0.165						
75	90	8	0 -0.36	25		13	5.2	25	2	M12×25	A5×16
85	100	8		25							

注：当挡圈装在带螺纹的轴端时，紧固用螺钉允许加长。

二、孔用弹性挡圈

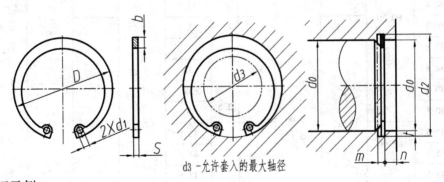

d_3 -允许套入的最大轴径

标记示例：

$d_0 = 50$、材料：65Mn、热处理 44~51HRC，表面发蓝处理

挡圈 GB/T 893—2017

附表 4-2 孔用弹性挡圈（GB/T 893—2017）   mm

孔径 d_0	挡圈						沟槽(推荐)					轴 d_3 ≤
	D 公称尺寸	D 极限偏差	S 公称尺寸	S 极限偏差	b ≈	d_1	d_2 公称尺寸	d_2 极限偏差	m 公称尺寸	m 极限偏差	n ≥	
8	8.7		0.6	+0.04 −0.07	1	1	8.4	+0.09 0	0.7			
9	9.8				1.2		9.4				0.6	2
10	10.8						10.4					
11	11.8	+0.36 −0.10	0.8	+0.04 −0.10	1.7	1.5	11.4		0.9			3
12	13						12.5					4
13	14.1						13.6	+0.11 0			0.9	
14	151						14.6					5
15	16.2						15.7					6
16	17.3				2.1	1.7	16.8				1.2	7
17	18.3						17.8					8
18	19.5		1				19		1.1			9
19	20.5	+0.42 −0.13					20					10
20	21.5						21	+0.13 0			1.5	
21	22.5			+0.05 −0.13	2.5		22					11
22	23.5						23					12
24	25.9					2	25.2			+0.14 0		13
25	26.9	+0.42 −0.21			2.8		26.2	+0.21 0			1.8	14
26	27.9						27.2					15
28	30.1		1.2				29.4		1.3			17
30	32.1				3.2		31.4				2.1	18
31	33.4						32.7					19
32	34.4						33.7				2.6	20
34	36.5	+0.50 −0.25					35.7					22
35	37.8						37					23
36	38.8				3.6		38	+0.25 0				24
37	39.8						39				3	25
38	40.8			+0.06 −0.15		2.5	40					26
40	43.5		1.5				42.5		1.7			27
42	45.5	+0.90 −0.39			4		44.5					29
45	48.5						47.5				3.8	31
47	50.5	+1.10 −0.46			4.7		49.5					32
48	51.5						50.5	+0.30 0				33

三、轴用弹性挡圈

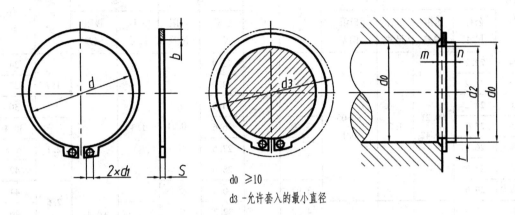

$d_0 \geqslant 10$

d_3 —允许套入的最小直径

标记示例：

轴径 $d_0 = 40$，材料 65Mn，热处理 44~51HRC，表面发蓝处理：

挡圈 GB/T 894—2017

附表 4-3 轴用弹性挡圈（GB/T 894—2017）　　　　mm

轴径 d_0	挡 圈						沟 槽（推荐）					孔 d_3 ≥
	d		s		b ≈	d_1	d_2		m		n ≥	
	公称尺寸	极限偏差	公称尺寸	极限偏差			公称尺寸	极限偏差	公称尺寸	极限偏差		
10	9.3				1.44		9.6	0 −0.058			0.6	17.6
11	10.2				1.52	1.5	10.5				0.8	18.6
12	11				1.72		11.5					19.6
13	11.9	+0.10 −0.36			1.88		12.4				0.9	20.8
14	12.9						13.4	0 −0.11				22
15	13.8		1	+0.05 −0.13	2.00	1.7	14.3		1.1	+0.41 0	1.1	23.2
16	14.7				2.32		15.2				1.2	24.4
17	15.7						16.2					25.6
18	16.5				2.48		17					27
19	17.5						18					28
20	18.5	+0.13 −0.42			2.68	2	19	0 −0.13			1.5	29
21	19.5						20					31
22	20.5						21					32

续表

轴径 d_0	挡 圈						沟 槽(推荐)					孔 d_3 ≥
	d		s		b ≈	d_1	d_2		m		n ≥	
	公称尺寸	极限偏差	公称尺寸	极限偏差			公称尺寸	极限偏差	公称尺寸	极限偏差		
24	22.2						22.9					34
25	23.2				3.32		23.9				1.7	35
26	24.2	+0.21 −0.42				2	24.9	0 −0.21				36
28	25.9		1.2	+0.05 −0.13	3.60		26.6		1.3			38.4
29	26.9				3.72		27.6				2.1	39.8
30	27.9						28.6					42
32	29.6				3.92		30.3				2.6	44
34	31.5				4.32		32.3			+0.41 0		46
35	32.2	+0.25 −0.50					33					48
36	33.2				4.52	2.5	34				3	49
37	34.2						35	0 −0.25				50
38	35.2		1.5	+0.06 −0.15			36		1.7			51
40	36.5						37.5					53
42	38.5	+0.39 −0.90			5.0		39.5				3.8	56
45	41.5					3	42.5					59.4
48	44.5						45.5					62.8

四、开口挡圈

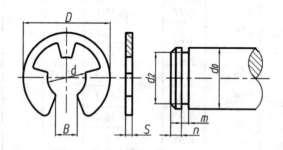

标记示例:

$d = 6$

材料 65Mn

热处理 47~54HRC，表面发蓝处理

挡圈 GB/T 896—1986

附表4-4 开口挡圈(GB 896—1986)　　mm

挡圈							沟槽(推荐)					轴径 d_0
公称直径 d		B		S		D ≤	d_2		m		n ≥	
公称尺寸	极限偏差	公称尺寸	极限偏差	公称尺寸	极限偏差		公称尺寸	极限偏差	公称尺寸	极限偏差		
1.2		0.9	±0.08	0.3		3	1.2		0.4		1	>1.5~2
1.5		1.2			+0.03 −0.06	4	1.5	+0.06 0	0.5			>2~2.5
2	0 −0.14	1.7		0.4		5	2		0.5			>2.5~3
2.5		2.2	±0.125			6	2.5				1.2	>3~3.5
3		2.5		0.6	+0.04 −0.07	7	3		0.7			>3.5~4
3.5		3				8	3.5					>4~5
4	0 −0.18	3.5		0.8	+0.04 −0.10	9	4	+0.075 0	0.9	+0.14 0	1.5	>5~6
5		4.5	±0.15			10	5					>6~7
6		5.5				12	6					>7~9
8	0 −0.22	7.5	±0.18	1	+0.05 −0.13	16	8	+0.09 0	1.1		1.8	>9~10
9		8				18	9				2	>10~13
12	0 −0.27	10.5		1.2		24	12	+0.11 0	1.3		2.5	>13~16
15		13	±0.215	1.5	+0.06 −0.15	30	15		1.6		3	>16~20

五、轴肩挡圈

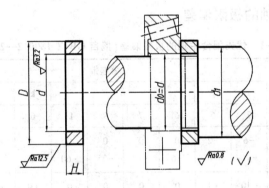

标记示例:

$d = 30$

$D = 40$

材料 Q235

挡圈 GB 886-86-30×40

附表 4-5 轴肩挡圈 (GB 886-86)

mm

公称直径 d		D			H					$d_1 \geqslant$
公称尺寸	极限偏差	轻	中轻推	重中推	公称尺寸			极限偏差		
					轻	中轻推	重中推			
20	+0.13 0	–	27	30	–	4	5	0 −0.30		22
25		–	32	35	–	4	5			27
30		36	38	40	4		5			32
35		42	45	47	4		5			37
40	+0.16 0	47	50	52	4		5			42
45		52	55	58	4		5			47
50		58	60	65	4		5			52
55	+0.19 0	65	68	70	5		6			58
60		70	72	75	5		6			63
65		75	78	80	5		6			68
70		80	82	85	5		6			73
75		85	88	90	5		6			78
80		90	95	100	6		8			83

附录五 公差与配合

一、优先配合中轴的极限偏差

附表 5-1 优先配合中轴的极限偏差 (摘自 GB/T 1800.2—2009)

μm

基本尺寸 (mm)		公差带											
大于	至	c	d	f	g	h				k	n	p	s	u
		11	9	7	6	6	7	9	11	6	6	6	6	6
—	3	−60 −120	−20 −45	−6 −16	−2 −8	0 −6	0 −10	0 −25	0 −60	+6 0	+10 +4	+12 +6	+20 +14	+24 +18
3	6	−70 −145	−30 −60	−10 −22	−4 −12	0 −8	0 −12	0 −30	0 −75	+9 +1	+16 +8	+20 +12	+27 +19	+31 +23
6	10	−80 −170	−40 −76	−13 −28	−5 −14	0 −9	0 −15	0 −36	0 −90	+10 +1	+19 +10	+24 +15	+32 +23	+37 +28
10	14	−95 −205	−50 −93	−16 −34	−6 −17	0 −11	0 −18	0 −43	0 −110	+12 +1	+23 +12	+29 +18	+39 +28	+44 +33
14	18													

基本尺寸 (mm)		公差带												
		c	d	f	g	h				k	n	p	s	u
18	24	−110 −240	−65 −117	−20 −41	−7 −20	0 −13	0 −21	0 −52	0 −130	+15 +2	+28 +15	+35 +22	+48 +35	+54 +41
24	30													+61 +48
30	40	−120 −280	−80 −142	−25 −50	−9 −25	0 −16	0 −25	0 −62	0 −160	+18 +2	+33 +17	+42 +26	+59 +43	+76 +60
40	50	−130 −290												+86 +70
50	65	−140 −330	−100 −174	−30 −60	−10 −29	0 −19	0 −30	0 −74	0 −190	+21 +2	+39 +20	+51 +32	+72 +53	+106 +87
65	80	−150 −340											+78 +59	+121 +102
80	100	−170 −390	−120 −207	−36 −71	−12 −34	0 −22	0 −35	0 −87	0 −220	+25 +3	+45 +23	+59 +37	+93 +71	+146 +124
100	120	−180 −400											+101 +79	+166 +144
120	140	−200 −450	−145 −245	−43 −83	−14 −39	0 −25	0 −40	0 −100	0 −250	+28 +3	+52 +27	+68 +43	+117 +92	+195 +170
140	160	−210 −460											+125 +100	+215 +190
160	180	−230 −480											+133 +108	+235 +210
180	200	−240 −530	−170 −285	−50 −96	−15 −44	0 −29	0 −46	0 −115	0 −290	+33 +4	+60 +31	+79 +50	+151 +122	+265 +236
200	225	−260 −550											+159 +130	+287 +258
225	250	−280 −570											+169 +140	+313 +284
250	280	−300 −620	−190 −320	−56 −108	−17 −49	0 −32	0 −52	0 −130	0 −320	+36 +4	+66 +34	+88 +56	+190 +158	+347 +315
280	315	−330 −650											+202 +170	+382 +350

基本尺寸 (mm)		公差带												
		c	d	f	g	h				k	n	p	s	u
315	355	-360 -720	-210 -350	-62 -119	-18 -54	0 -36	0 -57	0 -140	0 -360	+40 +4	+73 +37	+98 +62	+226 +190	+426 +390
355	400	-400 -760											+244 +208	+471 +435
400	450	-440 -840	-230 -385	-68 -131	-20 -60	0 -40	0 -63	0 -155	0 -400	+45 +5	+80 +40	+108 +68	+272 +232	+530 +490
450	500	-480 -880											+292 +252	+580 +540

二、优先配合中孔的极限偏差

附表 5-2 优先配合中孔的极限偏差（摘自 GB/T 1800.2—2009） μm

基本尺寸(mm)		公差带												
		C	D	F	G	H				K	N	P	S	U
大于	至	11	9	8	7	7	8	9	11	7	7	7	7	7
—	3	+120 +60	+45 +20	+20 +6	+12 +2	+10 0	+14 0	+25 0	+60 0	0 -10	-4 -14	-6 -16	-14 -24	-18 -28
3	6	+145 +70	+60 +30	+28 +10	+16 +4	+12 0	+18 0	+30 0	+75 0	+3 -9	-4 -16	-8 -20	-15 -27	-19 -31
6	10	+170 +80	+76 +40	+35 +13	+20 +5	+15 0	+22 0	+36 0	+90 0	+5 -10	-4 -19	-9 -24	-17 -32	-22 -37
10	14	+205 +95	+93 +50	+43 +16	+24 +6	+18 0	+27 0	+43 0	+110 0	+6 -12	-5 -23	-11 -29	-21 -39	-26 -44
14	18													
18	24	+240 +110	+117 +65	+53 +20	+28 +7	+21 0	+33 0	+52 0	+130 0	+6 -15	-7 -28	-14 -35	-27 -48	-33 -54
24	30													-40 -61
30	40	+280 +120	+142 +80	+64 +25	+34 +9	+25 0	+39 0	+62 0	+160 0	+7 -18	-8 -33	-17 -42	-34 -59	-51 -76
40	50	+290 +130												-61 -86

基本尺寸(mm)		公差带				H				K	N	P	S	U
		C	D	F	G									
50	65	+330	+174	+76	+40	+30	+46	+74	+190	+9	-9	-21	-42	-76
		+140	+100	+30	+10	0	0	0	0	-21	-39	-51	-72	-106
65	80	+340											-48	-91
		+150											-78	-121
80	100	+390	+207	+90	+47	+35	+54	+87	+220	+10	-10	-24	-58	-111
		+170	+120	+36	+12	0	0	0	0	-25	-45	-59	-93	-146
100	120	+400											-66	-131
		+180											-101	-166
120	140	+450											-77	-155
		+200											-117	-195
140	160	+460	+245	+106	+54	+40	+63	+100	+250	+12	-12	-28	-85	-175
		+210	+145	+43	+14	0	0	0	0	-28	-52	-68	-125	-215
160	180	+480											-93	-195
		+230											-133	-235
180	200	+530											-105	-219
		+240											-151	-265
200	225	+550	+285	+122	+61	+46	+72	+115	+290	+13	-14	-33	-113	-241
		+260	+170	+50	+15	0	0	0	0	-33	-60	-79	-159	-287
225	250	+570											-123	-267
		+280											-169	-313
250	280	+620	+320	+137	+69	+52	+81	+130	+320	+16	-14	-36	-138	-295
		+300	+190	+56	+17	0	0	0	0	-36	-66	-88	-190	-347
280	315	+650											-150	-330
		+330											-202	-382
315	355	+720	+350	+151	+75	+57	+89	+140	+360	+17	-16	-41	-169	-369
		+360	+210	+62	+18	0	0	0	0	-40	-73	-98	-226	-426
355	400	+760											-187	-414
		+400											-244	-471
400	450	+840	+385	+165	+83	+63	+97	+155	+400	+18	-17	-45	-209	-467
		+440	+230	+68	+20	0	0	0	0	-45	-80	-108	-272	-530
450	500	+880											-229	-517
		+480											-292	-580

参 考 文 献

[1] 叶玉驹，焦永和等．机械制图手册：5 版．北京：机械工业出版社，2012.

[2] 何明新，钱可强等．机械制图：7 版．北京：高等教育出版社，2017.

[3] 濮良贵，纪名刚．机械设计：9 版．北京：高等教育出版社，2013.

[4] 王伯平．互换性与测量技术基础：3 版．北京：机械工业出版社，2012.

[5] 胡家富．测量与机械零件测绘．北京：机械工业出版社，2014.